Estação etnográfica Bahia

Livio Sansone

Estação etnográfica Bahia

A CONSTRUÇÃO TRANSNACIONAL DOS ESTUDOS AFRO-BRASILEIROS (1935-1967)

Tradução

Julio Simões

FICHA CATALOGRÁFICA ELABORADA PELO
SISTEMA DE BIBLIOTECAS DA UNICAMP
DIVISÃO DE TRATAMENTO DA INFORMAÇÃO
Bibliotecária: Maria Lúcia Nery Dutra de Castro – CRB-8ª / 1724

Sa58e Sansone, Livio
Estação etnográfica Bahia : a construção transnacional dos Estudos Afro-brasileiros (1935-1967) / Livio Sansone; tradução : Julio Simões. – Campinas, SP : Editora da Unicamp, 2022.

Título original: *Field Station Bahia: the transnational making of afro-Brazilian studies: 1935-1967*.

1. Negros – Brasil. 2. Relações raciais. 3. Candomblé – Bahia. 4. Ciências sociais – Bahia. 5. Antropologia – Brasil. 6. Antropologia – Estados Unidos. I. Título.

CDD – 305.896081
– 301.451042
– 299.6098142
– 300.98142
– 301.981
– 301.973

ISBN 978-85-268-1590-2

Foi feito o depósito legal.

Direitos reservados a

Editora da Unicamp
Rua Sérgio Buarque de Holanda, 421 – 3º andar
Campus Unicamp
CEP 13083-859 – Campinas – SP – Brasil
Tel./Fax: (19) 3521-7718 / 7728
www.editoraunicamp.com.br – vendas@editora.unicamp.br

Para meus filhos, Pedro e Giulio,
e minha companheira, Sueli.

Agradecimentos

Se todos os livros acadêmicos são, até certo ponto, uma obra coletiva, este é especialmente o caso. Este livro nunca poderia ter sido escrito sem a cooperação, o conselho e o apoio de muitos colegas. No longo processo de elaboração deste livro, muitos deles se tornaram meus amigos. Eu devo imensamente a Kevin Yelvington, David Hellwig, Sally Cole, Anthony Platt e Pol Briand. Um agradecimento especial vai para David Easterbrook, da Melville J. Herskovits Library of African Studies da Northwestern University;* Joellen Elbashir, do Moorland-Spingarn Research Center, Howard University; Amy Staples, curadora dos arquivos do National Museum of African Art; Portia James, Jennifer Morris e Alcione Amos, do Anacostia Community Museum; Dr. Leopold e Jake Homiak, curadores do National Anthropological Archive do Smithsonian Institute; Jens Boel e Alexandre Coutelle, dos Arquivos da Unesco em Paris; Ute Fendler, da Universidade de Bayreuth; Stephan Palmié, da Universidade de Chicago; Cesar Braga-Pinto, da Northwestern; e as falecidas Jean Herskovits e Margaret Wade-Lewis. Agradeço também a Scot French, do Instituto Carter Woodson da Universidade da Virgínia, por sua assistência em história digital e arquivos, e aos esplêndidos arquivistas da Melville J. Herskovits Africana Library da Northwestern University, Schomburg Center, Rockefeller Archive Center e a Rare Book and Manuscript Library da Columbia University.

Outro agradecimento especial vai para Mike Hanchard, Stefania Capone, Chris Dunn, Stephen Small, John Collins, Paul Gilroy, Vron Ware, Dmitri van der Berselaar e Peter Geschiere. No Brasil, sou incrivelmente grato a Jeferson Bacelar, Maria Rosario de Carvalho, Omar Thomaz, Luis Gustavo Rossi, Aldrin Castellucci, Elisa Morinaka, Felipe Fernandes, o falecido Car-

* Os nomes de instituições, congressos, programas de bolsa e políticas norte-americanas foram deixados no original, em inglês, para facilitar a pesquisa. (N. da T.)

los Hasenbalg, Peter Fry, Lorenzo Macagno e Marcos Chor Maio, pelas boas conversas e sugestões. A meus ex-alunos e agora colegas, Ivo Santana e Washington Jesus, agradeço pela ajuda para entender meu lugar em Salvador. Dona Railda, minha sogra, e Tia Edinha foram muito gentis em me contar sobre a casa do Gantois e nossa vizinhança. No próprio Gantois, devo muito a Márcia Maria dos Santos (Mãe do Gantois). Julio Campos Simões, que tive o prazer de orientar em sua maravilhosa dissertação de mestrado, merece uma menção especial: um verdadeiro e espirituoso aprendiz de feiticeiro, ele está prestes a superar seu orientador. Os revisores anônimos da série Cluster-Brill também merecem minha gratidão por suas sugestões.

Por financiar minha pesquisa, sou grato a CNPq, Capes-Print, RAC Fellowship e Cluster Africa Multiple da Universidade de Bayreuth, Alemanha. Por último, mas não menos importante, aos meus filhos Giulio e Pedro e à minha companheira de vida Sueli Borges, devo um pedido de desculpas por ter estado tantas vezes longe de casa e os meus agradecimentos pela paciência comigo.

INFORME AO LEITOR

As notas de rodapé trazem as referências para as citações e estão numeradas com algarismos arábicos; as notas de final de capítulo trazem informações explicativas e estão numeradas com algarismos romanos; as notas da tradução estão no rodapé, com asteriscos.

Sumário

*Índice de siglas**

AAA	American Anthropological Association
ABA	Associação Brasileira de Antropologia
ABL	Academia Brasileira de Letras
ACLS	American Council of Learned Societies
AEL	Arquivo Edgard Leuenroth (Unicamp)
AI-5	Ato Institucional Número 5 (1968)
Anpocs	Associação Nacional de Pós-Graduação e Pesquisa em Ciências Sociais
APS	American Philosophical Society
ASA	American Sociological Association
ATM	Archives of Traditional Music (Indiana University)
BA	Bachelor of Arts
Capes	Coordenação de Aperfeiçoamento de Pessoal de Nível Superior
CCNY	Carnegie Corporation of New York
CD	Compact Disc
Ceaa	Centro de Estudos Afro-Asiaticos (Ucam)
Ceao	Centro de Estudos Afro-Orientais (UFBA)
CNPq	Conselho Nacional de Desenvolvimento Científico e Tecnológico
Cuny	City University of New York
CV	Curriculum Vitae
DC	District of Columbia
DVD	Digital Video Disc

* Os acrônimos das siglas norte-americanas foram deixados no original, em inglês, para facilitar a pesquisa. (N. da T.)

Elsp	Escola Livre de Sociologia e Política
EU	Estados Unidos
FDCB	Fundação para o Desenvolvimento da Ciência na Bahia
FF	Ford Foundation
FFCH	Faculdade de Filosofia e Ciências Humanas (UFBA)
FFLCH	Faculdade de Filosofia, Letras e Ciências Humanas (USP)
FSH	Frances Shapiro Herskovits
Fundaj	Fundação Joaquim Nabuco
GF	Guggenheim Foundation
GI Act	Servicemen's Readjustment Act of 1944
GNP	Good Neighbor Policy
HLAS	Herskovits Library of African Studies (Northwestern University)
IEB	Instituto de Estudos Brasileiros (USP)
Ifan	Institut Fondamental d'Afrique Noire (Université Cheikh Anta Diop)
IHGB	Instituto Histórico e Geográfico Brasileiro
IIE	Institute of International Education
IL	Illinois
JH	Jean Herskovits
LA	Latin America
LOC	Library of Congress
LS	Livio Sansone
MA	Massachusetts
MAE	Museu de Arqueologia e Etnologia (UFBA)
MJH	Melville J. Herskovits
MN	Museu Nacional
MS	Moorland-Spingarn Research Center (Howard University)
NAA	National Anthropological Archives
NAACP	National Association for the Advancement of Colored People
NU	Northwestern University
NY	New York
Ociaa	Office of the Coordinator of Inter-American Affairs
PDF	Portable Document Format
Posafro	Programa de Pós-Graduação em Estudos Étnicos e Africanos (UFBA)

RAC	Rockefeller Archive Center
RBA	Reunião Brasileira de Antropologia
RBML	Rare Book and Manuscript Library (Columbia University)
RF	Rockefeller Foundation
SG	Subgroup
SP	São Paulo
Sphan	Serviço do Patrimônio Histórico e Artístico Nacional
SS	Steamship
SSRC	Social Science Research Council
TV	Televisão
UC	University of California
Ucam	Universidade Candido Mendes
UCLA	University of California, Los Angeles
UFBA	Universidade Federal da Bahia
UFMG	Universidade Federal de Minas Gerais
Unesco	United Nations Educational, Scientific and Cultural Organization
Unicamp	Universidade Estadual de Campinas
US	United States
US$	United States Dollar
USA	United States of America
Usis	United States Information Service
USP	Universidade de Sao Paulo
UvA	Universiteit van Amsterdam
WKBK	WKBK Radio Channel

PREFÁCIO

Roma Africana, Bahia-Mundo

Gustavo Rossi[1]

> Foi em grande parte por causa desses negros que a Cidade da Bahia ganhou a fama de líder entre as cidades pitorescas do Brasil, centro obrigatório de todos os estudos sobre o problema do negro brasileiro, tornando-a "a Roma Africana" de que sempre me fala a mãe de santo nagô Eugênia Ana Santos (Aninha), do Centro Cruz do Aché de Opô Afonjá.
>
> (Edison Carneiro, *Negros Bantus*, 1937)

No imaginário das relações raciais no Brasil, poucos lugares exerceram – e continuam a exercer – tamanho interesse e magnetismo como a Bahia e, em especial, a sua capital, Salvador, cuja história é indissociável de sua constituição como um dos centros pulsantes e irradiadores das políticas e das culturas afro-diaspóricas. Razão pela qual, não por acaso, ao longo do século XX, Salvador seria sistematicamente visitada por sucessivas levas de intelectuais e cientistas sociais, nacionais e estrangeiros, atraídos não só pela vitalidade de suas manifestações religiosas de origem africana, mas também pela promessa já tantas vezes afirmada e esgarçada de que a Bahia e, por extensão, o Brasil seriam capazes de oferecer alguma lição ao mundo como um modelo de harmonia e integração raciais.

Resultado de um acúmulo de décadas de trabalho paciente e minucioso, *Estação etnográfica Bahia* nos convida a revisitar e, sobretudo, a repensar as geopolíticas do conhecimento em meio às quais, a partir da década de 1930, a "Roma Africana" de Mãe Aninha foi se convertendo nesse centro tão "obrigatório" quanto disputado para a elaboração de algumas das teorias mais influentes que marcaram o desenvolvimento do campo dos estudos sobre as

[1] Professor do Departamento de Antropologia da Unicamp, autor de *O intelectual feiticeiro: Edison Carneiro e o campo de estudos das relações raciais no Brasil* (Editora da Unicamp, 2015).

relações raciais e as culturas negras no Novo Mundo. Nele, Livio Sansone nos permite seguir as trilhas e as tramas que, na década de 1940, enredaram as experiências de campo, em Salvador, de quatro pesquisadores estado-unidenses: o casal de antropólogos brancos Melville e Frances Herskovits, o sociólogo afro-americano E. Franklin Frazier e o linguista afro-americano Lorenzo Turner.

A partir de ângulos e escalas diversas, Sansone compara as diferentes agendas e estilos de pesquisa desses personagens, sem perder de vista, no entanto, as amarrações de conjunto, bem como a apreensão ampliada das múltiplas "sinergias" locais e globais que, naquele momento, fizeram da Bahia o terreno privilegiado para a "prova dos nove" de suas generalizações teóricas a respeito da experiência negra nas Américas. Cada qual a seu modo, e com diferentes ênfases – a língua (Turner), a estrutura social (Frazier) ou a cultura (os Herskovits) –, buscaram enfrentar uma pergunta comum e central ao debate racial naquele momento. Seriam as estruturas familiares e as formas de organização cultural negras nas Américas o resultado da escravidão e da adaptação às condições estruturais de pobreza ou o resultado de sobrevivências culturais e práticas tradicionais africanas no Novo Mundo? Uma pergunta que ganhou respostas bastante diversas, muito embora fruto de pesquisas desenvolvidas na maior parte do tempo nos mesmos bairros e, muitas vezes, supreendentemente, entrevistando as mesmas pessoas da casa do Gantois e dos seus arredores.

Não cabe aqui avançar as respostas forjadas por Frazier, Turner e os Herskovits, as quais são examinadas, nuançadas, cotejadas e reviradas ao longo de toda a *Estação etnográfica Bahia*. Mais importante, parece-me, é destacar aquilo que Livio Sansone delas extrai e desdobra, ou seja: uma história "emaranhada" de biografias, afetos, amizades, inimizades, projetos individuais e coletivos, modelos teóricos, agendas intelectuais e políticas de luta antirracista, bem como de distintas experiências de raça, classe e gênero que afetaram desigualmente a carreira desses pesquisadores e as suas relações em campo. Todas essas dimensões são articuladas por Sansone de modo a revelar como, desde seu início, os Estudos Afro-brasileiros nasceram complexos e enredados aos fluxos transnacionais de ideias e estudiosos sobre raça.

Contudo, ao lançar novas luzes aos inúmeros impactos desses pesquisadores estrangeiros no desenvolvimento da antropologia baiana e brasileira – sobretudo, a de Melville Herskovits –, *Estação etnográfica Bahia* a eles não se restringe. Em outras palavras, a contrapelo das narrativas históricas a respeito do debate racial que tendem a enfatizar os fluxos de ideias tão somente na direção dos seus "centros" para as "periferias", dos Estados Unidos para o Brasil, Sansone explicita os contrafluxos desse debate – das "periferias" para o "centro" –, evidenciando, assim, as ressonâncias, embora assimétricas e desiguais, que as experiências desses quatro pesquisadores na Bahia teriam para o desenvolvimento do campo dos estudos afro-americanos e africanos nos Estados Unidos.

Contudo, se, de um lado, é necessário interpelar e mesmo subverter as assimetrias e as geopolíticas do poder que tenderam a reduzir a "estação etnográfica" Bahia, e o Brasil, a meros provedores de materiais empíricos para as generalizações teóricas do "Norte Global", de outro, isso não significa dizer que essas assimetrias são passíveis de ser neutralizadas ou subvertidas por uma mera questão de sensibilidade analítica ou de perspectiva teórica. Como bem nota Sansone, tais assimetrias atravessam tanto as experiências do passado quanto as próprias possibilidades de escrita e descrição desse passado. Recompor os fluxos e contrafluxos transnacionais que constituem os estudos raciais brasileiros significa lidar com as próprias condições desiguais de engajamento e produção de conhecimento com os inúmeros arquivos, registros e artefatos materiais, imagéticos e sonoros gerados ao longo das inúmeras "missões" acadêmicas norte-americanas, individuais e coletivas, as quais foram decisivas para a produção da "estação etnográfica Bahia". Afinal, a quem pertencem os arquivos e os conhecimentos gerados nessa "estação"? Não são os arquivos pessoais dessa longa série de intelectuais e cientistas norte-americanos que visitaram a Bahia também um arquivo das muitas pessoas, grupos e comunidades negras que os constituíram? Que pessoas, grupos, instituições ou países possuem legitimidade sobre os direitos de acesso, circulação e uso desses arquivos?

Questões importantes e que estão sendo colocadas por diversas reflexões e ativismos antirracistas e anticoloniais, para as quais Livio Sansone não busca dar solução ou fechamento, mas sim problematizar e explicitar os condicionantes sócio-históricos que informam as políticas de produção e compartilhamento desiguais do conhecimento antropológico e etnográfico (assim como suas histórias). Nesse sentido, em seu esforço de dispor e analisar articuladamente esses inúmeros arquivos dispersos (tão baianos quanto norte-americanos, embora fundamentalmente controlados pelos últimos), Livio Sansone produz algo mais do que um livro, mas uma obra que já é, ela mesma, a expressão da criação de um novo arquivo, fruto da repatriação digital dos inúmeros acervos que produzem *Estação etnográfica Bahia: a construção transnacional dos Estudos Afro-brasileiros (1935-1967)*. Um novo arquivo que também nos ajuda a dizer e revisitar as histórias da antropologia baiana e brasileira de outros e renovados modos; de maneiras que talvez antes não pudessem ser elaboradas (ao menos não da forma "entranhada" e partilhada como, agora, o Museu Afro-Digital e o trabalho de Sansone nos proporcionam). Um novo arquivo que não deixa de estar atrelado aos projetos e às perspectivas de análise do próprio Livio Sansone, que, ao interrogar as políticas de memória dos arquivos no presente, também nos provoca a reimaginar as histórias e os passados das Ciências Sociais e da Antropologia no Brasil e nos Estados Unidos (e vice-versa). Uma perspectiva de análise menos centrada no Estado-Nação, mais transnacional e, nesse sentido, mais armada para reinscrever os estudos raciais brasileiros numa certa cartografia do conhecimento mais ampla e nuançada do que usualmente se acostumou a pensar.

A palavra "estação" nos remete a muitos sentidos de tempos e espaços de paragens e estadas, de postos e períodos tanto de passagem quanto de observação. Um campo de significados que o livro de Livio Sansone nos instiga a navegar ao examinar as Áfricas possíveis ou mesmo impossíveis que a Bahia passou a encarnar no âmbito dos estudos das relações raciais nos Estados Unidos. A seu modo, *Estação etnográfica Bahia* é também estação de paragem, bem como um convite a outras paragens de reflexão sobre os incessantes jogos de espelhos e observações por meio das quais pesquisas e imaginários raciais brasileiros e norte-americanos foram se produzindo não como universos externos e autocontidos, mas sim internos e mutuamente constituidores um do outro. Na *Estação etnográfica Bahia*, enfim, compreendemos melhor períodos e personagens decisivos dessa longa história em meio à qual Brasil e Estados Unidos aprenderam a se comparar e (auto)representar no espelho da raça. Uma história cujas linhas continuam a ser escritas, só que agora reposicionadas pela análise apurada de Sansone.

Construindo diferentes agendas de pesquisa

Entre 1935 e 1943, a cidade de Salvador, Bahia, recebeu diferentes graus de atenção de um grande número de pesquisadores e intelectuais estrangeiros, todos eles impressionados – se não seduzidos – pela "magia" dessa cidade, em grande parte pelo resultado de sua cultura popular negra: Donald Pierson (1900-1995), Robert Park (1864-1944),[I] Ruth Landes (1908-1991), Lorenzo Dow Turner (1890-1972), E. Franklin Frazier (1894-1962), Stefan Zweig (1881-1942),[II] Frances (1897-1975) e Melville J. Herskovits (1895-1963). Frazier, Turner, Melville e Frances Herskovits realizaram trabalho de campo em Salvador, de 1940 a 1942.[III] Frances foi muito mais do que uma assistente de seu marido, atuando como uma antropóloga de alto nível. Este livro é uma leitura da formação dos Estudos Afro-brasileiros e, em menor escala, dos Estudos Africanos e Afro-americanos através das trajetórias inter-relacionadas e transnacionais desses quatro pesquisadores. Se há originalidade neste trabalho, ela se situa na comparação da trajetória, do estilo e da agenda desses quatro pesquisadores diferentes e ainda de alguma forma convergentes e na tentativa de relacioná-los com o contexto intelectual brasileiro, que mostrou naqueles dias muito menos densidade e organização do que o seu equivalente americano. É, portanto, uma dupla comparação: entre quatro americanos e entre americanos e pesquisadores sediados no Brasil. O material aqui apresentado se baseia em pesquisas espalhadas por duas décadas (2000-2020) nos arquivos que hospedam os trabalhos desses quatro intelectuais notáveis, rivais e ainda bons colegas ou mesmo amigos.[IV] Turner e Frazier foram amigos por toda a vida,[1] Frazier e Herskovits eram colegas e, no final da vida, amigos.[V] Turner e Herskovits tinham uma relação profissional cordial e mutuamente benéfica, embora desigual.[2]

1 Wade-Lewis, 2007, p. 129.

2 *Idem*, p. 191.

Frazier e Turner trilharam o caminho já percorrido por Donald Pierson e Ruth Landes em 1935-1939. Herskovits e sua esposa Frances contavam com uma rede diferente e um pouco mais convencional, intermediada pelas elites políticas e intelectuais locais. Cada um deles teve um encontro especial com a Bahia. Tal experiência será relevante para o resto de suas carreiras, mesmo que nenhum deles realmente tenha voltado a esse campo como haviam planejado.[VI] Franklin Frazier, o sociólogo negro mais famoso da época, que já havia publicado *The Negro Family in the United States* em 1939,[3] estava entretido em uma discussão com o igualmente famoso antropólogo Melville Herskovits sobre as "origens" da chamada família negra e sobre o peso da herança africana nas culturas negras nas Américas em geral.[VII] Para tornar as coisas ainda mais complexas, eles compartilharam de boa parte dos informantes: o povo de santo, membros dos mesmos terreiros de candomblé em Salvador – a maioria deles do prestigioso e "tradicional" terreiro do Gantois da nação ketu/iorubá. Entre os dois estava o linguista Lorenzo Dow Turner, que já tinha considerável experiência em pesquisa sobre as "sobrevivências africanas" em seus estudos sobre a língua gullah,[4] falada pela população negra das Sea Islands, na costa da Carolina do Sul e da Geórgia (EUA). Turner era amigo de Frazier, mas suas teorias acadêmicas eram mais próximas das de Herskovits. Frazier trabalhava na Howard University, Turner na Fisk University, e Herskovits na Northwestern University. Frances já tinha coescrito livros com Melville e acumulara considerável experiência de trabalho de campo no Suriname, no Daomé (atual Benin) e no Haiti.

As visões opostas de Frazier e Herskovits chegaram a um grande público através da publicação na *American Sociological Review* de um artigo de Frazier seguido por uma réplica de Herskovits e uma tréplica de Frazier. O debate expôs as tensões entre um sociólogo e um antropólogo americano, ambos utilizando os serviços de intermediários brasileiros, que eram eles mesmos partes interessadas na disputa, já que estava em questão a construção dos Estudos Afro-brasileiros como um campo acadêmico. Ele revela aspectos interessantes sobre a forma como a antropologia se definiu como uma disciplina, diferente da sociologia, mostrando como, já naquela época, o estilo e a linguagem dos sociólogos e antropólogos (e linguistas) – mais secos ou sóbrios para os primeiros e enfaticamente românticos para os segundos – se relacionavam com abordagens radicalmente diferentes do mesmo fenômeno, neste caso, as "origens" e a causalidade das formas culturais negras no Novo

[3] Frazier, [1939] 1966.

[4] Turner, [1949] 2003.

Mundo. A estrutura familiar negra foi resultado da escravidão e, mais tarde, da adaptação à pobreza ou foi o resultado de africanismos, da sobrevivência de formas tradicionais de vida e cultura africanas adaptadas à vida no Novo Mundo? Como veremos ao longo do livro, para além dessas abordagens existem duas diferentes perspectivas sobre a luta antirracista, e tal debate antecipa uma questão-chave que surgirá novamente nos anos 1970 e, como parte da discussão sobre multiculturalismo, nos anos 1990: o uso político da diversidade cultural e do essencialismo étnico na luta pela emancipação do racismo antinegro. Além disso, estou de acordo com Julio Simões de que

> [...] trazer este debate à tona ajuda a entender o que logo se torna uma tônica dos Estudos Afro-baianos (e até mesmo dos Estudos Afro-brasileiros): as visões externas se beneficiam da relevância empírica do campo, mas dificilmente engajam o debate local. Para Frazier e Herskovits, a disputa sobre a Bahia foi uma "batalha por procuração". A consolidação de uma perspectiva sobre a questão negra em tal lugar, uma das regiões mais reconhecidamente africanizadas da América, representava a prova dos nove de suas teorias – a generalização continental de seus modelos norte-americanos sobre a herança negra.[5]

A escolha do Brasil e da Bahia como o local "ideal" para uma pesquisa tão grande e politicamente relevante sobre a cultura negra e as relações raciais no Novo Mundo foi o resultado de um processo mais longo, que começou na década de 1930.[6] Foi um processo que correspondeu à sinergia entre a política cultural do Estado Novo e a introdução da sociologia e da antropologia como disciplinas acadêmicas nas universidades brasileiras.[7] Foi também o período em que, pela primeira vez, ocorreu uma incorporação simbólica das origens africanas de grande parte da cultura e da religião populares brasileiras na representação cultural oficial da nação pelo ditador populista Getúlio Vargas. Tal processo, evidentemente, fez do Brasil um lugar ainda mais interessante para visitar e pesquisar sobre a população afro-brasileira.

Como veremos, o debate já tinha um vencedor antecipado. As opiniões de Herskovits foram mais do que bem-vindas para os anseios de modernização cultural de parte da elite brasileira. Enquanto as visitas de Frazier e Turner foram rapidamente esquecidas, o trabalho de campo dos Herskovits consolidou seu legado nos Estudos Afro-brasileiros e nas Ciências Sociais

[5] Simões, 2022.

[6] Romo, 2010.

[7] William, 2001.

brasileiras em geral. Melville desempenhou um papel de destaque na estruturação dos primeiros cursos de Ciências Sociais no Brasil. Já antes de sua chegada, ele acompanhou e fez recomendações para a primeira cadeira de antropologia na Universidade do Distrito Federal (Rio de Janeiro), liderada por seu correspondente Gilberto Freyre. Durante sua visita ao Brasil, foi o patrono de abertura da Faculdade de Filosofia da Bahia, aplaudido pelo jovem Thales de Azevedo. Em São Paulo, esteve em contato com os dois principais centros no campo das Ciências Sociais, a Escola Livre de Sociologia e Política (Elsp) – através de Donald Pierson – e a Universidade de São Paulo – através de Roger Bastide. Ele será o boasiano mais influente do Brasil, e seus conceitos de "aculturação" e "africanismos" serão tomados como referência básica para o debate cultural de uma geração de cientistas sociais.

A influência de Herskovits certamente se deveu também a seu longo compromisso com o Brasil e com uma série de pesquisadores sediados no Brasil. Como veremos mais adiante, a correspondência entre ele e os estudantes brasileiros de pós-graduação mostra que Herskovits foi um excelente orientador. Ele manteve uma intensa troca de cartas e insistiu que cada um deles desenvolvesse sua tese sobre as "sobrevivências africanas" no Novo Mundo. Se você fosse um orientando de Herskovits, especialmente se tivesse recebido uma bolsa por interferência dele, era preciso acreditar firmemente em tal tese. A influência de Herskovits nas Ciências Sociais brasileiras e até mesmo em intelectuais de renome envolvidos com o governo nos anos 1950 e 1960, como Darcy Ribeiro e Celso Furtado, também pode ser explicada pela popularidade de duas de suas noções entre os antropólogos brasileiros: "aculturação" e "foco cultural". Alguns anos após a viagem dos Herskovits, Pierre Verger desenvolveu uma metodologia para despertar a memória da África entre os descendentes africanos no Novo Mundo. Se Verger não era exatamente um discípulo de Herskovits, ele compartilhou a mesma preocupação com as sobrevivências africanas no Novo Mundo e uma predileção particular pelas formas iorubás na busca por tais sobrevivências. Ser capaz de trocar memórias e herança através do Atlântico deve ter dado para ele, assim como para os Herskovits, uma grande sensação de entusiasmo e até mesmo de poder.

A reconstrução da pesquisa desses quatro acadêmicos no Brasil, especialmente em torno da cidade de Salvador, foi feita com base em arquivos muito diferentes. Como veremos, Herskovits deixou um arquivo muito sólido e detalhado de suas pesquisas no Brasil, um país com o qual manteve contato por cerca de 20 anos, de 1935 até pelo menos meados dos anos 1950, através de uma troca sustentada de correspondência com pesquisadores brasileiros de destaque. Para Frazier e mais ainda para Turner, o arquivo é muito mais pobre e repleto de ausências e perdas. Investigar a pesquisa de ambos no Brasil requer uma boa dose de imaginação, ao menos para preencher as várias lacunas na documentação. Tal reconstrução é importante para entender o período que precedeu a escolha da Bahia – e do Brasil em geral – como local para o primeiro grande projeto de pesquisa da Unesco no início dos anos 1950 e, logo depois, sua transformação em uma importante "estação etnográfica" para os cientistas sociais americanos,[*] em sua maioria antropólogos. Para muitos observadores norte-americanos (e europeus), o Brasil se fez ainda mais sedutor pela Política de Boa Vizinhança, exercida formalmente a partir do governo Roosevelt, que certamente contribuiu para que muitos pesquisadores estrangeiros, especialmente americanos e alemães, escapando da segregação racial ou do nazismo, comprassem a ideia de um Brasil oficialmente representado como uma democracia sem barreiras de cor e centrada na classe. Como o livro organizado por David Hellwig demonstrou,[8] a partir dos anos 1920, muitos acadêmicos americanos, assim como intelectuais negros, representaram o Brasil como um *alter ego* dos Estados Unidos segregacionista. Além de ler o livro de Hellwig, é possível consultar as cartas dirigidas por Du Bois aos presidentes brasileiros,[VIII] assim como artigos de Ralph Bunche, Richard Pattee e Alain Locke e outros em vários periódicos americanos como *Journal of Negro History*, *Journal of Negro Education*, *Crisis* e *Phylon*. Para esses pesquisadores afro-americanos, o Brasil era um modelo positivo para o futuro das relações raciais nos Estados Unidos.

Nos EUA, Rüdiger Bilden foi o primeiro grande propagador da noção da excepcional situação racial brasileira e de sua relativa cordialidade.[9] Tal noção, é claro, já existia antes, e foi, entre outras, o núcleo do relatório de Gina Lombroso sobre o Brasil já em 1908.[10] Só mais tarde, com Bilden e, alguns anos depois, Gilberto Freyre, as representações do povo brasileiro foram revistas. Visto que Freyre era amigo de Bilden e fazia parte do crescente modernismo latino-americano, sua representação é relativamente generosa

[*] O termo *Field Station*, empregado no título da obra original em inglês, foi traduzido como "estação etnográfica" para situar o contexto antropológico que está implícito em inglês, mas que em sua tradução literal [estação de campo] poderia soar de maneira vaga e descontextualizada. (N. da T.)

[8] Hellwig (ed.), 1992.

[9] Bilden, 1929.

[10] Sansone, 2020.

e antirracista quando comparada às representações anteriores do "povo".[11] Freyre encarava-o não mais como um problema, mas até mesmo como uma "solução" para os dilemas da futura nação.[IX] Pela correspondência entre Bilden e Herskovits na Northwestern, é possível notar que Bilden foi o pesquisador que colocou Herskovits em contato com Freyre e, mais tarde, com Arthur Ramos e Edison Carneiro. Bilden, de modo mais geral, especialmente a partir de sua posição na Universidade de Fisk, se tornou o centro dos pesquisadores interessados no Brasil, como Donald Pierson,[12] que se tornou um colega próximo na Fisk para Richard Pattee, Lorenzo Turner e Ruth Landes.[X]

Desde o início da pesquisa que originou este livro, há cerca de 20 anos, os estudos sobre as relações raciais, a construção e a reinterpretação da cultura afro-brasileira e a tensão entre tradição e inovação – ou seria modernidade atlântica? – nos estudos sobre as religiões afro-brasileiras se desenvolveram muito e para melhor.[13] A trajetória de Turner atraiu alguma atenção, especialmente por causa de suas fotos e gravações excepcionais.[14] Ruth Landes e suas fotos também despertaram interesse.[15] A trajetória de Herskovits como organizador – e *gatekeeper*[*] – dos Estudos Afro-americanos nas décadas de 1930 e 1940 e posteriormente nos Estudos Africanos foi examinada criticamente, às vezes, de maneira ferina,[16] e até mesmo a qualidade do trabalho de campo de Melville e Frances foi questionada.[17] O cosmopolitismo racial e de classe de Frazier foi iluminado, e ele foi de alguma forma resgatado da parcela de pensamento conservador em que fora injustamente despejado.[XI] Mesmo as notas de campo de Herskovits podem levar a múltiplas leituras.[18] Este livro não faz nenhuma reivindicação de singularidade e completude e é apenas uma das leituras possíveis do emaranhamento desses campos de pesquisa.

11 Pallares-Burke, 2005, 2012; Borges, 1995.

12 Pereira da Silva, 2012.

13 Cf. Parés, 2006; Sansi, 2007; Castillo, 2008; Romo, *op. cit.*; Ickes, 2013a, 2013b.

14 Cf. *The living legacy of Lorenzo Turner*, 2011; Vatin, 2017.

15 Andreson, 2019.

* O termo *gatekeeper* é usado para referir-se a alguém que controla o acesso a uma determinada área. No caso de uma autoridade acadêmica, ela teria o poder de interferir em quem é inserido e quem é marginalizado no seu campo de pesquisa, bem como quais direções teóricas seu campo deverá seguir. Preferimos mantê-lo em inglês durante o texto para conservar seu caráter crítico. (N. da T.)

16 Cf. Gershenhorn, 2004; Allman, 2020.

17 Price & Price, 2003.

18 Cf. Ickes, 2013a; Pires & Castro, 2020.

Encerraremos esta introdução com três afirmações decisivas. Em primeiro lugar, não há história da antropologia e disciplinas relacionadas fora da geopolítica do conhecimento, que inclui o estudo das condições de colonialidade na vida e na prática acadêmica e na recepção final dos fluxos antropológicos globais.[19] Isso quer dizer que o sucesso e a continuidade de um paradigma científico específico não resultam de qualquer precisão científica intrínseca, mas dependem da conveniência política e da relação de poder que ele consegue estabelecer e manter.[20] Classe, raça, gênero e região são as principais variáveis pelas quais tal poder é constituído. Amizade e inimizade têm sido, naturalmente, parte integrante da formação e da consolidação do campo científico dos Estudos Afro-americanos e Afro-brasileiros.[21]

Essa afirmação sugere também que, no intercâmbio intelectual, existem duas tensões, aquela entre local e global, e aquela entre um Norte e um Sul Global. Ambas as tensões trazem consigo papéis provedores e dependentes, e a posição do acadêmico nesse intercâmbio é reveladora sobre sua abordagem e sua agenda. Entretanto, como nos diz Sansi: "é importante entender que este processo de objetificação de outras culturas como 'Cultura' não tem sido um movimento unidirecional no qual o Ocidente produziu 'Cultura' e o exportou para o resto".[22] Para começar, há um emaranhado hierárquico que é especialmente notável no campo dos Estudos Afro-americanos e na formação da identidade negra transnacional.[23] Embora não se possa negar a agência da parte dos acadêmicos brasileiros de todos os níveis,[24] desde aqueles com títulos formais até os pesquisadores regionais autodidatas, os intelectuais e ativistas negros, também é preciso levar a sério as severas limitações históricas de nossos arquivos no Brasil, combinadas com a política internacional de arquivos e financiamento. A isso se acrescenta a promoção do Brasil a "território ideal de trabalho de campo" que está associada à relação geralmente estabelecida por nossos colegas acadêmicos do Norte, quando descem ao Sul e priorizam o contato profundo e verdadeiro com "o povo", mas optam muito menos pelo diálogo sofisticado com colegas e quadros acadêmicos, em um movimento que, na maioria das vezes, desempodera o empreendimento intelectual brasileiro.

[19] Quijano, 2000.

[20] Yelvington, 2007.

[21] Oliveira, 2019.

[22] Sansi, *op. cit.*, p. 8.

[23] Siegel, 2009.

[24] Merkel, 2022.

Em segundo lugar, no caso do Brasil e mais especialmente da Bahia, a presença e o olhar de pesquisadores estrangeiros e de agendas acadêmicas e políticas estabelecidas em outros lugares não só influenciaram o mundo do candomblé a partir do final dos anos 1930 – e, a partir dos anos 1970, o ativismo negro –, mas se tornaram parte integrante desses dois fenômenos sociais, bem como do campo acadêmico dos Estudos Afro-brasileiros de maneira geral. Em várias ocasiões, cientistas sociais, especialmente antropólogos, tornaram-se porta-vozes para os terreiros e associações de candomblé, especialmente aquelas consideradas tanto por dentro quanto por fora como mais puras e autenticamente africanas. Esse emaranhado entre cientistas sociais, a religião do candomblé, o ativismo negro e a luta antirracista criou um conjunto muito específico, é possível dizer muito brasileiro, de relações e tensões que é tão antigo quanto o campo dos Estudos Afro-brasileiros, que teve sua origem por volta do começo do século XX e, como veremos, começará a ser institucionalizado e se tornará bastante transnacional a partir de meados dos anos 1930.

Em terceiro lugar, nos Estados Unidos, os Estudos Africanos, como um campo próprio de estudos acadêmicos, tiveram origem dentro do campo dos Estudos Afro-americanos. O Brasil – especialmente o estado da Bahia, que tem a maior porcentagem de pessoas de ascendência africana no país – ocupou um lugar-chave nesse processo. O estilo, o jargão, as prioridades, a maneira e a metodologia dos Estudos Africanos e Afro-americanos estavam, portanto, inter-relacionados, especialmente no período entre 1930 e 1960. Em meados dos anos 1960, os Estudos Africanos e os Estudos Afro-americanos se separaram de muitas maneiras. Isso se deve a um conjunto de razões: durante o auge da descolonização africana, novas agendas de pesquisa foram estabelecidas nos próprios países africanos; o desenvolvimento de estudos de área em meio à Guerra Fria foi um processo de aumento da especialização e estreitamento do foco na pesquisa, com muito menos ênfase na agenda progressiva do Pan-Africanismo ou na política de identidade através do Atlântico Negro; e as prioridades dos movimentos de direitos civis e do *black power* que se desenvolveram nas Ciências Sociais nos EUA e, em certa medida, em todo o Atlântico Negro, influenciando profundamente um novo processo de política de identidade e elevando a consciência negra.[25] Tal processo, naturalmente, questionou tanto a autoridade dos cientistas sociais não negros (nosso caso) ao falar das culturas negras no Novo Mundo como

[25] Cf. Sansone, 2019 e no prelo.

a escassa presença de pesquisadores negros e africanos nas posições-chave no campo dos Estudos Africanos nos EUA. O texto a seguir, embora se limite ao lugar do Brasil e especialmente da Bahia nesses processos, espera corroborar essas três afirmações ou, em vez disso, lançar luz sobre algumas facetas da construção transnacional dos Estudos Afro-brasileiros, Afro-americanos e Africanos que permaneceram até agora pouco iluminadas.

No capítulo 1, seguimos a trajetória dos quatro pesquisadores no que diz respeito a suas viagens à Bahia e ao Brasil. No segundo capítulo, seus estilos de trabalho de campo e sua metodologia serão comparados, acentuando as diferenças, mas também algumas semelhanças importantes. O terceiro capítulo trata do período que se segue às suas visitas à Bahia até 1967, quando Frances regressa. O livro termina tirando conclusões gerais enquanto examina criticamente o impacto de suas obras sobre o Brasil e as tensões que deixaram no campo dos Estudos Afro-brasileiros. O posfácio trata, de forma autobiográfica, de uma série de gargalos na prática das Ciências Sociais em um local como a Bahia, do dilema da repatriação (digital) e da dificuldade em subverter a política estabelecida de arquivos.

Notas - Introdução

I Sobre o importante papel de Robert Park, então professor da Fisk, na atração de pesquisadores americanos para a Bahia, cf. L. Valladares, 2010; Maggie, 2015.

II Zweig, escritor judeu austríaco, era extremamente popular no Brasil. Sua clássica celebração *Brasil, país do futuro*, publicada pouco antes de cometer suicídio com sua esposa Lotte, em Petrópolis, incluiu um capítulo sobre sua visita à Bahia em 1941, na qual Zweig comenta sobre a festa popular do Bonfim (cf. Zweig, 1941; Dines, 2009; Davis & Marshall (ed.), 2010).

III Frazier e Herskovits foram dois dos colaboradores da antologia *The New Negro* (1925), editada por Alain Locke. Frazier, com o capítulo "Durham: capital of the black middle class" [Durham: capital da classe média negra] (Frazier, 1925, pp. 333-340), e Herskovits, o único colaborador branco do livro, com o capítulo "The Negro's Americanism" [O americanismo do negro] (Herskovits, 1925, pp. 353-360). Lorenzo Turner não estava no livro, apesar de sua proximidade com o espírito da antologia. Creio que isso tenha a ver principalmente com o fato de que a carreira de Turner como linguista se desenvolveu somente nos anos 1930.

IV Os repositórios dos documentos consultados nos EUA foram para o casal Herskovits: *MJH Papers* na Northwestern University, Evanston, Illinois; *MJH & FSH Papers* no Schomburg Center for Research in Black Culture da New York Public Library; o National Museum of African Art do Smithsonian Institute, Washington; o Rockefeller Archive Center e a Rare Book and Manuscript Library – especialmente a pasta da Carnegie Corporation – da Columbia University, Nova York. Para Franklin Frazier: os *Frazier Papers* no Moorland-Spingarn Research Center da Howard University, Washington; o Schomburg Center; o

Arquivo da Unesco em Paris; os arquivos da John Simon Guggenheim Memorial Foundation, Nova York. Para Lorenzo Dow Turner: o Schomburg Center; o Anacostia Community Museum do Smithsonian Institute, Washington, e os *Turner Papers* da Melville J. Herskovits Library of African Studies da Northwestern University, Evanston, Illinois. No Brasil, material de pesquisa foi colhido no Museu da Ciência; o arquivo Arthur Ramos na Biblioteca Nacional; os Arquivos do Museu Nacional, Rio de Janeiro; o arquivo da Faculdade de Filosofia e Ciências Humanas (FFCH) da UFBA, na Bahia; e os arquivos do Instituto de Estudos Brasileiros da USP, São Paulo. Minha pesquisa, além disso, tenta uma leitura cuidadosa de notas de rodapé, introduções, resenhas de livros e agradecimentos relacionados a qualquer coisa brasileira na obra de Lorenzo Turner, Melville e Frances Herskovits e Franklin E. Frazier. Foram realizadas várias entrevistas pessoais com a filha de Melville já falecida, Jean Herskovits, a esposa de Lorenzo, Lois Turner, e seu filho Lorenzo Jr., Josildeth Consorte, Waldir Freitas e Julio Braga (estes dois últimos sobre Frances).

V As duas cartas a seguir são uma prova disso: "Lamento ouvir, em uma carta de Njisane, que você esteve no hospital. Ele diz que você esteve apenas por uma estada curta e que estava se saindo bem. Espero, portanto, que a carta esteja correta e que agora você esteja novamente em boa forma" (MJH para Frazier, 28 de janeiro de 1959. *Frazier Papers*, MS, Howard, Box 131-10, Folder 19); "Eu não vou a Washington com muita frequência nestes tempos, mas uma destas vezes quando for, eu lhe darei um toque. Espero que as coisas estejam bem com você e que você esteja se sentindo em boa forma" (MJH para Frazier, 28 de março de 1961. *Frazier Papers*, MS, Howard, Box 131-10, Folder 19).

VI Herskovits, que tinha sido aluno de Franz Boas, era de origem judaica e os especialistas em sua obra argumentam que isso o tornou particularmente sensível à discriminação racial contra afro-americanos. Nos anos 1930 e 1940, muitos intelectuais judeus militaram contra o racismo contra negros e outras minorias nos EUA (cf. Yelvington, 2000).

VII Esse debate seria renovado a partir do final dos anos 1960 nos EUA, especialmente após a criação de vários departamentos de Estudos Negros e o movimento de ativistas negros para tornar a African Studies Association (ASA) mais aberta à sua presença e às suas prioridades, a partir da tumultuada conferência anual de Montreal em 1968. As várias edições do mais célebre livro de Herskovits, *The myth of the negro past* [O mito do passado negro], especialmente a de 1990, com uma poderosa introdução de Sidney Mintz (1990), a centralidade da obra de Herskovits na marcante compilação *Afro-American anthropology* por Norman Whitten e R. Szwed (cf. Whitten & Szwed (ed.), 1969) e no pequeno, mas seminal livro *Anthropological approach to the Afro-American past: A Caribbean perspective* de Sidney Mintz e Richard Price (1976), que foi publicado novamente em 1992 com o título mais militante *The birth of African-American culture: An anthropological perspective* (cf. Mintz & Price, 1992). Todos testemunharam a influência da busca dos "africanismos" no coração das Ciências Sociais e dos Estudos Afro-americanos.

VIII Disponível nos *W. E. B. Du Bois Papers*, 1868-1963, Special Collections and University Archives, W. E. B. Du Bois Library, University of Massachusetts, Amherst, MA, EUA.

IX Tal incorporação simbólica não estava livre de contradições, é claro, como Dain Borges apontou corretamente: "Com a importante exceção dos músicos, os intelectuais modernistas raramente elaboraram conceitos afro-brasileiros" (Borges, 1995, p. 72)

X Bilden, um imigrante alemão, estava muito feliz por finalmente conseguir um cargo (temporário) na Fisk devido às oportunidades que tinha de trabalhar com acadêmicos e estudantes. Ele tinha todos os colegas acima mencionados em alta estima, com exceção de

Landes, que, quando na Fisk, pouco antes de ir para o Brasil, segundo Bilden, bem como seus colegas negros na Universidade, foi considerada "uma vergonha" por causa de seu envolvimento sexual com homens de cor, algo que no Tennessee era severamente condenado (Bilden para MJH, 6 de dezembro de 1937. *MJH Papers*, NU, Box 3, Folder 26).

XI Olivia Gomes da Cunha, em livro recente, fez uma grande contribuição para uma leitura comparativa da trajetória desses pesquisadores, aos quais acrescentou, corretamente, Donald Pierson (cf. Cunha, 2020).

CAPÍTULO 1

Trajetórias: a jornada de Franklin, Lorenzo, Mel e Frances no Brasil

Vamos começar nossa jornada seguindo os passos de nossos pesquisadores desde o momento em que eles deixam os Estados Unidos até seu retorno. Suas viagens foram precedidas de planejamento, leitura e correspondência com pesquisadores brasileiros e especialistas sobre o Brasil. Foram alimentadas por expectativas construídas no contexto social e racial dos EUA e uma genuína curiosidade pelo Brasil – na época um país descrito ou percebido por muitos como o *alter ego* sociorracial dos EUA. Suas pesquisas se concentraram na cidade de Salvador, Bahia, um lugar que terá um efeito duradouro em suas vidas por sua cultura popular negra supostamente cordial, a vivacidade de suas festas e de seus festivais de rua, sua religiosidade afro-católica, a vibração e a "africanidade" de sua música popular, o colorido de suas ruas e de seus mercados e suas relações e hierarquias raciais aparentemente tolerantes.

Mil novecentos e quarenta foi, para Salvador um ano de mudanças. Na imprensa, houve um reconhecimento lento, mas constante, da importância da cultura popular negra, especialmente nos jornais associados ao poderoso conglomerado de mídia *Diários Associados*, pertencente ao magnata Assis Chateaubriand. A Segunda Guerra Mundial estava em todas as primeiras páginas, mas a posição "neutralista" ainda estava muito presente. *A Tarde* se inclinava para os Aliados, enquanto o *Diário de Notícias* e o *Estado da Bahia*, não. O *Diário* era muito mais neutro. Já o *Estado* até publicou um suplemento em 18 de outubro elogiando Mussolini e carregava uma coluna regular, "Hoja Hispana", que apoiava firmemente Franco.[1] Tenho a impressão de que tanto os Aliados como o Eixo pagaram para ter textos de sua preferência publicados.

[1] Cf. suplemento de *Estado da Bahia*, 18 de outubro de 1940.

Em outubro de 1940, Salvador recebeu muitas visitas importantes: o presidente Getúlio Vargas em visita ao primeiro poço de petróleo do atual bairro Lobato, depois Stefan Zweig, Gilberto Freyre, Lorenzo Turner e Edward Franklin Frazier. Em 9 de outubro de 1940, o *Estado da Bahia* publicou um longo texto sobre a visita dos dois últimos, em três seções. A coluna pertencia aos *Diários Associados*, e deve ter sido publicada em outros jornais do grupo, possivelmente com o apoio da Política de Boa Vizinhança. Em janeiro de 1941, a muito popular Festa do Bonfim atraiu ainda mais a atenção de residentes e de pessoas de fora do que normalmente ocorria. Zweig participou da festa em 1941 e a descreveu em seu livro.[2] Na verdade, naquele dia, o escritor foi duas vezes à festa: de manhã cedo para participar da parte sagrada e no final da tarde para participar da celebração do povo comum nas muitas bancas ao ar livre que vendiam comes e bebes e tocavam música (ver também *A Tarde*, 12 de janeiro de 1941). Naquele dia também Frazier e Turner estavam presentes e tiraram muitas fotos. Além deles, imagino que Jorge Amado e Assis Valente estivessem lá.[I]

No ano seguinte, em janeiro de 1942, os Herskovits também estavam lá, tiraram cem fotos e descreveram a festa em suas notas de campo.[3] Na verdade, é impressionante como a Festa do Bonfim reunia não só as classes baixas e as elites intelectuais locais, mas também vários indivíduos estrangeiros, brancos e negros, que vinham ao Brasil fugindo de muitas maneiras das tensões raciais nos seus países. Se, segundo Victor Turner, tais festividades criam uma sensação de *communitas* – um espírito comunitário que está ausente em outras épocas do ano e em outros lugares –, é possível imaginar que esse sentimento também envolveu esses intelectuais estrangeiros e que tal vivência em primeira mão criou um vínculo emocional com a Bahia, sua "magia", colocando-os em contato com pessoas que permaneceram em suas memórias. De alguma forma, essas experiências influenciariam seu vínculo com o Brasil e sua saudade dele depois da partida: na Bahia e, especialmente, em sua cultura popular, diferentes pessoas com diferentes origens, cores e posições sociais podiam se reunir como em nenhum outro lugar do mundo.[II] Ontem e hoje, as festas e os festivais de rua baianos reúnem diferentes setores da população, forasteiros e estrangeiros. Eles podem ser interpretados como metáforas da sociedade, bem como uma ferramenta política e um palco para a comunidade do candomblé, que mostra neles sua força. Ultimamente, também se tornaram palco para políticos

[2] Zweig, 1941.

[3] Ickes, 2013a, 2013b.

municipais e estaduais, além de serem incorporados aos roteiros de curiosidades das pastas do Turismo dessas duas instâncias.[III] Se, como argumento neste livro, a Bahia foi construída como um bom lugar para sonhar – com uma sociedade melhor e mais justa –, as festas populares de rua eram bons momentos para esses devaneios.[IV] Em outubro de 1941, quando os Herskovits chegaram à Bahia, a situação política havia mudado. Lendo o diário *A Tarde*, fica evidente que os EUA estavam próximos de entrar na guerra. Há muito menos espaço para a neutralidade no jornal. A Política de Boa Vizinhança avançava: as bases militares americanas em Natal estavam sendo preparadas, e os jangadeiros chegavam a Salvador enquanto eram filmados por Orson Welles.

Festa de Nosso Senhor do Bonfim, 15 de janeiro de 1942. As pessoas se reúnem nas barracas que vendem comida e bebida em frente à igreja. Fonte: Melville Herskovits Collection, Elliot Elisofon Photographic Archive, National Museum of African Art, Smithsonian Institute, Washington, D.C., EUA.

Vejamos agora como Franklin Frazier, Lorenzo Turner, Melville – Mel, para os amigos – e Frances Herskovits contribuíram, de certa forma desavisadamente, para criar as condições para a celebração da suposta ausência de racismo na sociedade brasileira. Isso, naturalmente, não quer dizer que as hierarquias sociais e raciais não estavam mudando na Salvador dos anos 1930. A sociedade estava se tornando um pouco menos hierárquica e, pela primeira vez, um componente considerável da elite intelectual começou a desenvolver uma atitude positiva em relação às expressões culturais de origem africana na sociedade baiana.

Culturalmente falando, a África no Brasil começava a ser vista como um ativo após ser vista como um passivo durante séculos. Como exemplo da mudança, Edison Carneiro e Aydano do Couto Ferraz organizaram o Segundo Congresso Afro-Brasileiro em 1937.[4] Ele diferia de certa forma do primeiro congresso, realizado em Recife em 1934 e coordenado por Gilberto Freyre com José Valladares como secretário, pois incluía mais porta-vozes do que naqueles anos era chamada a "comunidade afro-brasileira". Martiniano Eliseu do Bomfim, possivelmente o mais importante "babalaô" da Bahia,[V] foi escolhido como presidente honorário do Congresso.[5] Alguns anos depois, Turner tiraria fotografias notáveis desse personagem transatlântico que encarnava a importância da Baía do Benim na história cultural e religiosa da Bahia.[6]

Um olhar atento aos anais de ambos os congressos revela uma singular combinação dos chamados intelectuais regionais autodidatas, intelectuais de renome nacional, médicos, antropólogos físicos, etnógrafos, médicos psiquiátricos e alguns pesquisadores internacionais. Melville, impossibilitado de comparecer, enviou um trabalho para ser lido em seu nome aos dois congressos.[VI] No Congresso de 1937, seu trabalho, apresentado como discurso principal, seria eventualmente o primeiro do índice dos anais que reunia os trabalhos publicados em formato de livro.[7] Após o Congresso, que recebeu o apoio do governador da Bahia, Juracy Magalhães, que também abriu o evento, Edison Carneiro, com a ajuda de Martiniano e Mãe Aninha, constituiu a primeira associação de cultos afro-brasileiros. Como ocorre frequentemente em processos de patrimonialização, a associação teve de estabelecer os critérios de adesão e procurou fazer a distinção entre candomblé puro e menos puro e entre religião e feitiçaria. Podemos imaginar como a proximidade com os pesquisadores do candomblé poderia ser propícia para que um terreiro fosse visto como mais "tradicional", "puro" e "autêntico" do que outros.

Na verdade, a segunda metade dos anos 1930 foi uma nova e importante fase na relação entre o Estado ou o *establishment*, a academia e as hierarquias

[4] *Idem*, p. 66.

[5] Cf. Capone, 2016.

[6] Matory, 2005.

[7] Cf. *O negro no Brasil*, 1940; Romo, 2010, pp. 47-85.

raciais no Brasil. Esse é especialmente o caso da relação entre a polícia e o candomblé no estado da Bahia.[8] O candomblé tinha de operar sob repressão da polícia, que frequentemente proibia os cultos, especialmente o batuque, pelo menos até meados da década de 1930.[9] Os dois congressos aconteceram num momento crítico, tanto para os desdobramentos da noção de raça quanto para o nascimento das Ciências Sociais no Brasil.[10] Por um lado, o ministro da Educação e Cultura, Gustavo Capanema, por intermédio de Rodrigo de Melo Franco, Carlos Drummond e Mário de Andrade, estava investindo na incorporação da expressão cultural afro-brasileira na representação oficial da nação brasileira,[VII] porque esta tinha de se reconciliar com sua cultura matriz, enquanto, por outro lado, havia um Ministério da Justiça muito poderoso e racista bloqueando ou limitando a imigração judaica e não branca.

No Nordeste, essa tensão se tornou muito aguda. A região era o repositório da maioria das expressões culturais associadas à origem africana da população brasileira. Essas expressões começaram a ser reconhecidas como parte integral da representação pública da nação em um processo que levaria décadas e que, na primeira década de 2000, transformaria a maioria delas em política patrimonial, inscrevendo-as nos registros mundiais, nacionais e regionais de patrimônio material e não material.[VIII] Ao mesmo tempo, o final da década de 1930 foi um período de repressão violenta ao cangaço, que terminou em 1937 – o mesmo ano do Segundo Congresso Afro-Brasileiro – com a matança de todo o grupo de Lampião e a consequente exposição itinerante altamente simbólica e macabra, através das capitais do Nordeste, de dez cabeças de cangaceiros decapitados.[11] Além disso, a pobreza – e até mesmo o desalento – era a realidade da grande maioria da população não branca. Sem desconsiderar a relevância da integração cultural, que certamente teve um efeito positivo na autoestima de setores particulares dos afro-brasileiros (líderes do candomblé e seus acólitos, músicos e compositores, mestres de capoeira e intelectuais negros), a integração socioeconômica ficou dramaticamente para trás.[IX]

Apesar da tensão mencionada, a Bahia proporcionou uma atmosfera acolhedora para os pesquisadores estrangeiros, especialmente dos Estados

[8] Ickes, op. cit.

[9] Cf. Luhning, 1995; Costa Lima, 2004.

[10] Romo, *op. cit.*, p. 51.

[11] Grunspan-Jasmin, 2006.

Unidos e da França, embora, como veremos mais adiante, nem todos os pesquisadores estrangeiros tenham recebido as mesmas boas-vindas ou tido as mesmas habilidades sociais. Para começar, é preciso mencionar Donald Pierson e Ruth Landes, dois pesquisadores que deixaram sua marca na Bahia e, de maneira mais geral, nos Estudos Afro-brasileiros. Pierson, na época estudante de doutorado em Sociologia na Universidade de Chicago sob a supervisão do prestigioso Robert Park, veio a Salvador em 1936 para fazer um trabalho de campo pioneiro sobre a população negra. Após um ano de sólida pesquisa, ele estava amplamente convencido de que a classe, em vez da raça, importava mais na Bahia e que qualquer racismo que se pudesse perceber, além de ser muito mais brando do que nos EUA, poderia ser considerado um legado da escravidão em lugar de um sinal de modernidade. Ele realizou várias entrevistas e fez uma pesquisa sobre classificação racial e sua terminologia na Bahia (1942).

Aparentemente, graças à rede de informantes e à experiência de trabalho de campo de Donald Pierson, Ruth Landes, uma antropóloga americana, também escolheu Salvador para sua pesquisa de pós-doutorado originalmente destinada a se concentrar na existência de um matriarcado no candomblé.[X] Landes, cuja orientadora de tese havia sido ninguém menos que Ruth Benedict, aceitou a ajuda de Pierson para fazer conexões e receber orientação para sua pesquisa na Bahia. Ela não buscou tanto a ajuda do renomado antropólogo brasileiro Arthur Ramos quanto outros pesquisadores, o principal contato indicado pela diretora do Museu Nacional do Rio de Janeiro, Heloísa Torres. Dona Heloísa, como era conhecida, era a *gatekeeper* quintessencial da antropologia brasileira.[12/XI]

Aparentemente, essa foi uma das razões que trouxeram para Landes a inimizade de Arthur Ramos e Melville Herskovits quando ela terminou sua pesquisa.[13] As outras três razões foram que ela supostamente havia exposto em excesso a importância dos homossexuais no candomblé, bem como a mistura bastante sincrética que o culto poderia ter em certos terreiros (algo a não fazer na época em que os antropólogos brasileiros estavam tentando convencer o governo federal a aceitar o candomblé como uma religião "decente" e "autêntica"),[14] e que ela havia se envolvido romanticamente com o conhecido etnólogo Edison Carneiro.[XII] Essa relação violou dois tabus na

12 Correa & Mello (org.), 2009.

13 Cole, 1994.

14 Herskovits, 1948b.

Bahia, um do Consulado americano (ter um caso com um homem negro) e outro das elites baianas (ter um caso com um simpatizante comunista). Landes deixou o Brasil assim que completou seu trabalho de campo. De fato, segundo o pesquisador independente francês Pol Briand (em comunicação pessoal em 2007), ela foi deportada com o coração partido. Edison Carneiro tentaria, mas nunca conseguiria obter um visto para os Estados Unidos a fim de se juntar a ela. Essa negação ocorreu possivelmente por suas inclinações políticas. A terceira razão foi que Landes se tornou, de alguma forma, sem estar totalmente ciente disso, uma vítima da divisão entre sociologia e antropologia na academia norte-americana. Mesmo sendo antropóloga, preferiu confiar em uma rede estabelecida por sociólogos de Chicago. Nos últimos anos, um pouco ironicamente, a etnografia de Landes foi redescoberta por antropólogos críticos exatamente por sua abordagem pioneira e bastante subjetiva,[15] e até mesmo suas cartas de amor a Carneiro estiveram sob investigação.[16/XIII]

Pierson, pelo contrário, permaneceu no Brasil por muitos anos e se tornou influente na construção da sociologia como uma disciplina no meio acadêmico brasileiro. Ele lecionou na Escola Livre de Sociologia e Política em São Paulo, onde residiu até o final dos anos 1950. Lá, desempenhou um papel central na publicação, com o apoio da Rockefeller Foundation (RF),[XIV] da tradução brasileira das obras dos mais importantes cientistas sociais norte-americanos – e, ao escolher quais autores e livros traduzir para o português, moldou, de várias maneiras, o caráter das Ciências Sociais no Brasil.[17] Se Landes se tornou uma *outsider* na antropologia americana, Pierson teve uma carreira muito mais confortável e conformista.[XV]

Em suma, Salvador e sua comunidade afro-brasileira eram, naquela época, importantes encruzilhadas para a sociologia e a antropologia internacionais, bem como uma importante fonte de inspiração para o pensamento antirracista. No caso dos pesquisadores americanos, a partir do final dos anos 1930, recursos para pesquisa e trabalho de campo no Brasil começaram a ser disponibilizados como parte das diversas atividades culturais e diplomáticas patrocinadas pela Good Neighbor Policy (GNP),[*] como a publicação de traduções da literatura brasileira para o inglês e da literatura americana para

[15] Cf. Herskovits, 1948b; Fry, 2002, 2010.

[16] Andreson, 2019.

[17] Corrêa, 2013, pp. 205-317.

[*] Referida doravante como "Política de Boa Vizinhança" ou pela sigla em inglês, GNP. (N. da T.)

o português.[18] Com a GNP, o governo americano, através do Office of the Coordinator of Inter-American Affairs (Ociaa), que a partir de agosto de 1940 foi coordenado por Nelson Rockefeller, estava tentando tanto melhorar o relacionamento com a América Latina quanto contrariar a neutralidade do governo brasileiro na Segunda Guerra Mundial.[XVI] É preciso considerar que, para a opinião pública brasileira da época, os Estados Unidos eram também a terra do racismo institucional. O argumento de muitos na frente "neutralista" brasileira era: por que combater o nazismo alemão e defender a segregação americana? Como veremos mais tarde, nossos quatro pesquisadores se comprometeram poderosamente com o esforço de guerra e foi exatamente contra o argumento dos latino-americanos neutros que Frazier se envolveu com seu polêmico e político artigo "Brazil has no Race Problem".* Ele argumentou que o Brasil tinha uma estrutura racial completamente diferente da dos EUA e chegou a citar o comentário de Theodore Roosevelt sobre o tema após sua famosa viagem de um ano ao Brasil em 1913: "O único ponto onde há uma diferença completa entre os brasileiros e nós foi a atitude em relação ao homem negro. No Brasil, não há um estigma ligado ao sangue negro. Uma gota de sangue negro não faz de uma pessoa um negro e o condena a se tornar membro de uma casta inferior".[19]

Como parte da Política de Boa Vizinhança, os Estados Unidos também enviaram ao Brasil dois outros americanos famosos, Orson Welles e Walt Disney. O primeiro chegou em 1942 e filmou intensamente, em seu estilo peculiar, imagens da cultura popular durante seis meses. Isso resultou num brilhante documentário de curta-metragem intitulado *Four men on a raft* ("Jangadeiros", na versão brasileira) que deveria ter sido o primeiro episódio de um documentário mais longo e rico em imagens do Carnaval do Rio, intitulado "É tudo verdade". [XVII] A maior parte das filmagens retratou o Brasil como um país em grande parte mestiço e negro. As imagens do Carnaval do Rio demonstraram que se tratava majoritariamente de uma celebração de classe baixa e negra. Devido a esse "escurecimento" do Carnaval, associado ao que então era considerado como um consumo de álcool e comportamento social extravagante, Orson Welles nunca realmente desfrutou a glória que merecia como cineasta de documentários e foi enviado de volta aos Estados Unidos prematuramente. Em 1993, essa obra inacabada

[18] Morinaka, 2021.

* "Brasil não possui problema racial". (N. da T.)

[19] Cf. Frazier, 1942a, p. 123, *apud* Roosevelt, 1914.

foi montada em um novo documentário produzido na França com o mesmo título: *It's all true*.[XVIII]

Com Walt Disney, a história foi totalmente diferente. Seus desenhos animados *Saludos Amigos* (1942) e *The Three Caballeros* (1944, "Você já foi à Bahia?" na versão brasileira) popularizaram o personagem Zé Carioca,[XIX] o papagaio alegre e matreiro que deveria representar a alma dos brasileiros. Esse estereótipo tropical se deu muito melhor com a elite brasileira e aos olhos dos planejadores da Política da Boa Vizinhança do que o que eles percebiam como as excentricidades de Orson Welles. Vale lembrar que, naqueles anos conturbados, o Brasil era considerado como um possível porto seguro não só para os negros americanos, mas também para os judeus europeus – embora muitos tivessem sua entrada recusada. Frazier e Turner chegaram ao Brasil no mesmo ano em que o conhecido escritor austríaco e judeu Stefan Zweig e sua esposa vieram ao país.[XX] Parece que a primeira impressão deles foi semelhante e positiva. A partir de suas correspondências e de seus escritos, é possível perceber que todos ficaram encantados de ver um grau relativamente alto de interação racial nas escolas públicas e nos internatos que visitaram. Há evidências de que essas representações positivas da integração racial no Brasil por intelectuais negros e judeus estrangeiros, de alguma forma, influenciaram uns aos outros. Tanto afro-americanos quanto judeus tinham deixado para trás os horrores do antissemitismo e da segregação racial. Vejamos agora como cada um de nossos pesquisadores construiu sua trajetória no Brasil.

E. Franklin Frazier

Em novembro de 1939, Frazier solicitou uma subvenção para viajar ao Brasil junto à prestigiosa Guggenheim Foundation, que havia financiado Turner em suas pesquisas sobre a língua gullah em 1936. A declaração concisa do projeto, originalmente destinado a durar 12 meses, é a seguinte:

> Um estudo comparativo da família negra no Caribe e no Brasil com o objetivo de determinar o papel das tradições, sentimentos familiares e afeto na organização da vida familiar entre pessoas pré-alfabetizadas sujeitas a um século ou mais de contatos com a civilização ocidental.[20]

[20] Guggenheim Foundation Grant Applications, 1939-1941, *E. Franklin Frazier file*, GF.

Frazier reconhecia uma noção elástica de família como um lar e mostrava uma preocupação de comparação internacional, muito na linha de Melville Herskovits, que também fizera pesquisas sobre a organização familiar em Trinidad, Suriname e Haiti antes de vir ao Brasil. Na Declaração de Planos de Trabalho apresentada, Frazier diz que o projeto é uma continuação das pesquisas nas quais ele esteve envolvido durante os últimos 12 anos, ou seja, o estudo da família negra nos Estados Unidos:

> O estudo da família negra tem um duplo significado: primeiro, fornece um estudo comparativo da família no qual os aspectos mais íntimos da vida familiar podem ser estudados, bem como seu caráter institucional formal; segundo, oferece uma abordagem para o estudo dos processos de assimilação ou aculturação dos negros que foram colocados em contato com a civilização ocidental [...]. A história dos negros no Brasil tem sido diferente da dos da Jamaica e do Haiti. Embora os negros tenham sido parcialmente incorporados à organização política na qual a cultura portuguesa é dominante, grandes massas da população negra ainda são influenciadas por sua herança cultural africana [...]. Foi-me assegurada a cooperação de George E. Simpson [do Oberlin College], que fez um estudo sobre a massa e a elite do Haiti, e D. Pierson, que fez estudos preliminares no Brasil. Também planejo consultar o Dr. Herskovits, que tem feito trabalho no Haiti.[21]

No currículo de Frazier, podemos ver que ele era fluente em francês e alemão, sabia ler dinamarquês e português facilmente, embora fosse pobre na escrita e na fala. Frazier havia resenhado o livro *Evolução do povo brasileiro* (1923),[22] de Oliveira Vianna, para o *American Journal of Sociology*,[23] e mencionou isso em sua candidatura como um exemplo de sua preocupação com o Brasil e de seu esforço em ler o máximo possível sobre o contexto brasileiro.

Os nomes que fizeram as cartas de recomendação eram de peso-pesado:[24] Ernest Burgess: "Dr. Franklin Frazier é um dos dois principais sociólogos dos Estados Unidos que são negros, sendo o outro Charles S. Johnson", e acrescentou: "O Dr. Frazier é um dos poucos pesquisadores que são capazes de estudar o negro de maneira desapaixonada e objetiva". Robert Park: "Dr. E. Franklin Frazier é pessoal e intelectualmente uma pessoa de primeira classe".

21 *Idem, ibidem.*

22 Oliveira Viana, 1923.

23 Frazier, 1936.

24 Todas as citações a seguir referem-se a Guggenheim, *op. cit.*

Louis Wirth: "Professor Frazier é a autoridade atual mais destacada na América sobre a família negra". Melville Herskovits, de uma forma um tanto paternalista,[XXI] recomendou Frazier em seus próprios termos:

> O Professor Frazier é um estudante sincero e trabalhador da vida da família negra, cujas publicações tenho em considerável respeito. Fato é que discordamos em certos aspectos teóricos, mas penso que os dados em seus livros são de grande valor... Acredito que a oportunidade que ele está pedindo para ir ao Caribe e ao Brasil deveria ser-lhe concedida. Penso que isso ampliará sua formação e dará ao seu trabalho uma perspectiva que ele precisa.

Charles S. Johnson mostrou que Frazier era, para alguns, inclusive entre os acadêmicos negros, renomado por seu posicionamento militante contra a segregação:

> Não há dúvida de que Frazier fez algumas das contribuições mais significativas para o estudo da família do que qualquer um dos sociólogos recentes. [...]. Uma parte da reputação pública de Frazier resultou de uma certa impaciência vocal sobre as irritantes pressões raciais, mas até onde pude determinar, esses incidentes não tiveram nenhuma influência sobre seu trabalho acadêmico... Eles serviram mais para ocultar toda a força e o significado de seu trabalho mais substancial, e para diminuir o entusiasmo de vários indivíduos que poderiam ter sido solicitados a avaliar seu serviço público.

Walter W. Pettit acrescentou detalhes interessantes à atitude de Frazier em relação ao racismo: "Ele não é amargurado, tem um senso de humor considerável e, ao mesmo tempo, está muito convencido de que, somente afirmando seus direitos humanos elementares, a raça negra poderá eventualmente obter o reconhecimento que merece". Hankins, do Smith College de Massachusetts: "Por mais positivo que seja Frazier, apenas um ano para estudar três locais só poderia produzir resultados superficiais".[25]

Em 27 de março de 1940, Frazier recebeu a bolsa no valor total que solicitou, US$ 2500.[XXII] Walter White, secretário da NAACP,* escreveu a Frazier para felicitá-lo por esse prêmio e por ter sido um dos primeiros negros a receber uma bolsa tão prestigiosa.[26] Nos arquivos de Franklin Frazier do

[25] *Idem, ibidem*, última citação.

* Sigla para "Associação Nacional para o Progresso de Pessoas de Cor". (N. da T.).

[26] White para Frazier, 8 de abril de 1940. *Frazier Papers*, MS, Howard, Box 131, Folder 10.

Moorland-Spingarn Research Center da Howard University se encontram várias pastas nas quais ele guardava recortes de jornais de episódios de linchamento nos Estados Unidos, reunidos no período pouco antes de sua partida para o Brasil. Ele estava muito preocupado com o linchamento dos afro-americanos e, além disso, era bem conhecido por ser um combatente "olho por olho" contra o racismo cotidiano. Por exemplo, ele processou vários estabelecimentos segregados por recusarem sua entrada. Ele também não aceitava convites de instituições acadêmicas se isso significasse que estaria sujeito a instalações ou viagens segregadas. Não é à toa que, assim que chegou ao Rio, reuniu folhetos de instituições como o Instituto Central do Povo e o Orfanato Ana Gonzaga, nos quais foram retratados grupos de crianças racialmente mistas. O horror dos EUA deu lugar ao espanto no Brasil.

Frazier já havia obtido aceitação em certos círculos do mundo acadêmico e até mesmo dentro do governo Roosevelt. Ele veio ao Brasil para palestrar sobre seu livro e sobre a situação da população negra nos Estados Unidos, mas também para coletar material de apoio à sua teoria de que teriam sido a escravidão e a adaptação à pobreza que teriam influenciado a estrutura familiar da população negra. Para isso, ele viajou diretamente para uma das regiões do Novo Mundo que, segundo Herskovits, era o mais forte repositório dos "africanismos" – a cidade de Salvador e, especialmente, a comunidade em torno de um de seus mais tradicionais terreiros de candomblé, o Gantois. Em sua expedição baiana ele aproveitou a rede estabelecida por seu colega de Chicago, o sociólogo Donald Pierson. Pierson o apresentou a um conjunto de pessoas-chave da elite intelectual baiana, e o advertiu para não confiar muito na antropóloga americana Ruth Landes (que, como dito anteriormente, havia infringido o código racial americano e o código social brasileiro ao ter uma relação com o intelectual negro comunista Edison Carneiro e ter se tornado "nativa" em seu trabalho de campo).

Frazier e sua esposa deixam Nova York em 23 de agosto de 1940, no navio *Moore-McCormack Lines SS Brasil* e chegam ao Rio em 4 de setembro. Ele pede a Turner, que já está no Rio, que reserve uma suíte para ele e Marie no mesmo "Hotel Flórida" onde Turner estava hospedado. O *Correio da Noite*, de 5 de setembro, anuncia a chegada de Frazier e sua esposa. O casal teve uma breve estada no Rio de Janeiro e fez um desvio para São Paulo, onde ele ministrou uma palestra sobre a família negra nos EUA na Escola Livre de Sociologia a convite de Pierson.[27] Através de um esforço comparativo, ele

[27] *Frazier Papers*, MS, Howard, Box 131, Folders 133 a 137.

tinha planos de estudar a organização da família negra, que via como um meio de analisar a assimilação do negro à cultura europeia em diferentes países. Ele estava interessado em uma "história natural" da família negra, em perspectiva comparativa, da escravidão à liberdade e das condições rurais à industrialização e à urbanização. Frazier acreditava que nos EUA, exceto nas Sea Islands e em Nova Orleans, não havia influência africana na sociedade, como vemos no Brasil. A música negra dos Estados Unidos, que não era música africana como tal, no entanto, tinha exercido uma grande influência na cultura norte-americana.

O jornal *O Globo*, de 26 de setembro, relatou que Frazier e Turner vieram estudar a contribuição africana para a formação do Brasil. Seu plano era permanecer por dois meses na Bahia e seguir para o Norte, em direção ao Maranhão. O *Estado da Bahia*, no dia 7 de outubro, relatou uma entrevista coletiva que os dois deram no Rio, na qual Frazier discute que a diferença de casta quase desapareceu no Norte dos EUA, onde havia muitos profissionais negros capazes, aos quais só era preciso dar uma oportunidade. Frazier tinha planos de ir à Martinica e ao Haiti em seu caminho de volta e retornar ao Brasil por um período mais longo. Ele via a visita que estava realizando como uma pesquisa exploratória. Na *Folha da Manhã* de 17 de setembro, ele foi ainda mais específico. Explicou que havia um plano de voltar ao Brasil em junho de 1942 para uma pesquisa mais detalhada, baseada em dados coletados nesse primeiro período de trabalho de campo. Frazier defendeu um conceito moderno de família, baseado no sociólogo Burgess, da Universidade de Chicago, definido como uma unidade de pessoas interagindo umas com as outras.

Na entrevista que Frazier deu ao *Diário de S. Paulo* no dia 17 de setembro, o repórter lhe perguntou sobre a ideia de Gobineau de raças superiores e raças inferiores. Frazier, após uma grande risada, afirmou que Gobineau fizera poesia sociológica sem bases científicas e que não existiam raças diferentes, mas apenas culturas diferentes. Como mencionado na maioria dos artigos dos jornais, tanto Frazier quanto Turner também viam sua estada no Brasil como uma forma de aproximar americanos e brasileiros e melhorar o intercâmbio acadêmico entre as duas nações. Em São Paulo, a conferência "A família preta nos Estados Unidos" seria realizada em inglês, às 21 horas do dia 18 de setembro, na Escola Livre de Sociologia.

O geralmente pouco sofisticado *Estado da Bahia* relatou, em um longo artigo no dia 8 de agosto, as ideias de Frazier sobre a mobilidade social negra na "terra de Roosevelt". Eis um trecho do jornal:

> Com a emancipação, veio a competição com os brancos, que, através da organização de classe, mantiveram os negros longe dos melhores empregos. É por isso que o grande Booker Washington se organizou para o treinamento de negros. A migração para as grandes cidades do Norte criou oportunidades, especialmente para aqueles de pele mais clara. "*Stadtluft macht frei*" [o ar da cidade faz alguém livre].[28]

O jornalista acrescenta que o professor Frazier sempre tenta dar uma explicação econômica. Estas são as palavras de Frazier:

> Devido à segregação, muitos negros devem procurar empregos no "mundo negro" que existe em nossa sociedade birracial. No entanto, a grande cidade não pode ser o espaço para o preconceito porque é governada pela concorrência.[XXIII] Estou aqui há apenas um mês e não tenho uma imagem clara da diferença em relação ao Brasil. Posso dizer que nos EUA, os negros de pele clara e mais escura desenvolveram certa solidariedade, e isto tornou os negros bastante "conscientes da raça". Se existe uma linha de cor no Brasil, ela deve ser sutil e funcionar mais através de um conjunto de simpatia-antipatia do que através de discriminação institucional. Minha segunda observação diz respeito aos negros de pele mais clara: em ambos os países, eles tendem a estar super-representados na classe média.[29]

Frazier estava impressionado com os Estudos Afro-brasileiros e citou Pierson. A relação entre os países era importante porque o Brasil tinha muito a ensinar aos EUA em termos de relações raciais. À sugestão de que a situação estava melhorando, ele acrescentou que o presidente Roosevelt e sua esposa Eleanor eram defensores da igualdade racial nos EUA. A jornalista afirmou que Frazier, com apenas um mês no Brasil, já mostrava fluência em português. O artigo, intitulado "O negro americano não é mais um pária", dizia que Frazier e Turner estavam aqui para colaborar com a proximidade cultural ianque-brasileira. Esse, na verdade, era o espírito da maior parte da cobertura da imprensa. Frazier estava obviamente feliz com a atenção que ele e, em menor medida, Turner recebiam na imprensa brasileira e enviou ao Sr. Johnsons, reitor da Howard University, a tradução em inglês de algumas reportagens do jornal sobre sua visita ao Brasil.

Como pode ser visto na carta que enviou a Moe, da Guggenheim Foundation, em 20 de janeiro de 1941,[30] Frazier passou os dois primeiros

[28] *Estado da Bahia*, 8 de agosto de 1940.

[29] *Idem, ibidem*.

[30] Frazier para Moe, 20 de janeiro de 1940. *Frazier Papers*, GF e MS, Howard, Box 131-133, Folder 14.

meses no Brasil adquirindo facilidades suficientes no idioma para entrevistar famílias e acumulando uma bagagem literária sobre o país. Ele anunciou que, por esse motivo e por ter achado no Brasil uma rica fonte de informação, além do aumento dos preços das viagens, no caminho de volta iria se concentrar no Haiti e faria apenas uma breve visita à Jamaica.[XXIV] Nessa carta, ele acrescentou algumas fotos com legendas muito interessantes. Por meio de uma dessas legendas, inteiramo-nos de que uma mulher "de ascendência mista de índios e negros" o ajudou a fazer contatos com as famílias que ele entrevistou na região.

*

The woman next to me has helped me to make contacts with the families which I interviewed in this area. The house is typical. The family is of Indian and Negro descent. Seven people, including husband, wife (they happen to be married) four children (out of 7 born) and husband's live in this house.
brother

Frazier e seus informantes na vizinhança do Gantois. Fonte: E. Franklin Frazier Papers, Moorland-Spingarn Research Center, Howard University, Washington, D.C., EUA.

Em 8 de dezembro, o jornal *Diário de Notícias* anunciou a chegada de Franklin Frazier e sua esposa a Salvador com Turner, a bordo do navio *MormacYork*. Como era o caso naqueles dias para visitantes importantes, sua

* Frazier anota abaixo da foto: "A mulher ao meu lado me ajudou a fazer contatos com as famílias que entrevistei nessa região. A casa é típica. A família é descendente de indígenas e negros. Sete pessoas, incluindo marido e mulher (eles são casados), quatro crianças (de sete nascidas) e a mãe do marido vivem nessa casa". (N. da T.)

chegada foi anunciada na primeira página dos principais jornais baianos.[XXV] O jornal informa que eles vieram estudar, durante cinco meses, a "evolução dos negros brasileiros" (Frazier) e os "curiosos trajes, linguagem e tradições do homem preto da América" (Turner). O *Estado da Bahia* de 7 de outubro afirma que os dois "ianques" vieram para cá, pois foram atraídos pelos excelentes resultados da pesquisa de Donald Pierson.

Em Salvador, Frazier e Turner hospedaram-se no Palace Hotel, na elegante e central rua Chile, e, assim como Pierson, Landes, Turner e, posteriormente, Herskovits, usaram o consulado baiano dos Estados Unidos como endereço de contato.[XXVI] Em 5 de agosto de 1941, Frazier escreveu um memorando à Sra. Winslow, conselheira para projetos civis do Council of National Defense, com uma série de recomendações em relação à Política de Boa Vizinhança:

> Durante o tempo em que estive no Brasil, tive uma boa oportunidade de aprender as atitudes das pessoas em vários estilos de vida com relação aos Estados Unidos. Era minha nítida impressão que muitas pessoas desconfiavam da GNP por causa da atitude tradicional dos norte-americanos em relação às pessoas de cor. Posso citar dois exemplos: um é o caso de um dos autores mais conhecidos no campo das Ciências Sociais que declarou que não queria visitar os EUA devido à atitude em relação às pessoas de cor. O outro é o caso das principais figuras literárias do Brasil, que deram uma expressão da mesma opinião.[XXVII] [...]. O fato de uma grande parte dos brasileiros ser de sangue misto parecia aumentar a suspeita em relação à atitude real dos norte-americanos em relação aos brasileiros. [...]. Por outras razões também, a elite haitiana e de Trinidad tinha o mesmo sentimento. [...]. Uma das formas mais efetivas de dissolver essas suspeitas seria ter americanos de cor participando de projetos de incentivo às relações culturais com a América Latina.[31]

Frazier sugere o envio de professores e estudantes negros, bem como o recebimento de estudantes latino-americanos em Howard, e a tradução de obras literárias e acadêmicas de autores negros para o espanhol e o português. Neste contexto, ele acrescenta que Pierson havia sugerido a tradução de *The Black Family in the United States* (1939) para o português – o que, infelizmente, nunca aconteceu.

A viagem de Frazier e Turner foi preparada com bastante cuidado e antecedência. Frazier teve cópias de *The Black Family in the United States* enviadas pela University of Chicago Press, em 12 de novembro de 1940, para Cyro Berlinck, Dona Heloísa e Francisco de Conceição Meneses (IHGB).

[31] Frazier para Winslow, 5 de agosto de 1941. *Frazier Papers*, MS, Howard, Box 131, Folder 1.

Pierson se mostrou instrutivo e forneceu preços de hotel, corte de cabelo e engraxes, sugestões de viagem e informações sobre o clima. Curiosamente, Pierson, Turner e Frazier trocaram muitas informações sobre artigos de higiene pessoal, como escovas de dente e creme de barbear, que, naquela época, pareciam bastante escassos ou muito caros quando importados. A partir disso, percebemos que o Brasil era uma economia bastante fechada.

Pierson também escreveu várias cartas de recomendação: "Você provavelmente achará, como eu fiz, este procedimento particularmente útil no Brasil, onde os laços de parentesco e amizade em vez de comunidade de interesse ainda são, em grande parte, a base da organização social".[32] Em 30 de agosto, informou que tinha escrito cartas de recomendação a Arthur Ramos ("que infelizmente pode estar fora do país, em visita ao Estado da Louisiana"), Freyre, Lins do Rego, Jorge Amado ("outro membro importante do grupo literário mais jovem e cada vez mais proeminente, preocupado seriamente com a vida das classes mais baixas") e Oliveira Vianna ("ele tem, no entanto, a concepção de que o negro é racialmente inferior, um ponto de vista muito diferente do dos outros homens a quem estou enviando cartas"). Ele acrescenta: "Cartas para Delgado de Carvalho e A. Carneiro Leão são incluídas sem grandes expectativas de que estes homens, embora se considerem sociólogos, serão de grande ajuda para você. O missionário americano, Dr. H. C. Tucker, está no Brasil há mais de 50 anos e conhece o país como poucos americanos".[33/XXVIII]

Pierson escreveu para Frazier, em 27 de novembro de 1940:

> Nós ficamos realmente felizes em ouvir de você sobre Martiniano, Edison Carneiro e as famílias Amorim, Bahe e Carteado, e apreciamos sua ternura conosco, "eles têm muitas *saudades*", e esperamos que você repita o sentimento quando a ocasião for propícia. Você conta de várias visitas ao candomblé. Você já viu cerimônias no Engenho Velho, Gantois e São Gonçalo? Provavelmente você sabe que há pelo menos três seitas, o gege-nagô,* o Congo-Angola e o caboclo e que talvez queira manter, na medida do possível, suas relações com cada uma separadamente. Martiniano, por exemplo, se irrita facilmente com a menção de tal "bobagem", como ele a chama, como uma seita de caboclo [...]. Isto me lembra que Martiniano cantou uma vez para mim e para a Sra. Pierson uma canção de trabalho em

32 Pierson para Frazier, 9 de maio de 1940. *Frazier Papers*, MS, Howard, Box 131-114, Folder 115.

33 Pierson para Frazier, 30 de agosto de 1940. *Frazier Papers*, MS, Howard, Box 131-114, Folder 15.

* Mantivemos a grafia utilizada pelos autores para o grupo étnico "gege", que costuma atualmente ser escrito "jeje". (N. da T.)

> dialeto africano, que ele disse que os africanos estavam acostumados a cantar quando carregavam cargas pesadas pelas íngremes ruas baianas. O ritmo e a melodia faziam lembrar a Canção dos Barqueiros do Volga de Dvorak. Seria uma pena deixar essa canção morrer com os velhos negros como Martiniano. Não poderia Turner gravá-la?[34]

Ele comenta o caso de Landes, indicando que Frazier estava bem ciente das tensões:

> O caso Ruth Landes parece mais claro desde o recente jantar de compromisso com dois residentes americanos na Bahia que parecem ter estado intimamente envolvidos. Violações não só dos costumes relativos ao papel adequado da mulher (sério do ponto de vista brasileiro) e dos tabus raciais (sério do ponto de vista dos residentes americanos), mas também dos tabus sexuais que parecem estar envolvidos, incluindo uma alegada tentativa de seduzir um residente masculino europeu que, entendo, se ressente amargamente da experiência e divulga amplamente seus detalhes. Parece também haver envolvimento, talvez como racionalizações para motivos mais poderosos, mas parcialmente suprimidos, de ressentimento por certas deficiências de personalidade, incluindo a falta de tato, a incapacidade (ou falta de vontade) de assumir o papel de outros e a ingratidão. Suspeito que, pelo menos no que diz respeito aos residentes americanos, o assunto assume um caráter simbólico, pois a colônia americana, sendo uma minoria em uma cidade estrangeira cujos valores diferem em alguns aspectos marcadamente dos americanos, e que também está consciente de atitudes depreciativas por parte de certos cidadãos europeus, particularmente os ingleses, sente-se ocupando um *status* incerto e por causa dessa insegurança tende a se ressentir de qualquer ocorrência que possa diminuir o prestígio de todos os americanos.[35]

Pierson gostou das fotografias de Frazier de Mãe Menininha e outros e pediu o seu negativo para uma futura publicação. Em 24 de julho de 1941, Frazier escreveu uma breve carta para Dona Heloísa, do Museu Nacional, pedindo desculpas por ter demorado tanto a enviar seu relatório final, encerrando seus dois artigos sobre o Brasil e anunciando um relatório final mais longo. Ele nunca o enviaria de fato. Frazier retornou de sua viagem ao Brasil convencido de que, naqueles anos de guerra, os EUA tinham algo a aprender com o Brasil em termos de relações raciais, e ele deixava essa posição clara em várias entrevistas que dava aos jornais e em vários programas de rádio

[34] Pierson para Frazier, 27 de novembro de 1940. *Frazier Papers*, MS, Howard, Box 18, Folder 11.
[35] *Idem*.

dos quais participava. Um bom exemplo é o programa de rádio da Universidade de Chicago "Race Tensions: A Radio Discussion", transmitido pela National Broadcasting Company em 3 de julho de 1943, do qual ele participa com Robert Redfield. Aqui está um trecho:

> A política de discriminação racial, portanto, não só não funciona como está errada. Ela é inconsistente com o que são nossos princípios democráticos. Não podemos manter nossa integridade moral enquanto declaramos um e praticamos o outro. [...]. Permita-me lembrar a vocês a esse respeito que um de nossos aliados, o Brasil, com uma população negra proporcionalmente maior do que os Estados Unidos, não tem nenhum problema com negros ou qualquer outro problema racial. Não há tensões raciais entre brancos e negros ou pardos.[36]

Em seu relatório sobre o Brasil enviado à Guggenheim Foundation e nos quatro primeiros artigos que publicou sobre o país, Frazier foi bastante positivo sobre a qualidade das relações raciais brasileiras. No entanto, logo ele se tornaria mais crítico, apesar de continuar convencido de que as relações raciais no Brasil eram muito menos restritivas para os negros do que nos EUA. Em sua resenha do clássico de Pierson *Negroes in Brazil*, ele comentou:

> O leitor encontrará na quinta parte, que trata das sobrevivências africanas, uma situação que oferece um contraste marcante com as relações raciais nos Estados Unidos. No Brasil, não é preciso especular sobre as sobrevivências africanas, pois elas são aparentes nas práticas religiosas, nas danças, nos alimentos e nos cantos dos descendentes dos escravos e até mesmo na cultura do povo brasileiro. [...]. Há um preconceito de classe e não de raça no Brasil. Eu concordaria, no geral, com essa conclusão. No entanto, estou convencido de que se trata de uma simplificação excessiva da situação racial naquele país. Embora o preconceito racial não exista no Brasil no mesmo sentido que existe nos Estados Unidos, há preconceito, especialmente nas classes altas, contra pessoas de pele negra. Além disso, no sul do Brasil e entre os brasileiros de classe alta, existe algum preconceito não só contra as pessoas de pele negra, mas contra as pessoas de ascendência negra. No entanto, é verdade, como afirma o Dr. Pierson, que a descendência racial tem pouca influência na organização social, e tais preconceitos são assuntos pessoais.[37]

[36] "University of Chicago Roundtable on Race Tensions". *Frazier Papers*, MS, Howard, accession 160516, Class M323.2, Book C43.

[37] Frazier, 1943a, p. 189.

A partir dessa opinião bastante matizada, podemos deduzir que Frazier experimentou pessoalmente preconceitos raciais em sua relação com a classe alta no Brasil. Os comentários de Valladares em uma carta a Herskovits na qual Frazier é rotulado como um "mulato frajola", o que discutiremos adiante, poderiam ser prova disso. Como Platt sustenta,[38] o tipo de relações raciais no Brasil que Frazier previa correspondeu, em grande parte, a um mito que fazia todo o sentido naqueles anos em que os EUA eram caracterizados, por um lado, pela segregação e, por outro, pela necessidade de unir o país para o esforço de guerra.[XXIX] Frazier, de muitas maneiras, usou e abusou do caso da Bahia para justificar sua oposição às hierarquias raciais e às culturas racializadas nos EUA.

Há uma contribuição principal que ele deu que se mostrou seminal para o futuro trabalho de comparação dos sistemas de relações raciais transnacionais: ele apontou que nos EUA os negros eram aculturados, mas economicamente não integrados, enquanto no Brasil eles eram menos aculturados e parcialmente integrados a uma classe, em vez de um sistema de castas. Isso antecipou o argumento principal de nosso livro *Negritude sem Etnicidade* (2004) de que a integração cultural e socioeconômica não precisa andar de mãos dadas e de que a etnicidade e as sobrevivências africanas – ou sua reinterpretação no Brasil – não são equivalentes, mas podem seguir lógicas divergentes.[39]/[XXX] Além disso, estamos fortemente de acordo com Platt quando afirma que "a importância da visão de Frazier sobre o Brasil não está necessariamente no que ele diz sobre o Brasil, mas no que ele revela de um pesquisador negro que vive em um ambiente que restringe severamente todas as pessoas de pele escura".[40]

Frazier voltou aos Estados Unidos e reforçou sua opinião de que a humanidade era possível para os negros no Novo Mundo no contexto da modernização e da industrialização. Ao voltar do Haiti, Frazier se engajou em uma série de atividades para melhorar a solidariedade interamericana. Em 24 de julho de 1941, escreveu a Pierson relatando suas atividades em favor da solidariedade interamericana e afirmando que logo falaria com Richard Pattee sobre o trabalho de Pierson.[XXXI] Em seguida, ele se envolveu com projetos de tradução (com Pierson, que reclamava da falta de financiamento apesar da Política de Boa Vizinhança), participou de debates e artigos para a conferência anual da American Sociological Association (ASA) sobre "Os obstáculos culturais para a solidariedade interamericana" e a família negra na Bahia. Em

38 Platt, 1991.

39 Sansone, 2004.

40 *Idem*, p. 92.

carta para Enoch Carteado escrita em português, Frazier informou que sua esposa Marie estava estudando português, o que poderia sugerir que eles tinham planos de voltar ao Brasil.[41] No entanto, após regressar do Brasil e do Haiti, Frazier voltaria, basicamente, aos temas nacionais, tornando-se um colaborador próximo do projeto "The Negro In America", dirigido por Gunnar Myrdal e publicado na compilação "An American Dilemma" (1944).[42] Levaria alguns anos para que ele voltasse aos seus interesses internacionais e comparativos. Isso aconteceria no seu trabalho na Unesco, em Paris, aonde chegou com uma forte recomendação do próprio Myrdal, cuja esposa Alva Myrdal havia acabado de se tornar chefe da seção de Ciências Sociais da Unesco.

Rebelde em sua juventude e também em sua maturidade,[43] "embora nunca tenha sido festeiro, nunca tenha sido um negro 'apropriado', nunca tenha sido um representante típico de qualquer movimento, E. Franklin Frazier foi um produto do fermento social dos anos 1920".[44] Frazier havia contribuído com um capítulo na famosa antologia do pensamento negro, *The New Negro* (1925), mas ficaria mais tarde desiludido com o *Harlem Renaissance.* Aproximou-se de Du Bois e do ativista comunista negro Paul Robeson quando já eram perseguidos durante o macarthismo.[XXXII] Em suas notas biográficas enviadas com o pedido de bolsa à Guggenheim Foundation em 1939, lemos:

> Eu considero as escolas segregadas como a pior forma de injustiça que já foi perpetrada contra os negros nos Estados Unidos. Escolas separadas os prejudicaram intelectualmente; construíram uma noção falsa do mundo; deram ao negro uma concepção errada de si mesmo e, finalmente, tornaram o negro incapaz de competir na comunidade maior.[45]/ [XXXIII]

Frazier também não estava satisfeito com a inserção social da Howard University, sem dúvida a melhor universidade negra dos EUA:

> Não creio que os estudantes utilizem tanto quanto deveriam as excelentes instalações oferecidas na Howard University. Isso porque a Howard University continua a

[41] Frazier para Enoch Carteado, 19 de outubro de 1941, *Frazier Papers*, MS, Howard, Box 131, Folder 27.

[42] Myrdal (ed.), 1944.

[43] Platt, 1991, 1996; Teele (ed.), 2002.

[44] A. Davis, 1962, p. 435.

[45] Guggenheim Foundation Application, *op. cit.*

ser essencialmente uma instituição negra separada. A Howard University ocupa uma posição estratégica na educação negra porque pode facilmente perder sua identificação racial e se tornar simplesmente uma grande universidade.[46]

Ele também explicou por que mudou seu nome:

Eu já fui conhecido como Edward F. Frazier, mas quando comecei a escrever em Atlanta sobre a situação racial, decidi tomar o pseudônimo E. Franklin Frazier, já que o F significava Franklin. Isso me proporcionou uma certa segurança, pois os brancos da Geórgia não sabiam que Edward F. Frazier era E. Franklin Frazier, que vivia entre eles. Eles o descobriram, no entanto, em meu último dia em Atlanta, depois que eu havia escrito um artigo sobre "A Patologia do Preconceito da Raça" na revista *Fórum*.[47]

Foi com esse espírito militante e cheio de raiva pelos efeitos da segregação sobre o pensamento político negro que ele veio ao Brasil logo em seguida. Frazier não acreditava que a emancipação e o pensamento crítico pudessem se originar nem do desalento nem do isolamento social ou cultural. Sua missão era a emancipação do negro e do intelectual negro diante de sua segregação; para isso, insistia em se tornar exemplo de um intelectual (negro) cosmopolita. Sua pesquisa no Brasil e logo em seguida no Haiti foi o início de tal trajetória internacional.[48] Vamos explorar alguns episódios da carreira rebelde de Frazier após sua viagem ao Brasil: sua colaboração ao projeto de Myrdal apoiado pela Carnegie Corporation (CCNY), sua estada na Unesco, seu compromisso com a África moderna e com os Estudos Africanos e a redação do livro *Black Bourgeoisie*, publicado pela primeira vez em francês em 1955, em Paris, pela editora Plon.[49]

A proximidade de Frazier com Myrdal fica evidente pela carta que Myrdal lhe enviou em 11 de maio de 1942: "Escrevo-lhe para lhe perguntar se acha possível prestar-me um grande serviço como amigo e colega: a saber, [...] ler todo o meu manuscrito".[50] Na verdade, Frazier e Louis Wirth, de Chicago, eram os únicos dois pesquisadores que Myrdal pede para verificar o manuscrito de nada menos que mil páginas de *An American Dilemma*. Frazier respondeu em 24 de junho:

[46] *Idem, ibidem.*

[47] *Idem, ibidem.*

[48] Frazier, 1944a.

[49] Frazier, 1955.

[50] Myrdal para Frazier, 11 de maio de 1942. *Frazier Papers*, MS, Howard, Box 131, Folder 25.

> Para falar francamente, quando você começou o estudo, eu tinha dúvidas se isso colocaria o problema do negro em uma nova perspectiva. [...]. Depois de ler os capítulos... Sinto que você submeteu muitas das suposições subjacentes a praticamente todos os estudos do negro ao tipo de crítica rígida que eles precisavam... Acho que você fez um excelente trabalho ao mostrar quão superficial e estéril é esse pensamento sobre o problema racial.[51]

Frazier também era crítico quanto ao uso da palavra casta, pois não explicava como funcionavam as relações raciais e sugeria uma constante falta de mudança. Myrdal reagiu, concordando que casta era uma expressão inadequada, mas ele a usava porque não queria usar "raça", que tinha conotações ainda mais enganosas. Em uma carta a Arnold Rose, Frazier acrescentou um comentário doloroso:

> Na página 10 você pode até dizer que "a burrice é cultivada até mesmo por negros instruídos". Por exemplo, conheço alguém que tem um doutorado e ocupa uma posição muito responsável que sempre desempenha o papel de burro, não apenas para favorecer os brancos, mas para assegurar certas vantagens pessoais.[52]

Frazier também era crítico em relação aos elogios excessivos aos feitos dos negros – ele os via como condescendentes. A nota 32 do capítulo 35 resume a objeção de Frazier à campanha de Herskovits – comunicada pelo livro *The Myth of the Negro Past* (1941)[53] – afirmando que se os brancos chegassem a acreditar que o comportamento social dos negros estava enraizado na cultura africana, eles perderiam qualquer sentimento de culpa que tivessem por manter os negros oprimidos. O crime negro, por exemplo, poderia ser explicado como um "africanismo" e não em decorrência de uma polícia e um sistema judicial injustos e de uma oferta de educação insatisfatória. Ao revisar o capítulo 4, Frazier antecipava o argumento principal de seu futuro livro *Black Bourgeoisie* (1955):

> Eu sinto que você percebeu algo dentro do grupo negro que não é totalmente um fenômeno de classe [...]. Uma quantidade anormal ou incomum de luta pelos símbolos de *status* e poder, que está, naturalmente, ligada até certo ponto à estratificação social. Está mais intimamente relacionada ao prestígio. Por exemplo, um membro da classe alta pode desejar algum título ou grau simplesmente por

[51] Frazier para Myrdal, 24 de junho de 1942. *Frazier Papers*, MS, Howard, Box 131, Folder 25.

[52] Frazier para Rose, sem data. *Frazier Papers*, MS, Howard, Box 131, Folder 33.

[53] Herskovits, 1941b.

seu valor de prestígio, enquanto isso não muda realmente sua posição de classe. Isso eu reconheço como relacionado com a posição de casta do negro.[54]

Vemos na mesma carta que Frazier também era bastante dedicado a criticar qualquer coisa que pudesse fazer o negro parecer exótico. Isso pode dizer respeito à noção de africanismo de Herskovits ou – em um nível infinitamente mais negativo e perigoso – ao princípio do racismo americano de que os negros têm genitais maiores:

> Com referência à crença de que o homem negro tem genitais maiores do que o homem branco, você pode estar interessado no seguinte. (A) Um dos maiores psicólogos americanos me disse uma vez, na privacidade de seu estudo, que durante a Primeira Guerra Mundial, ele foi a um acampamento e mediu os genitais dos negros a fim de descobrir se era realmente verdade que eles eram maiores que os dos homens brancos. Ele me disse que suas investigações mostraram que não havia diferença no tamanho. (B) Os homens brancos frequentemente espreitam os negros nos lavabos e até mesmo afirmam às vezes que sua razão é verificar se a crença atual é verdadeira.[55]

No geral, em sua revisão do manuscrito de Myrdal, Frazier também foi muito cauteloso em relação a frases de efeito sobre o termo miscigenação ("tenho a sensação de que, como usado nos Estados Unidos, não é meramente um termo descritivo ou emocionalmente neutro"),[56] sangue ou qualquer termo similar a "raça", ou que o governo reformista tendia a tratar os negros de modo mais justo. Frazier também foi duro com o provincianismo dos líderes negros tradicionais: "A atitude de Booker T. Washington em relação ao sindicato dos trabalhadores se deveu também à sua visão provinciana. Quando Robert Park estava na Europa com Washington, ele se assustou com seu provincianismo".[57]

Além de confrontar o provincianismo e o nacionalismo da liderança negra convencional dos EUA e militar em favor de um novo cosmopolitismo negro que não era centrado nos EUA, outro episódio importante da rebeldia/revolta não convencional de Frazier foi o tom de sua análise a respeito do estudante negro americano publicada na edição especial sobre "Les Etudiants Noirs" da revista *Présence Africaine* (1953), organizada por Georges Balandier:

[54] Frazier para Myrdal, 27 de junho de 1942. *Frazier Papers*, MS, Howard, Box 131, Folder 25.

[55] *Idem, ibidem.*

[56] *Idem, ibidem.*

[57] Frazier para Myrdal, 17 de agosto de 1942. *Frazier Papers*, MS, Howard, Box 131, Folder 25.

> É possível ver que o estudante negro americano sucumbiu à "tentação do Ocidente". Provavelmente é possível dizer que isso foi inescapável para uma minoria racial como o negro, que não tem nem antecedentes nem tradição. A situação é, no entanto, essencialmente diferente da do estudante negro da África. A experiência do negro nos Estados Unidos e, na verdade, os próprios negros não têm nada a ensinar ao estudante africano, exceto de uma maneira negativa. O estudante africano é um membro de uma elite com uma rica herança cultural. Embora as massas das quais ele emerja estejam passando por mudanças semelhantes às que ocorrem entre as massas negras nos EUA, elas são uma grande sociedade compacta e não uma minoria relativamente pequena dispersa em uma comunidade europeia. Além disso, a transformação das populações africanas é uma parte essencial da revolução do mundo moderno. Nos EUA, o negro provavelmente estará cada vez mais integrado à vida americana e terá pouca influência no curso do desenvolvimento mundial. Por outro lado, o curso do desenvolvimento econômico e social na África terá uma influência decisiva sobre a história mundial. Portanto, a "tentação do Ocidente" se torna de considerável importância para o estudante africano.[58]

Ao contrário da corrente dominante da liderança negra naqueles anos, para Frazier, não há nenhuma ligação natural ou emocional intrínseca ao pan-africanismo: a conexão com a África tem de ser desenvolvida de acordo com as necessidades e prioridades africanas – os negros americanos e seus líderes não têm nenhum papel precursor ou professoral a desempenhar. Ao invés disso, eles devem aprender com a África. É nessa linha que Frazier escreve de volta ao intelectual angolano Mario de Andrade, secretário do Congresso de Artistas e Escritores Negros, em 4 de setembro de 1956:

> É com profundo pesar que sou obrigado a renunciar à oportunidade de participar desta importante Conferência [...] que é de especial importância no momento em que está em curso uma revolução mundial que marcará uma nova época na história da humanidade. [...]. Como resultado de duas guerras mundiais, houve uma mudança no futuro da humanidade. Na Ásia e na África, onde o impacto da civilização europeia desenraizou as pessoas de seus modos de vida estabelecidos, novas sociedades estão surgindo. A atenção do mundo está hoje voltada para a emergência de novas sociedades e nações na África.[59]

[58] Frazier, 1953b, p. 281. Frazier havia antecipado este assunto em um artigo anterior. Cf. *Idem*, 1949.

[59] Frazier para Andrade, 4 de setembro de 1956. *Frazier Papers*, MS, Howard, Box 131, Folder 8.

A conexão de Frazier com a Unesco durou muitos anos. Começou em 1949, com um convite de Arthur Ramos, diretor do Departamento de Ciências Sociais, para integrar o Comitê da Declaração sobre Raça, e terminou com uma triste carta de Alfred Métraux, também na época diretor do Departamento de Ciências Sociais, em março de 1962, apenas dois meses antes do câncer que mataria Frazier em 17 de maio. Em 14 de outubro de 1949, Arthur Ramos, com base em uma resolução da IV Assembleia Geral, convidou Frazier a participar de uma reunião de 12 a 14 de dezembro. A reunião trataria de um projeto com o objetivo de (1) coletar materiais científicos sobre o problema da raça; (2) dar ampla difusão às informações científicas coletadas; (3) preparar uma campanha educacional baseada nessas informações. Esse convite também foi enviado a Fernando Ortiz, Ashley Montagu, Juan Gomas e outros. Frazier conseguiu sua licença de Howard e aceitou o convite de bom grado. Logo depois, em 21 de novembro, Pierre de Bie pediu a Frazier que escrevesse um memorando de dez mil palavras sobre os efeitos da estrutura étnica nas relações internacionais, no caso do negro nos EUA. Em 31 de outubro de 1949, Arthur Ramos, com 46 anos, morreu repentinamente. Robert Angell assumiu o cargo por um ano.

Em grande parte, devido à sua reputação com Alva Myrdal e sua contribuição ao Comitê de Declaração sobre Raça, em 19 de dezembro de 1950, Frazier é consultado se está interessado em colaborar com o programa de assistência técnica da Unesco para países economicamente subdesenvolvidos. No início, ao que parece, Frazier não demonstrou nenhum interesse. Entretanto, Alva Myrdal lhe escreve um pedido muito encarecido em 28 de agosto de 1951:

> Não posso me contentar com a justificativa de que você está indisponível [...]. Quero ressaltar que o trabalho está previsto para ter como principal responsabilidade os amplos campos da industrialização, migração e tensões. Você encontrará duas outras seções bem cobertas pelos colegas: um cientista político que será diretamente responsável pelo trabalho nos "Novos Estados", enquanto o Dr. Metraux tem a responsabilidade pela resolução particular sobre raça. Na minha opinião, você poderia acolher essa oportunidade de trabalhar não diretamente no campo da raça, mas nos problemas mais gerais da ciência social. O fato de que a maioria de nossas atividades hoje em dia está relacionada a países subdesenvolvidos será, tenho certeza, mais um desafio ao seu interesse... Eu não mediria esforços para liberá-lo de Howard.[60]

[60] Alva Myrdal para Frazier, 28 de agosto de 1951. *Frazier Papers*, MS, Howard, Box 131, Folder 25.

Em 6 de setembro de 1951, Frazier escreveu de volta e aceitou o convite, mas, ao mostrar o quanto estava preocupado com seu *status* acadêmico, disse que não aceitaria um *status* inferior ao dos diretores mencionados:

> Estou especialmente interessado nos problemas com os quais (o cargo) será responsável e na fase do trabalho que trata das tensões decorrentes da introdução de técnicas modernas em países não industrializados, pois é um aspecto do meu interesse atual no problema do contato racial e cultural.[61]

Era uma excelente oportunidade de ser reconhecido como um sociólogo orientado internacionalmente, um especialista mundial no problema racial, em vez de um típico intelectual negro de sua época – a maioria dos quais, Frazier considerava medíocre.[62] Alva "mexeu seus pauzinhos" e pôs o Sr. Arnaldo, diretor do escritório de Nova York da Unesco, em contato com Ralph Bunche. O Sr. Arnaldo escreveu ao reitor da Howard University em 21 de setembro, pressionando para liberar Frazier e acrescentou: "Tive uma conversa informal com Ralph Bunche da ONU, e ele expressou a opinião de que o professor Frazier seria uma excelente escolha para o cargo em questão".[63] Frazier foi contratado. Em breve, porém, ele depararia com alguns problemas: Alva Myrdal lhe escreve em 2 de novembro de 1951, comunicando que seu relatório sobre o negro nos EUA teria de ser censurado. O relatório de Frazier, "The Influence of the Negro on the Foreign Policy of the United States",* é uma excelente visão geral da questão negra e das consequências sociopsicológicas da segregação. Seus principais argumentos vêm de seu livro *The Negro in the United States* (1949):

> O Garveyísmo é o único movimento verdadeiramente nacionalista que fez sua aparição entre os negros, principalmente nas cidades do Norte. Após a dissolução do movimento de Garvey, foi principalmente o trabalho dos comunistas entre as massas urbanizadas que foi responsável pela ideia de que os negros eram uma minoria racial em busca de emancipação nacional [...]. Negros nos EUA não têm raízes culturais fora dos EUA. Eles se creem americanos [...]. Para entender a atitude social provinciana do negro em relação ao mundo fora da comunidade negra, é necessário analisar os efeitos da segregação sobre a psicologia do negro americano [...]. Suas

61 Frazier para Alva Myrdal, 6 de setembro de 1951. *Frazier Papers*, MS, Box 131, Folder 25.

62 Cf. Frazier, 1968.

63 Arnaldo para reitor da Howard, 21 de setembro 1951. *Frazier Papers*, MS, Box 131, Folder 9.

* "A influência do negro na política externa dos Estados Unidos". (N. da T.)

atitudes, aspirações e valores são determinados pelo mundo social segregado em torno do qual suas vidas giram.[64]

Ao abordar as elites negras, ele opinou a partir da tese que mais tarde seria lançada em *Black Bourgeoisie*:

Consideremos a tentativa da classe alta dentro da comunidade negra de desempenhar o papel de uma classe rica ociosa. Tal comportamento indica que o negro tende a viver em um mundo de "faz de conta", e esse fato teve uma profunda influência sobre a personalidade do negro... Deve ser apontada a tradição de dependência do homem branco – impediu o negro de agir como um membro maduro e responsável da comunidade [...]. Em geral, o negro nunca foi levado a sério, e até recentemente ele foi deixado para "brincar" dentro do mundo negro.[65]

Suas recomendações foram reveladoras, e a última delas pediu que a Unesco fornecesse a todas as organizações participantes dos EUA a Declaração sobre Raça elaborada pelo comitê nomeado pela entidade.[66] Nesse relatório, no entanto, ele teve de deixar uma parte do texto de fora porque, segundo as recomendações de Alva Myrdal, "talvez você não queira desfavoravelmente chamar a atenção da delegação dos Estados Unidos justo agora que você está se juntando ao pessoal da Unesco".[67/XXXIV] Frazier ficaria por quase dois anos na Unesco, de novembro de 1951 a setembro de 1953.[XXXV] Em sua posição como diretor, ele organizou um grupo de pesquisa sobre a industrialização do Congo belga "para determinar que tipo de comunidade africana estava surgindo e que tipo de pessoa estava se tornando aquele africano nativo".[68] Ele também planejou organizar a African Conference on the Social Impact of Technological Change a ser realizada em 1954,* em Abidjan – e tentou promovê-la como um encontro de cientistas sociais e não apenas de administradores políticos. Por essa razão, ganhou o apoio da International Sociological Association (o sociólogo brasileiro Luiz Costa Pinto participava do Comitê Executivo).

64 Memorando à Divisão de Ciências Sociais da Unesco, 15 de junho de 1950, pp. 2-7a, Arquivos da Unesco, Box Alfred Metraux.

65 *Idem*, pp. 7h-7k.

66 *Idem*, p. 31.

67 Alva Myrdal para Frazier, 2 de novembro de 1951. *Frazier Papers*, MS, Howard, Box 131, Folder 25.

68 Arquivos da Unesco, Box Franklin Frazier.

* "Conferência sobre o Impacto Social de Mudanças Tecnológicas". (N. da T.)

Como parte de tais planos, ele organizou um *tour* por vários países africanos, incluindo a Costa do Ouro (atual Gana). Em carta ao professor Busia de 16 de janeiro de 1953, ele comunicou que gostaria de encontrar Melville Herskovits, que também estaria naquele país na época e acrescentou: "Espero que o atraso da minha viagem não me faça desencontrar o professor Herskovits".[69] Isso ainda evidencia que os dois pesquisadores tiveram um bom contato pessoal, até mesmo amigável, apesar de sua divergente compreensão teórica de noções como o africanismo. Infelizmente, a viagem à conferência que Frazier tinha planejado não se concretizou.[XXXVI]

Durante sua estada em Paris, Frazier estabeleceu contatos com pesquisadores internacionais, vários deles franceses, socializou com a comunidade em torno da revista *Présence Africaine*, viajou extensivamente por Europa, África e Oriente Médio, e preparou dois livros, *Black Bourgeoisie* (publicado primeiro em 1955, em francês, e depois em 1957, em inglês) e *Race and Culture Contacts in the Modern World* (1957).[70] Se o primeiro livro foi o resultado de 40 anos de (ácida) reflexão e escrita sobre a classe média negra norte-americana, o último resultou de sua orientação internacional e da vontade de ler as relações raciais nos EUA por meio de uma perspectiva comparativa internacional – na qual seu conhecimento do Brasil não desempenhou um papel menor.[71]

Race and Culture Contacts in the Modern World é possivelmente a melhor expressão de seu internacionalismo e de seu projeto de uma perspectiva comparativa sobre as relações raciais em diferentes contextos. Frazier estava convencido de que, "embora o problema das relações entre negros e brancos nos Estados Unidos tenha muitas características únicas, ele é, no entanto, uma fase do processo mundial".[72]

> Exceto nos EUA e no Canadá, o estabelecimento da dominação branca foi associado à criação de uma grande população mista. No Caribe, na América Central e em grande parte da América do Sul, os desenvolvimentos econômicos e políticos indicam que as populações indígenas e negras, assim como as de sangue misto, adquirirão cada vez mais poder econômico e político e assim destruirão o padrão de dominação branca.[73]

[69] Frazier para Busia, 16 de janeiro de 1953. Arquivos da Unesco, Box Franklin Frazier.

[70] Saint-Arnaud, 2009, p. 206.

[71] Teele (ed.), 2002, p. 157.

[72] Saint-Arnaud, 2009.

[73] Frazier, 1957c, pp. 327-328.

A residência de dois anos de Frazier na Unesco em Paris resultou na solidificação de seu apaixonado internacionalismo. Ele voltou aos EUA com seu radicalismo definitivamente transformado pela experiência, pois agora comparava a classe média negra americana com seu equivalente em todo o mundo. Lendo *Black Bourgeoisie*, vemos que ele está imbuído do "espírito de globalismo que Frazier havia adquirido durante sua estada em Paris".[74]

Em 31 de maio de 1960, Alfred Métraux pediu a Frazier que contribuísse para um livro sobre industrialização e relações raciais. Em 19 de outubro de 1960, Frazier enviou um memorando ao Departamento de Ciências Sociais da Unesco intitulado "The causes of conflicts between whites and Negroes in the United States".* Ele resume seu ponto de vista sobre a segregação e os direitos civis e termina com as seguintes palavras: "Há um fator importante que favorece o negro, a saber, que sua luta se tornou parte da luta dos povos do mundo pela liberdade e democracia".[75] Logo em seguida, Frazier receberia um segundo convite para se juntar à Unesco por dois anos. Dessa vez, segundo Métraux, em carta de 27 de janeiro de 1961, Frazier deveria passar dois anos para organizar o livro coletivo sobre industrialização e relações raciais no mundo moderno mencionado anteriormente, focalizando os EUA e a África do Sul. Em 9 de março, Frazier enviou a Métraux um memorando sobre o estudo proposto. Seria, de fato, o esboço de um livro coletivo sobre como a industrialização está relacionada às relações raciais porque

> [...] determina o tipo de organização social no qual pessoas de diferentes origens raciais encontrarão uma acomodação.[76] [...]. Em uma sociedade industrial urbana onde há maior anonimato e mobilidade social, o preconceito racial não desempenha o mesmo papel na relação racial que em uma sociedade de base agrícola.[77] [...]. Em uma sociedade livremente competitiva onde a condição de trabalho de um grupo racial não é determinada pelo nascimento e a divisão do trabalho é um processo

[74] Saint-Arnaud, 2009, p. 228.

* "As causas dos conflitos entre brancos e negros nos Estados Unidos." (N. da T.)

[75] Memorando à Divisão de Ciências Sociais da Unesco, 19 de outubro de 1960. Arquivos da Unesco, Box Franklin Frazier.

[76] Memorando à Divisão de Ciências Sociais da Unesco, 9 de março de 1961, p. 1. Arquivos da Unesco, Box Franklin Frazier.

[77] *Idem*, p. 2.

impessoal, a divisão racial do trabalho se deve a antecedentes culturais e a habilidades particulares e constituição psicológica das raças.[78]

O livro seria baseado em contribuições de alguns dos mais importantes e renomados cientistas sociais: Herbert Blumer sobre aspectos teóricos das relações raciais, Ellen Hellman sobre a África do Sul, J. Clyde Mitchell sobre a África Central, Georges Balandier sobre o Congo belga, Roger Bastide e Florestan Fernandes sobre o Brasil, Everett Hughes sobre os EUA, Andre Michel sobre a França, Kenneth Little sobre o Reino Unido, Georges Friedman sobre a União Soviética. Vale ressaltar que o Brasil ocupava um lugar central nessa perspectiva internacional. Frazier manteve contato com a pesquisa no Brasil. Para ele, enquanto no passado os problemas raciais escassamente existiam, como resultado da industrialização e da urbanização, as relações raciais brasileiras "apareceram". Havia muito tempo o Brasil tinha a reputação de ser um país onde não existia nenhum problema racial, enquanto o problema racial nos EUA constituía uma das características marcantes de sua história. A razão da diferença entre os dois países é mais frequentemente atribuída a fatores como a diferença nas atitudes raciais de latinos e anglo-saxões. Mas, segundo Frazier, era mais provável que essa diferença se devesse a forças econômicas e sociais subjacentes – como a ausência de uma classe trabalhadora branca pobre para competir com os cidadãos negros ou a ausência de luta política segundo linhas raciais:

> Isso parece ser confirmado pelo fato de que, com as recentes mudanças na organização econômica e social da sociedade brasileira, surgiram problemas raciais. Desde que o Brasil se industrializou e urbanizou, novas classes têm surgido, estamos testemunhando o surgimento de problemas envolvendo as relações raciais.[79]

Aqui, duas coisas são óbvias. Por um lado, Frazier, também por causa de sua própria experiência, estava colocando o Brasil no cenário mundial como poucos pesquisadores de seu tempo teriam feito. Por outro lado, ele mudou sua percepção do Brasil de uma nação razoavelmente livre de divisões de raça para um país onde também existiam relações raciais, embora bastante diferentes das dos EUA. Em 3 de maio de 1961, Métraux escreveu que "um livro escrito de acordo com seus planos seria uma contribuição extraordinária para a questão das relações raciais".[80]

[78] *Idem*, p. 4.

[79] Frazier, 1944b, p. 10.

[80] Métraux para Frazier, 3 de maio de 1961. Arquivos da Unesco, Box Franklin Frazier.

A atribuição de Frazier, no entanto, não obteve a autorização do Departamento de Estado. Em 4 de maio, Métraux escreveu que "a liberação que era necessária para fazer um contrato com você está sendo retida porque você ainda não respondeu ao questionário do Departamento de Estado".[81] Frazier respondeu: "É difícil entender por que é necessário tirar as impressões digitais de um acadêmico americano cada vez que ele realiza alguma tarefa acadêmica para uma organização internacional".[82] O problema não se resolveu e, em 13 de março de 1962, Métraux escreveu: "Lamento muito, mas repito que não me sinto responsável por uma solução que eu não tinha previsto. Teria me dado um prazer especial terminar minha carreira na Unesco colaborando com você como quando iniciei há cerca de dez anos".[83] O interessantíssimo livro coletivo que Frazier havia preparado cuidadosamente nunca seria realizado.

O compromisso de Frazier com a África e com os Estudos Africanos tem sido muitas vezes negligenciado, possivelmente porque ele rejeitou firmemente o romantismo estético sobre a África que estava associado ao *Harlem Renaissance*.[84]/[XXXVII] Frazier, na verdade, era uma pessoa mais complexa do que isso. Primeiro, mesmo que a partir do final dos anos 1920 ele criticasse o nacionalismo e o isolacionismo do Movimento *New Negro*, ele era, em muitos aspectos, parte desse Renascimento. Em segundo lugar, ele se interessaria pela África cada vez mais ao longo de sua vida. Frazier tentou criar um programa de Estudos Africanos na Howard University logo após sua experiência no Brasil (ele eventualmente conseguiu criar um em 1954, que mais tarde recebeu financiamento da Ford Foundation) e, com Du Bois, compartilhou o pan-africanismo no final da vida.[85] Ele tinha sido um membro ativo do Conselho para Assuntos Africanos, de inclinação de esquerda, desde 1941 (e teve de pagar por isso quando se tornou vítima do macarthismo) e era um simpatizante evidente do espírito de Bandung.[XXXVIII] Além disso, Frazier manteve contato com vários intelectuais africanos, bem como com a comunidade em torno da revista *Présence Africaine*, com sede em Paris, e foi um dos membros fundadores da African Studies Association. Ele fazia parte do pequeno grupo que, em uma reunião realizada no Hotel

81 Métraux para Frazier, 4 de maio de 1961. Arquivos da Unesco, Box Franklin Frazier.

82 Frazier para Métraux, 6 de maio de 1961. Arquivos da Unesco, Box Franklin Frazier.

83 Métraux para Frazier, 13 de março de 1962. Arquivos da Unesco, Box Franklin Frazier.

84 Winston, 2002, p. 138.

85 Saint-Arnaud, *op. cit.*, p. 207.

Roosevelt, em Nova York, em março de 1957, fundou a associação e participou de seu primeiro conselho de administração. Em 1962, tal compromisso seria coroado com sua nomeação para a presidência da African Studies Association para o ano de 1963. Infelizmente, o câncer não o permitiu tomar posse.

Em suma, como pode ser visto em suas notas no Moorland-Spingarn Research Center, na Howard University, desde os anos 1940 até o final de sua vida, Frazier se ressentiu profundamente de todos os obstáculos que experimentou e que o impediram de se tornar o intelectual universal que certamente esperava ser.[86] No entanto, ele conseguiu muita coisa. As cartas de recomendação de sua candidatura à bolsa da Guggenheim Foundation para o Brasil foram de nada menos que Burgess, Park e Wirth. Ele esteve sintonizado com a sociologia ao longo de sua vida. Sua proeminência no projeto de Gunnar Myrdal para *An American Dilemma* contribuiu para fazer dele o primeiro presidente negro da American Sociological Association.[87] Entretanto, ele permaneceu insatisfeito com o lugar dos intelectuais negros americanos no *mainstream* acadêmico e com a mediocridade e a autocomplacência dos intelectuais que operavam exclusivamente dentro da comunidade negra.[XXXIX]

Lorenzo Dow Turner

Ao fazer trabalho de campo na Bahia, Franklin Frazier se juntou ao linguista Lorenzo Dow Turner. Os dois tinham sido amigos por muitos anos. Turner (graduado em Howard, mestrado em Harvard e doutorado na Universidade de Chicago em 1926), assim como Frazier, foi um dos primeiros negros a obter um doutorado na Universidade de Chicago e possivelmente o linguista negro mais conhecido de sua época. Ele havia adquirido notoriedade com seu estudo das sobrevivências africanas nas várias formas de inglês negro dos EUA, especialmente a língua gullah falada nas Sea Islands, ao longo da costa da Carolina do Sul e da Geórgia.[XL] Por essa pesquisa, ele havia recebido duas prestigiosas bolsas do American Council of Learned Societies (ACLS), em 1933, e da Guggenheim Foundation, em 1936. A declaração concisa da sua candidatura foi a seguinte: "Meu objetivo é determinar a natureza e a extensão

[86] Frazier Papers, MS, Howard, Boxes 131-133.

[87] Saint-Arnaud, *op. cit.*, p. 206.

das sobrevivências africanas no discurso dos negros nas ilhas da Carolina do Sul, na Geórgia e no Caribe britânico".[88]

Aparentemente, seu enfoque era internacional desde o início, mas, dado o fato de que tal subsídio se destinava aos estudos realizados nos EUA, ele tinha de manter seu foco nos afro-americanos. Em sua juventude, Turner teve que subsidiar seu estudo por meio de vários pequenos cargos de ensino e trabalhando como jornalista. Somente para seu doutorado conseguiu uma bolsa de um ano. Para sua pesquisa sobre o Brasil, recebeu uma bolsa do Fundo Julius Rosenwald, que era especializado em fornecer fundos para faculdades historicamente negras, pesquisadores negros e organizações judaicas – ele cessou suas atividades em 1948. Aqui está a declaração concisa do plano de trabalho: "Estudar os sons, sintaxe, inflexões, entonação e vocabulário da fala negra na Bahia e em Pernambuco, Brasil, com o objetivo de determinar a natureza, a extensão e o significado das sobrevivências da África Ocidental em seu discurso". Do ACLS, ele recebe um subsídio extra de US$ 1.000 para comprar o "equipamento de gravação de fala", na época, uma máquina muito cara. Waldo Leland, diretor do ACLS, foi, a propósito, o primeiro nome que Turner mencionou em sua lista de referências para esse pedido.

Turner deu mais detalhes na Declaração do Plano de Trabalho:

> Nos últimos três ou quatro anos, trabalhei intensamente em Londres, Paris e EUA nos sons, sintaxe, inflexões, tons e vocabulário de cerca de quinze línguas da África Ocidental faladas em áreas da África Ocidental das quais os negros dos EUA foram trazidos como escravos [...]. Do meu estudo sobre a importação de escravos da África para o Brasil, e pelo conhecimento que tenho atualmente da fala negra no Brasil, descubro que, com poucas exceções, as línguas da África Ocidental que influenciaram a fala da Carolina do Sul e da Geórgia nas Sea Islands parecem também ter influenciado a fala dos negros em certas partes do Brasil, particularmente na Bahia e em Pernambuco. Meu plano, portanto, é passar um ano nesses dois estados fazendo um estudo das sobrevivências da África Ocidental na fala dos negros. Após selecionar os informantes apropriados, coletarei meu material da seguinte maneira: primeiro, através de entrevistas pessoais com informantes, durante as quais usarei questionários preparados especialmente para facilitar o estudo dessa fala em particular, e, segundo, através de um equipamento de gravação de fala, com o qual farei registros fonográficos de contos populares, provérbios, histórias de vida, narrativas de experiência religiosa, invocações e

[88] "Grant Proposals". *Turner Papers*, HLAS, NU, Box 41, Folder 8.

orações do culto fetichista amplamente difundidos, canções seculares e religiosas, etc. Todo esse material servirá como base para um estudo intensivo dos sons, sintaxe, inflexões, tons e vocabulário das principais línguas faladas nas partes da África Ocidental das quais os negros da Bahia e de Pernambuco foram trazidos como escravos [...]. Pretendo obter material textual dos sacerdotes dos cultos fetichistas que serão principalmente religiosos e mitológicos [...]. Meu trabalho posterior será o estudo das sobrevivências da África Ocidental na fala dos negros em outras partes do Novo Mundo, como a Guiana Britânica e Holandesa, o Caribe e outros lugares.[89]

Turner preparou sua viagem ao Brasil se correspondendo com Herskovits, com quem tinha estado em contato desde 1936 e ao qual solicitava conselhos em seu plano de "continuar estudando as sobrevivências africanas no discurso do Negro do Novo Mundo".[90] Turner tinha lido os dois volumes de *Dahomey* publicados por Herskovits em 1938 e estava bastante entusiasmado com eles. Em uma carta a Waldo Leland, em 12 de março de 1940, Herskovits apoiou ativamente a candidatura de Turner e acrescentou que ele podia ajudar Turner com contatos com Freyre e Ramos. Embora Leland fosse bastante favorável a Turner, como podemos ver em sua correspondência com Herskovits em 6 de março de 1940, ele levantou uma questão, que também havia sido mencionada por seu Conselho Consultivo, a saber, a da familiaridade de Turner com o português:

Na sua opinião, quão importante é para ele ter um bom conhecimento do português? Eu sei que ele trabalhou em Paris com negros franceses sem muito mais do que um conhecimento rudimentar de francês. Parece uma espécie de paradoxo que um homem possa trabalhar em linguística sem conhecer idiomas, mas na linguística primitiva, os pesquisadores fazem isso o tempo todo.[91]

Turner deixou Nova York em 16 de junho de 1940 e chegou ao Rio no dia 26 de junho, a bordo do navio *Uruguay*, da American Republic Line/ Moore-McCormack Lines, tendo-se hospedado no Hotel Flórida.[92] Ele se surpreende com a cordialidade dos funcionários aduaneiros do Rio e comenta que, após duas semanas, estava se aculturando ao estilo de vida brasileiro,

[89] *Idem, ibidem.*

[90] Turner para MJH, 25 de outubro de 1939. *Turner Papers*, HLAS, NU, Box 25, Folder 2.

[91] Leland para MJH, 6 de março de 1940. *MJH Papers*, NU, Box 49, Folder 1.

[92] Turner para MJH, 17 de fevereiro de 1940. *MJH Papers*, NU, Box 25, Folder 2.

embora dissesse também que a "língua é muito difícil de falar e entender quando o Braziliano [sic] a fala. Estou tendo cinco aulas por semana".[93] Turner pretendia permanecer seis meses na Bahia, três em Pernambuco e três no Maranhão. Se o tempo permitisse, ele também gostaria de passar três semanas em Sergipe e três em Alagoas: "Nos quatro estados, os costumes dos negros parecem ser mais primitivos do que em qualquer outro lugar. Foi-me dito que, em certas partes de Minas, muitos costumes africanos sobreviveram. Eu provavelmente irei para lá também".[94]

Frazier respondeu em 16 de julho: "Pensei que a língua seria difícil de falar e entender, mas suponho que aprenderei essa como o fiz com outras, tendo de estar entre as pessoas que a falam todos os dias".[95] Turner, apesar de ser um linguista, parecia muito mais em desacordo com o aprendizado de uma nova língua. Ele escreveu de volta em 26 de julho: "A língua aqui é um inferno. Essas pessoas falam tão rápido que ainda é difícil para mim entender a maior parte do que dizem... Meu equipamento de 'Linguaphone' não foi tão útil para mim como eu esperava".[96] Em Salvador, o plano original de Turner era alugar uma casa mobiliada em que pudesse fazer gravações sem incomodar ninguém. As coisas tomariam um rumo diferente, e Turner e Frazier ficariam no mesmo hotel localizado no centro da cidade.

Assim que Turner chega ao Rio, ele entra em contato com Oneyda Alvarenga, diretora da Discoteca Pública Municipal de São Paulo, pedindo cópias da gravação feita por Mário de Andrade em 1938, da qual ele obviamente já tinha conhecimento. A discoteca só podia emprestar essas gravações se elas fossem acompanhadas por um bibliotecário.[97] Turner teria de pagar para que o bibliotecário viajasse ao Rio de Janeiro de trem para ele fazer as gravações com seu equipamento.[98] As iniciativas de Turner receberam críticas do próprio Mário de Andrade, que escreveu com raiva a Oneyda, por ter emprestado discos frágeis, sem autorização escrita, para que Turner pudesse levá-los ao Rio a fim de fazer cópias. Mário acrescenta: "O caso de Turner é muito sério. Ainda que eu imagine que ele seja uma pessoa íntegra,

93 Turner para Frazier, 7 de julho de 1940. *Frazier Papers*, MS, Howard, Box 131-16, Folder 8.

94 *Idem, ibidem*.

95 Frazier para Turner, 16 de julho de 1940. *Turner Papers*, HLAS, NU, Box 3, Folder 7.

96 Turner para Frazier, 26 de julho de 1940. *Frazier Papers*, MS, Howard, Box 131, Folder 8.

97 Alvarenga para Turner, 23 de agosto de 1940. *Turner Papers*, HLAS, NU, Box 3, Folder 7.

98 Olivia Gomes da Cunha afirmou que esse assistente viajou com Turner até a Bahia. Não pude ver evidências disso nos documentos que investiguei (cf. Cunha, 2020).

99,5% da humanidade não se importa adequadamente com os bens de outras pessoas".[99]

Do Brasil, Turner continuou se correspondendo com Herskovits:

> Estou no Brasil desde 26 de junho e na Bahia desde 8 de outubro. O campo aqui é rico em material africano e não tenho dificuldade em encontrá-lo. As canções e histórias africanas que gravei são tão numerosas que deixei de contá-las. Gravei pelo menos 600 canções africanas e uma grande quantidade de outros materiais africanos valiosos. Já há muitos milhares de palavras africanas na minha lista, além de inúmeras sobrevivências em outras fases do idioma. No candomblé da Bahia, a influência da Nigéria, de Daomé e de Angola é mais forte, mas outras palavras de outras partes da costa ocidental encontraram um lugar permanente no vocabulário do português brasileiro.[XLI] [...]. Nessa altura, você já encontrou o Sr. Ramos. Tive várias conversas proveitosas com ele no Rio, e as cartas que ele me deu a seus amigos na Bahia têm sido muito úteis. Frazier está no Brasil desde setembro. Ele embarca para o Haiti em 20 de fevereiro. Depois de passar quatro meses na Bahia, ele não tem mais dúvidas sobre as sobrevivências africanas na cultura do Novo Mundo. De agora em diante, ele vai observar o negro americano através de olhos diferentes e mais sábios. Esta viagem ao Brasil tem sido de fato uma revelação para ele.[100]

Em 17 de fevereiro, Herskovits respondeu a este último comentário: "Fico feliz em saber que o trabalho de Frazier tem corrido bem. Estarei interessado em ver como sua experiência no Brasil e no Caribe afeta sua abordagem futura em relação aos seus materiais do negro americano".[101] Em breve, Frazier entraria nessa disputa (amigável) enviando a Herskovits um cartão-postal escrito em 26 de janeiro de 1941 que retratava Mãe Menininha e suas "equedes".

Turner tinha um equipamento único de gravação, aparentemente um Lincoln Thompson com um gerador a gasolina (400 watts, 110 volts e 60 ciclos), relativamente portátil para aqueles tempos, embora pesando 34 quilos, com o qual ele gravou muitas horas de entrevistas com sacerdotes e sacerdotisas do candomblé, assim como músicas, contos folclóricos e pequenas histórias. Além de gravar mais de 600 discos de 12 polegadas,[XLII] Turner também tirou mais de 200 fotos, incluindo vários dos informantes de Frazier.

[99] Mário de Andrade para Alvarenga, 8 de maio de 1940. Documentos de Andrade, IEB/USP.

[100] Turner para MJH, 11 de novembro de 1940. *MJH Papers*, NU, Box 25, Folder 2.

[101] MJH para Turner, 17 de fevereiro de 1940. *Turner Papers*, HLAS, NU, Box 3, Folder 7.

Cartão-postal de Frazier para Herskovits. "Mãe Menininha e suas filhas de santo". Da esquerda para a direita: Florípedes de Oxossi, Hilda de Oxum, Celina de Oxalufã, Mãe Menininha (de Oxum), América de Obaluayê, Titia Amor de Obaluayê, Cleusa de Nanã (filha mais velha de Mãe Menininha e sua sucessora), Carmen de Oxalá (filha de Mãe Menininha e atual "ialorixá" do Gantois). Fonte: E. Franklin Frazier Papers, Moorland-Spingarn Research Center (MSRC), Howard University, Washington, D.C., EUA.

Turner permaneceu no Brasil dois meses a mais do que Frazier, viajando e registrando também em outros dois estados com uma grande população negra situados ao norte da Bahia: Sergipe e Pernambuco. Pouco depois de voltar à Fisk University em junho de 1941, Turner organizou um festival latino-americano com uma sessão especial de dança afro-brasileira, o qual fazia parte das iniciativas apoiadas pela Política de Boa Vizinhança. A agenda do festival compreendia várias palestras sobre relações raciais, inclusive uma de Bronislaw Malinowski.[102]

Em 18 de novembro de 1941, Turner reportou suas pesquisas ao Sr. Haygood, do Fundo Rosenwald. Ele anunciou que estava quase pronto para publicar o primeiro volume com o resultado de sua viagem ao Brasil e acrescentou a transcrição de várias entrevistas. Turner planejava publicar, nos meses seguintes, uma monografia com diversos estudos sobre a influência

* Frazier escreve no cartão-postal: "Eu não escreveria até que pudesse encontrar um 'africanismo'. Muito significativamente a Mãe de santo, ao centro, cercada de suas Filhas de santo, representa a continuação de costumes religiosos africanos (misturado, é claro, com elementos portugueses). Parto para o Haiti no mês que vem. Atenciosamente, Frazier". (N. da T.)

[102] The Chicago Defender, 25 de abril de 1942.

dos iorubás no vocabulário, na sintaxe, na morfologia e na entonação da língua do Brasil e lançar em dois ou três volumes uma edição anotada de cem contos folclóricos na língua iorubá.[XLIII]

*

Martiniano Eliseu do Bonfim e sua esposa Anna Morenikéjì Santos. Essa recordação de Lagos está acompanhada de dois contos iorubás de Martiniano ("O Galo e a Raposa" e "O Fazendeiro, a Cobra e o Ladrão"). O texto iorubá é seguido, linha por linha, pela tradução para o inglês. Além disso, Turner os entrevista. É a única entrevista com Martiniano de que tenho conhecimento.[103] Fonte: Lorenzo Dow Turner Paperss, Anacostia Community Museum Archives, Smithsonian Institution, Washington, D.C., EUA, cedida por Lois Turner Williams.

Logo depois disso, Turner começou a trabalhar em novos pedidos de subsídios para a publicação desses volumes. Em uma nota de 18 de março de 1943, Turner escreveu o que parece ser o projeto de pesquisa para mais um pedido de bolsa. Ele planejava entrevistar um conjunto de estudantes da África Ocidental em universidades americanas como Fisk e Lincoln para verificar com eles seus dados e gravações do Brasil:

> Se eu puder trabalhar assim com esses africanos durante o próximo verão, poderei publicar durante o final do outono um volume de contos folclóricos africanos e um volume de canções folclóricas africanas como foram preservadas no Brasil.

* Turner escreve: "Senhor e Senhora Santos da Bahia. Ambos falam iorubá. Senhora Santos nasceu em Lagos, Nigéria, de pais brasileiros que tinham comprado sua liberdade e voltado para a África Ocidental. Após a morte de sua mãe e após a abolição da escravidão no Brasil, a família retornou ao Brasil". (N. da T.)

103 Cf. Omidire & Amos, 2012.

> Cada volume conterá uma introdução crítica e a tradução em inglês das palavras africanas. Ambos os volumes serão anotados e devidamente ilustrados por fotografias e desenhos de ex-escravos brasileiros, muitos dos quais nasceram na África ou são filhos e filhas de africanos nativos, e de vários objetos de origem africana, tais como instrumentos musicais, imagens de divindades africanas etc. Também serão compradas cópias fotográficas de documentos revelando contatos diretos que os ex-escravos brasileiros e seus descendentes tiveram com a África Ocidental. Um músico bem treinado está fazendo a transcrição musical do volume de canções. Nenhum dos materiais dos dois volumes foi publicado antes [...]. Esse material será publicado no momento em que o interesse sem precedentes se manifesta tanto na contribuição dos africanos à civilização do Novo Mundo quanto em todo o problema das relações entre os brancos e as raças mais escuras do mundo.[104]

Em 1944, Turner recebeu uma subvenção de US$ 2.500 do Fundo Rosenwald e uma subvenção extra de US$ 750 da American Philosophical Society (APS) "por um período de 12 meses para permitir que [...] possa completar e publicar três volumes de material folclórico afro-brasileiro".[105] Em seu pedido para este último fundo, há um esboço dos três volumes:

> O primeiro era para ser um livro anotado de canções seculares e religiosas em iorubá com traduções em inglês; o segundo, uma coleção anotada de textos iorubás consistindo em contos folclóricos e outras narrativas, preces e orações, canções seculares e religiosas, todas com tradução para o inglês. Fiel à sua proposta de doação brasileira, o terceiro volume foi concebido como uma coleção de canções e histórias de ninar contadas em português às crianças dos terreiros da Bahia, Brasil, com as cenas e personagens da cultura africana, com tradução em inglês.[106]

Em 2 de janeiro de 1945, Turner se candidatou novamente ao Fundo Rosenwald. Solicitou, mais uma vez, US$ 2.500 para completar os três volumes acima. A pesquisa deveria ser realizada durante 12 meses, a partir de junho de 1945. Na requisição, Turner indicou atividades extracurriculares significativas: ser o responsável pelas exposições de arte afro-brasileira e africana na Fisk University e diretor de dança folclórica afro-brasileira. Dessa vez, seu principal nome como referência é Melville Herskovits. A declaração

[104] Grants Applications, 18 de março de 1943. *Turner Papers*, HLAS, NU, Box 4, Folder 2.

[105] Wade-Lewis, 2007, p. 144.

[106] *Idem*, p. 146.

do plano de trabalho de Turner é reveladora da precariedade de sua posição acadêmica e sua crônica falta de fundos para pesquisas:

> Desde o verão de 1941 [...] tenho dedicado cada feriado, cada verão e tanto tempo durante o período escolar quanto meu horário de ensino permitiu para estudar e traduzir para o inglês esse material africano [...]. O material da Nigéria, que é de longe o mais extenso dos três grupos, será publicado primeiro [...]. Completei minha tradução de todo o material iorubá para esses volumes e os verifiquei cuidadosamente com um informante iorubá nativo, Sr. J. Tenimola Ayorinde, de Abeokuta, Nigéria, que está atualmente nos EUA [...] encontro muito pouco tempo para pesquisas durante o ano letivo [...]. Consequentemente, terei uma licença sabática de ausência da universidade no próximo ano letivo (1945-46) [...]. Poderei dedicar todo o meu tempo, a partir de junho de 1945, ao material brasileiro e espero completar os três volumes em junho de 1946. O diretor da University of Chicago Press manifestou um interesse considerável pelo material brasileiro acima inscrito e me convidou para conversar com ele a respeito da publicação de um ou mais desses volumes. Pretendo continuar indefinidamente meu estudo sobre as sobrevivências culturais (especialmente linguísticas) africanas no Novo Mundo.[107]

De acordo com o diário *Chicago Defender*,[XLIV] ele acabou por receber essa bolsa e uma bolsa adicional da APS.[108] Nos anos seguintes, Turner, como evidenciado por seus arquivos na Herskovits Library of African Studies (HLAS), da Northwestern University, e por entrevistas com seu filho e sua esposa,[XLV] usou gravações, entrevistas, impressões e até mesmo um conjunto de objetos comprados na Bahia (fotografias, instrumentos musicais, estátuas de orixás e quatro trajes de mulheres afro-brasileiras) em palestras e exibições em universidades,[XLVI] escolas secundárias e organizações comunitárias em Chicago e arredores – na maioria dos casos cobrando um preço muito razoável, a fim de complementar seu modesto salário da Universidade Roosevelt. Suas gravações entre os gullah, no Brasil e na África Ocidental, tinham sido feitas para fins de pesquisa, mas se revelaram úteis também como um elemento-chave das turnês de palestras de Turner em faculdades, igrejas, escolas e associações comunitárias:

> Foi necessário um grande esforço para montar a habitual apresentação de Turner, já que ele não viajava com pouca bagagem. Entre seus equipamentos e itens

[107] Grants Applications, 2 de janeiro de 1945, *Turner Papers*, HLAS, NU, Box 4, Folder 2.
[108] *Chicago Defender*, 18 de maio de 1946, p. 5.

ilustrativos, estavam um grande mapa africano, um gravador, gravações, um ou mais projetores, fitas de rolo, negativos e, em muitos casos, artefatos africanos, entre eles joias, tambores e máscaras. Ele utilizava transporte público, já que seu último veículo tinha sido aquele que vendera antes de deixar a África. Nos últimos anos, Lois Turner viajou com ele para os compromissos locais e ajudou na projeção de *slides* e na execução de música.[109]

Muitas vezes, tais palestras eram seguidas por um verdadeiro espetáculo de dança e música afro-brasileiras, em sua maioria dirigidas por sua esposa Lois, uma bailarina profissional, com danças de culto iorubá da Bahia. Sete dançarinas dançavam em homenagem a Iansã, Ogum, Oxumaré e Oxalá. Eram tocados tambores e entoadas canções em línguas africanas e em português. Turner comentava cada canção enfatizando se a língua era de origem angolana ou iorubá.[110]

Em outras ocasiões, a apresentação, ou parte dela, foi realizada na rádio, como o programa "Raças e culturas do homem", produzido pela Roosevelt University de Chicago para a rádio WKBK em 16 de janeiro de 1953, exibido entre 14h30 e 15h. Turner, que acabara de voltar da África Ocidental, onde coletara mais de três mil "canções nativas", foi apresentado pelo famoso antropólogo negro St. Clair Drake, professor sênior da universidade. Turner começou dizendo que, na costa do Brasil, cinco ou seis idiomas africanos ainda eram falados e que muitos outros aspectos da cultura africana eram inconfundíveis. Ele continuou desenhando conexões entre música e canto pelo Atlântico Negro, constantemente sugerindo um fio condutor entre essas formas de expressão cultural.

Essas palestras, apresentações, *shows* de dança e programas de rádio são provas de duas coisas. Em Chicago e arredores, havia uma demanda por culturas negras de todo o mundo, e isso, por sua vez, ofereceu um público para a produção criativa de Turner – que não conseguia encontrar seu caminho nos canais acadêmicos convencionais. Diante de seus achados sobre a língua gullah nos Estados Unidos e, mais tarde, sobre o iorubá na Nigéria e a língua crioula de Serra Leoa, suas descobertas na Bahia corroboraram sua compreensão da centralidade da África na linguagem negra contemporânea.[XLVII] Ele viu seu trabalho como intrinsecamente transnacional e transatlântico,

[109] Wade-Lewis, op. cit., p. 187.

[110] Script of Afro-Brazilian Culture Exhibition, *Turner Papers*, HLAS, NU, Box 50, Folder 9.

mas isso mal foi reconhecido pelo meio acadêmico.[XLVIII] Turner nunca mais voltou ao Brasil.[XLIX]

Com assistentes africanos, ele transcreveu centenas de páginas de contos folclóricos em línguas africanas, em sua maioria iorubás, que havia coletado no Brasil. Apenas parte dessas transcrições foi traduzida para o inglês. Eventualmente, a pesquisa de Turner no Brasil resultaria em três artigos publicados (ver seção Publicações), além das gravações, transcrições de contos folclóricos e fotografias. Essas transcrições, totalizando 650 páginas – a Universidade Federal da Bahia tem cópias gentilmente cedidas por David Easterbrook, da Herskovits Library da Northwestern University –, são uma relíquia que ainda deve ser estudada por linguistas de iorubá contemporâneos e pesquisadores de línguas africanas em geral.[L] No entanto, de suas pesquisas, assim como do trabalho de campo de Frazier, parece haver evidências de que, se não as línguas africanas propriamente ditas, um grande léxico derivado de idiomas africanos estava em uso corrente no português falado em Salvador nos anos 1940, especialmente na comunidade do candomblé e não apenas como parte da língua religiosa, como é o caso hoje em dia.

As transcrições trazem apenas o nome do entrevistado. Não há data ou local indicado – e, nisso, Turner estava de acordo com uma tendência entre os linguistas de considerar idiomas atemporais e não espaciais, como entidades culturais em si mesmas. As transcrições são divididas em seções: sobrenaturais, relações homem-animal e relações conjugais. Transcrições em iorubá, em sua maioria feitas a lápis, foram posteriormente submetidas à revisão de estudantes nigerianos que visitavam a Roosevelt University, alguns dos quais se tornaram assistentes de Turner, como Olatunde Adekoya ou "Ade", que, como descrito por Wade-Lewis,[111] viveu dois anos com Turner em Chicago sem pagar aluguel (a maioria das páginas das transcrições é verificada por ele e assinada por Ade). Eles aprovaram o iorubá de Martiniano – anotando "sim" ao lado de cada página –, mas desaprovaram o iorubá de Manoel da Silva, cujas transcrições estão pontilhadas com "não". Para Turner, Manoel tinha compilado seu próprio dicionário "Africano" de palavras com tradução para o português. Ao lado de várias palavras, Ade acrescenta "não iorubá" e, ocasionalmente, "haussá". Aqui e ali, do lado dos sim/não de Ade, é possível ver uma data. Esse trabalho de correção das transcrições feitas por falantes nativos iorubás da Nigéria foi feito em julho e agosto de 1950.

[111] Wade-Lewis, *op. cit.*, p. 149.

Snra. Manoel da Silva
Bahia, Brazil

Nomes em Africano e portu-guez.

Africano	Portuguez
Jó	Sal ~~e Assucar~~
Efum	Farinha
Eram	Carne
Emni	Esteira
Hijucô	Banco ou Cadeira
Pacô	Colher
Jeocôbé	Urinol
Obé	Faca
Abou	Prato
Patacou	Cama
Edu	Carvão
Atarei	Pimenta da costa
Abddou	Milho
Jarin	Areia
Jagui	Lenha ou pau
Janan	Phosphoros
Itanan	Vella
Batá	Sapato
Achô	Roupa
Devô	Lençol
Edé	Camarão
Alhobosse	Cebola
Epú	Azeite de cheiro
Culhe	Ajoelhar
Jucô	Sentar
Dide	Levantar
Euê	Feijão
Duhulhe	Deite-se
Aduhulhe	Vou deitar

Finished

Lista de palavras "africanas" de Turner com tradução para o português de Manoel da Silva e sua esposa Zezé, que depois seriam informantes dos Herskovits. Fonte: Lorenzo Dow Turner Papers, MJH Library, Northwestern University, Evanston, Illinois, EUA.

Essa língua "africana" consiste possivelmente de um léxico emprestado de várias línguas africanas – possivelmente um léxico com origem em vários idiomas do Oeste da África, bem como da região do Congo-Angola – mais algumas palavras que tinham sido inventadas na Bahia, mas que, de qualquer forma, eram vistas como palavras africanas. Era um léxico usado muitas vezes na língua portuguesa, o que, no entanto, significava muito para a comunidade do candomblé, cujo tratamento dedicado aos sons africanos e ao poder das palavras era de reverência. Era uma língua mágica e política criada com a comunidade do candomblé, uma comunidade na qual, tradicionalmente, autenticidade e invenção são ambas consideradas como fundamentais – mesmo que esta última não seja geralmente reconhecida como um ingrediente positivo do poder do candomblé pela maioria dos antropólogos como os Herskovits. Pouco tempo depois, Turner transformaria a lista de Manoel em um dicionário afro-inglês, em que as palavras africanas, no entanto, são transcritas de acordo com a regra fonética dos linguistas.[LI]

As dúvidas de Turner sobre o idioma iorubá e o "africano" usado na Bahia amadureceram no período entre 1941 e 1948, quando ele analisou suas transcrições com a ajuda de nativos iorubás nigerianos. Essa foi uma das principais motivações para ele solicitar uma bolsa Fulbright em 1949 visando possibilitar pesquisas na própria Nigéria.[112] Como disse Wade-Lewis: "Ele desejava adquirir a base para interpretar mais adequadamente o folclore iorubá brasileiro, mergulhando na fonte, a cultura iorubá nigeriana, através da qual desenvolveria uma percepção mais refinada da filosofia africana subjacente à cultura".[113] Turner receberia a subvenção e viajaria para a Nigéria em 1951. Lá, instalou-se na Universidade de Ibadan. Durante suas entrevistas, ele frequentemente colocava para tocar suas gravações baianas e mostrava os documentos que tinha recebido em Salvador das famílias baiano-nigerianas (cópias de passaportes, fotos etc.), que haviam sido sempre muito receptivas.[114] Durante sua estada na Nigéria, Turner também ministrou uma palestra intitulada "A dívida do Brasil para com a África", despertando novamente um grande interesse. Da Nigéria, ele dirigiu até Serra Leoa, passando por Togo e Gana. Em Serra Leoa, passaria cerca de dois meses entrevistando falantes de krio, a língua crioula falada pela maioria das pessoas naquele país. Cerca de uma década depois, com fundos do Peace Corps, com o qual se envolvera treinando voluntários que viajavam para Serra Leoa, ele conseguiu publicar dois livros sobre a língua krio. Turner nunca havia tido essa quantia de fundos para seu projeto de língua, cultura e folclore iorubá entre Brasil e Nigéria. Na verdade, em termos de publicações, os pontos altos de Turner dizem respeito à sua pesquisa sobre a língua gullah e, três décadas depois, sobre a língua krio.

[112] Fulbright Plan of Work, 19 de julho de 1949. *Turner Papers*, HLAS, NU, Box 2, Folder 2.

[113] *Idem*, p. 165.

[114] Wade-Lewis, *op. cit.*, p. 172.

De certa forma, Turner fez o que também Pierre Verger estava fazendo nos mesmos anos, tornando-se um mensageiro por meio do Atlântico. A diferença, é claro, é que Turner era negro e eles se valeram de distintas redes: Verger percorreu a conexão colonial francesa e priorizou o Benim, Turner fez uso da bolsa Fulbright e mais tarde do Peace Corps e se concentrou no iorubá da Nigéria e, mais tarde, no krio de Serra Leoa. Finalmente, Turner não publicaria nenhum de seus volumes sobre iorubá planejados. Somente partes de seu material e de suas descobertas sairiam como artigos. É uma pena que devido a várias restrições, inclusive financeiras, e apesar de várias tentativas, Turner nunca conseguiu publicar essas transcrições únicas em formato de livro. Margaret Wade-Lewis, em sua biografia de Turner, menciona que, de fato, ele tinha planos de publicar três livros com o resultado de seu trabalho de campo no Brasil. Suas incríveis fotos não foram disponibilizadas ao público até que o Anacostia Community Museum finalmente o fizesse em 2011. Não foi por falta de treinamento, bons contatos ou recomendações:[LII] seu insucesso se deveu principalmente à precariedade financeira de Turner, que também teve a ver com o preconceito racial daqueles dias, o que o impediu de obter uma posição acadêmica mais sólida. Uma segunda razão poderia ser o tipo de iorubá que Turner encontrou na Bahia: uma forma "crioulizada" que não era bem recebida pelo nacionalismo iorubá do final dos anos 1950 e do início dos anos 1960 na Nigéria, que enfatizava a pureza em vez da adaptabilidade do idioma e possivelmente não estava interessado em versões híbridas do iorubá falado no exterior. As compreensões contemporâneas dos fluxos circulares do Atlântico iorubá, que consideram o sincretismo cultural e religioso como parte de uma estratégia de empoderamento, leriam as transcrições de Turner sobre a Bahia sob uma luz diferente e mais generosa.[115]

Melville & Frances Herskovits

Se nossa reconstrução do trabalho de campo de Frazier e Turner no Brasil depende de um arquivo físico relativamente pequeno e, muitas vezes, tivemos de nos basear em recortes de jornais e nas lembranças de outras pessoas para reconstruir um episódio em particular, o arquivo relativo ao casal Herskovits é muito mais generoso. Embora seus documentos e correspondências estejam

[115] Cf. Apter, 2017.

espalhados por ao menos cinco lugares e três instituições (Schomburg Center, Northwestern University e Smithsonian Institute – especialmente o Anacostia Community Museum, o National Anthropological Archive e o Museum of African Art), e alguns documentos – a maioria referente aos anos 1960 e ao macarthismo – ainda estejam sob embargo, há uma tal quantidade de documentos, diários, notas de campo, fotografias, gravações e recortes de jornais da qual não podemos nos queixar.

As razões para isso são múltiplas: a duração da estada no Brasil (mais de 12 meses), a forma cuidadosa típica do casal de guardar recibos, recortes e vários tipos de documentos, aliadas ao fato de que eles trabalharam juntos e mantiveram correspondência com muitos intelectuais, políticos e, em menor escala, pessoas do candomblé durante décadas. Além disso, veremos que Melville, quando comparado a Frazier e Turner, tinha muito mais apoio financeiro e político para seus projetos internacionais e institucionais, além de ter se tornado um dos principais patronos estrangeiros – e possivelmente *gatekeepers* – da antropologia brasileira.

A preocupação de Melville com o Brasil apareceu bem cedo em sua carreira, possivelmente já em 1930. Tal preocupação é visível em sua correspondência com Rüdiger Bilden e, mais tarde, Donald Pierson, então estudante de doutorado na Universidade de Chicago sob a supervisão de Robert Park e Anthony Burgess. Pierson escreveu para sugerir a "aparente falta de preconceito racial no Brasil" como um campo de estudo.[116] Ele escreveu de volta com entusiasmo e organizou um encontro com Pierson.[117] Logo, Pierson, que estava ocupado estudando português e lendo qualquer coisa sobre o tema que pudesse encontrar nos EUA, enviaria a Melville uma tradução do índice de *Os africanos no Brasil* (1932),[118] de Nina Rodrigues.[119] No mesmo ano, Melville escreveu para Gilberto Freyre e para o secretário do Primeiro Congresso Afro-brasileiro em 1934 em Recife, José Valladares. Em 1936, ele escreveu ao secretário do Segundo Congresso Afro-brasileiro que seria realizado em 1937 em Salvador, Reginaldo Guimarães. Enviou um trabalho para ser lido em cada um dos congressos e fez uma saudação ao evento. Em 1938, começou a se corresponder com Arthur Ramos e trocou artigos e livros com todos os pesquisadores brasileiros acima mencionados. Já em 1935, ele

[116] Pierson para MJH, 10 de maio de 1934. *MJH Papers*, NU, Box 18, Folder 11.

[117] MJH para Pierson, 15 de maio de 1934. *MJH Papers*, NU, Box 18, Folder 11.

[118] Nina Rodrigues, 1932.

[119] Pierson para MJH, 28 de agosto de 1934. *MJH Papers*, NU, Box 18, Folder 11.

afirmava que pretendia melhorar seu português, mas que apenas conseguia ler no idioma.[120] Em muitos aspectos, o Brasil já estava em seu horizonte alguns anos antes de ele começar a preparar sua candidatura à Rockefeller Foundation para poder realizar pesquisas no Brasil. O compromisso de três décadas dos Herskovits com o Brasil continuaria até a morte de Melville em 1963 e de Frances em 1972.

O Rockefeller Archive Center (RAC) parece não possuir documentos relacionados a Lorenzo Dow Turner, e, em relação a E. Franklin Frazier, eu só encontrei algumas referências secundárias. Entretanto, ele contém diversos documentos muito importantes sobre Melville Herskovits, sobre seu pedido bem-sucedido à Rockefeller Foundation de subvenção para um trabalho de campo de um ano no Brasil.[LIII] No RAC, há também material sobre os anos imediatamente posteriores à sua viagem (1942-1945), que mostra como a pesquisa no Brasil consolidou sua carreira nos EUA e foi, de fato, um trampolim para o estabelecimento dos Estudos Africanos propriamente ditos na Northwestern University. A coleção também documenta a consolidação de seu papel como *gatekeeper* transnacional em ambos os campos dos Estudos Afro-americanos e, posteriormente, africanos.[121]

Melville começou a contatar a Rockefeller Foundation sobre uma possível viagem ao Brasil na segunda metade de 1940. Em abril de 1941, seu pedido de subsídio de US$ 10 mil estava pronto. Ele percebeu que a RF estava interessada na promoção de Estudos Latino-americanos, assim como na promoção no exterior, especialmente na América Latina, das Ciências Sociais desenvolvidas nos EUA.[122] Os Herskovits tinham uma experiência ampla em pesquisas no Caribe e na África; o Brasil era o único país importante (com exceção de Cuba) do que hoje chamaríamos de Atlântico Negro no qual eles ainda não tinham sido capazes de realizar pesquisas. A bolsa à qual ele agora se candidatava ajudaria a preencher essa lacuna. O fraco domínio do português de Melville era um problema, e Joseph Willits, diretor da Divisão de Ciências Sociais da RF, de maneira muito educada, sugeriu que ele se familiarizasse com a língua antes de fazer sua viagem. Herskovits não seguiu seu conselho.[123] Em 11 de junho, o subsídio foi aprovado assim mesmo.

[120] Guimarães, 2008a.

[121] Cf. Jackson, 1986; Gershenhorn, 2004, 2009.

[122] Moseley para MJH, 10 de abril de 1941. RF Records, RAC, Box Melville Herskovits.

[123] Aviso de Willits à RF, 23 de maio de 1941, RF Records, RAC, Box Melville Herskovits.

"Sem capacetes de safári, por favor": a preparação

Nos oito meses que antecederam a partida, Melville e Frances prepararam sua viagem com muito cuidado. Eles começaram a estudar português – Melville já tinha um conhecimento de leitura –, selecionaram a melhor maneira de viajar (ao fim seria por navio, já que voar pela PanAm ficaria quase duas vezes mais caro), providenciaram seguro de viagem, compraram equipamento de gravação. Para o trabalho de campo, perguntaram sobre as condições climáticas e de saúde locais, fizeram reservas de hotel no Rio (Hotel Glória) e Salvador (Pensão da Edith, avenida Sete, 277), e escreveram muitas cartas para colegas e autoridades brasileiras.

Melville já conhecia pessoalmente vários dos contatos brasileiros com quem vinha se correspondendo para anunciar sua viagem e combinar reuniões, personalidades como Gilberto Freyre e Arthur Ramos, dado que haviam estado nos EUA nos anos anteriores, ou porque já se correspondessem e tivessem interesses e redes comuns. Em 9 e 18 de junho, cartas são enviadas a Ramos, Freyre, Bastide, Pierson, Charles Wagley, Heloísa Torres, Roquette--Pinto, Cecília Meirelles e Mário de Andrade.[LIV] A Rockefeller Foundation, que patrocinou sua viagem, tinha, além disso, um escritório no Rio, responsável por preparar o caminho dos Herskovits no Brasil por meio de cartas para o Ministério das Relações Exteriores do Brasil (Itamaraty). Em 5 de janeiro de 1942, Melville escreveu ao ministro de Relações Exteriores, Temístocles Graça Aranha, agradecendo os contatos providenciados para o casal no Brasil, especialmente na Bahia. Antes de sua viagem, Melville recebeu algumas informações privilegiadas sobre a comunidade brasileira de Ciências Sociais, então relativamente pequena. O Dr. Austin Kerr, do escritório Rockefeller no Rio, foi um de seus informantes "internos":

> Há alguns dias eu chamei Dona Heloísa e tive uma conversa muito interessante com ela. Ela conhece muito bem o Dr. Arthur Ramos, mas seus campos de atividade são bastante distintos. Ela diz que Ramos tem uma extensa coleção, mas isso é pessoal. A Universidade não tem nada. Há alguns dias, a Dra. Ramos fundou uma Sociedade Antropológica aqui no Rio. Dona Heloísa não pôde participar da reunião (ela realmente não pôde), mas foi relatado de forma confiável que Ramos e um de seus alunos fizeram alguns comentários bastante pueris em seus discursos. Roquette-Pinto compareceu e, talvez, Gilberto Freyre. Você aprenderá muito com Ramos sobre o que ele fez na Bahia, mas Dona Heloísa me disse que ela tem algumas informações sobre as pessoas na Bahia que ela acredita que Ramos não tinha (um tecelão africano e escultor de madeira, creio eu). Acredito que será

vantajoso fazer uso das instalações do laboratório do Museu Nacional. Elas são provavelmente bastante primitivas, mas as melhores disponíveis. Eu sugeriria que você não se envolvesse exclusivamente com Ramos. Também, eu sugeriria que em vez de coletar para a Northwestern, o objetivo principal é coletar para instituições aqui, doando todos os artefatos para instituições aqui e levando com você apenas duplicatas. Isso é uma verdadeira boa vizinhança.[124]

Melville respondeu em 30 de julho:

Muito obrigado por sua carta com uma avaliação realista de uma situação que não é muito diferente da que eu encontrei em duas outras partes do mundo. [...]. Espero conhecer todos os meus colegas brasileiros. Parto do princípio de que há tensões onde quer que haja personalidades envolvidas, e a única coisa que não me proponho a fazer é envolver-me na situação resultante dessas tensões. Muito obrigado também pelas sugestões quanto à higiene e ao vestuário. [...]. Também estou trazendo um pouco mais de quinino do que você indicou, uma vez que, chegando ao trabalho, provavelmente viveremos o mais próximo possível do grupo com o qual trabalharemos, mesmo que isso possa significar condições um tanto primitivas. Sem capacetes de safári, por favor!* Eu me livrei deles em Trinidad.[125]

Ele também preparou muito cuidadosamente a parte audiovisual de seu futuro trabalho de campo. Comprou uma câmera fotográfica, uma câmera de filme Eyemo 35mm, 80 rolos de Eastman Kodak e 2.500 metros de filme. Viajou com uma caixa pesada com 200 discos em branco para gravação de áudio, os quais foram disponibilizados gratuitamente pela Divisão de Música da Library of Congress, com a condição de que uma cópia da futura gravação fosse depositada na biblioteca.[LV] Melville pediu tanto à Divisão de Música quanto ao escritório da Rockefeller no Rio para ajudá-lo com a liberação do equipamento e do material cinematográfico – naqueles dias, ambos estavam sujeitos a severas e caras restrições de alfândega no Brasil. Então, Melville reclamou a Edward Waters da Divisão de Música:

Recentemente tive uma palavra de Turner [...] que a lei brasileira exigia que uma cópia de cada gravação feita no país fosse depositada no Arquivo Central antes

[124] Kerr para MJH, 28 de julho de 1941. *MJH Papers*, NU, Box 11, Folder 12.

* *Sun helmet*, *pith helmet*, *sola topee* ou *salacot* é o tradicional chapéu de safári usado para visitar países tropicais em expedições coloniais. É o chapéu usado por Jane e seu pai no filme *Tarzan* (1999). (N. da T.)

[125] MJH para Kerr, 30 de julho de 1941. *MJH Papers*, NU, Box 11, Folder 12.

> que a gravação original pudesse ser exportada. Estou certo de que o fato de eu estar gravando para seus Arquivos não dificultará a dispensa desta lei, desde que [...] cópias de meus registros sejam feitas para um retorno ao Brasil.[126]

Alguns dias antes da partida, Harold Spivacke, chefe da Divisão de Música, propôs uma abordagem menos formal:

> É claro que é possível que qualquer tentativa de exportar os discos possa derrubar tais regulamentos em sua cabeça, mas se você simplesmente levá-los com você ou enviá-los por mala diplomática, acho que podemos evitá-los. De qualquer forma, você terá sua carta [de credenciais de bibliotecário], e estou certo de que podemos superar os obstáculos à medida que eles surgirem.[127]

Para a gravação de música, Melville tentou assegurar a assistência de seu amigo etnomusicólogo Allan Lomax, da Divisão de Música, a partir de janeiro de 1942. Lomax estava bastante interessado em fazer pesquisas no Brasil.[128] Em seu trabalho de campo no país, os Herskovits planejavam utilizar as gravações que haviam feito em outros lugares do Atlântico Negro:

> Estou levando algumas de minhas gravações de Trinidad para o Brasil, e também alguns discos comerciais da África Ocidental, já que tudo isso será útil para estimular os cantores e também para documentar discussões sobre o problema geral do estudo comparativo da música negra.[129]

Nas mesmas cartas, ele pediu algumas cópias de discos de música haitiana da coleção de Lomax, acrescentando que "as canções devem ser africanas em estilo, de preferência com ritmos de tambor".[130] Parece evidente o plano de facilitar o reconhecimento dos africanismos no Brasil por meio de músicas de outras localidades do Atlântico Negro.

Melville também queria usar a filmadora: "além do meu trabalho etnológico regular e das gravações, espero poder obter filmes de vários aspectos da vida negra brasileira, que, como o outro material, devem se ligar aos dados de viagens anteriores".[131] Ele busca com isso o apoio do Office of the Coordinator

[126] MJH para Waters, 5 de agosto de 1941. *MJH Papers*, NU, Box 12, Folder 28.

[127] Spivacke para MJH, 20 de agosto de 1941. *MJH Papers*, NU, Box 12, Folder 28.

[128] MJH para Spivacke, 16 de junho de 1941. *MJH Papers*, NU, Box 12, Folder 28.

[129] MJH para Spivacke, 22 de agosto de 1941. *MJH Papers*, NU, Box 12, Folder 28.

[130] *Idem, ibidem.*

[131] MJH para Lomax, 15 de julho de 1941. *MJH Papers*, NU, Box 12, Folder 28.

of Commercial and Cultural Relations Between the American Republics do Council of National Defense.* No entanto, Kennett MacGowan, da Seção de Cinema, reage de modo muito negativo e racista:

> Tenho muitas dúvidas de que possamos encontrar dinheiro para filmes de grupos de culto afro-brasileiros. Em geral, tivemos que evitar dar demasiada publicidade aos povos mais atrasados das repúblicas latino-americanas, por mais que queiramos fazer registros de valor antropológico.[132]

Parece que essa resposta dura se deve muito ao tumulto causado pelas filmagens do Carnaval do Rio de Janeiro de Orson Welles, que tinham sido apoiadas pelo Conselho. Herskovits responde rapidamente, defendendo seus planos em seu estilo muito educado, mas firme:

> A declaração de política que você faz é interessante, mas eu me pergunto se não valeria a pena sondar mais a sua validade. Duvido muito que fotos de danças negras durante o Carnaval, ou mesmo gravações de algumas das magníficas canções e danças que se encontram nas macumbas do Rio e nos candomblés do Norte, seriam, se apresentadas de forma simpática, e como a arte que na verdade são, de alguma forma inaceitáveis para os brasileiros. Entretanto, suponho que esses assuntos de alta política são determinados por você, e não imagino que um ponto como esse precise ser discutido com você. No entanto, como expressão de opinião, pode valer a pena para você caso o assunto seja levantado algum tempo depois.[133]

Apesar de tal resposta negativa, Melville prossegue com seus planos de obter filmes e, para tanto, pede o apoio do embaixador americano Jefferson Caffery a fim de informar as autoridades competentes no Brasil sobre esses filmes para facilitar sua entrada, argumentando que eles serão usados somente para fins científicos.[134]

Como dito, Herskovits planejou cuidadosamente sua viagem – como havia feito para outras viagens de campo ao exterior – e, depois de examinar

* "Escritório de Coordenação das Relações Comerciais e Culturais entre as Repúblicas Americanas", que em 1941 dá lugar ao Ociaa: Office of the Coordinator of Inter-American Affairs ["Escritório de Assuntos Interamericanos"]. Este era um órgão do Conselho de Defesa Nacional do Governo dos Estados Unidos para promover a Política de Boa Vizinhança. (N. da T.)

132 MacGowan para MJH, 21 de junho de 1941. *MJH Papers*, NU, Box 12, Folder 28.

133 MJH para MacGowan, 13 de agosto de 1941. *MJH Papers*, NU, Box 12, Folder 28.

134 MJH para Caffery, 12 de agosto de 1941. *MJH Papers*, NU, Box 12, Folder 28.

as várias opções, reservou uma cabine em um navio Moore-McCormack de Nova York ao Rio de Janeiro.[LVI] A família Herskovits partiu em 29 de agosto e chegou ao Rio em 10 de setembro.[135] Em outubro de 1941, logo após o trabalho de campo de quatro meses de Frazier e o trabalho de campo um pouco mais longo de Turner, a casa de candomblé do Gantois receberia a visita de Melville Herskovits, na companhia de sua esposa Frances e de sua filha Jean, de seis anos.

Seu discípulo africanista William Bascom assumiria a posição de Melville na Northwestern durante a licença deste último. A correspondência entre Melville e ele é reveladora dos primeiros meses da estada do casal no Brasil:

> Tivemos dez dias loucos desde que desembarcamos; conhecer pessoas, encontrar os caminhos, aprender português e planejar o trabalho com antecedência. Fiz minha estreia com um trabalho em português na última sexta-feira à noite; foi um pouco cansativo lê-lo, mas as pessoas aparentemente me entenderam – pelo menos riram nos lugares certos e não nos errados. O Rio é tão bonito quanto deveria ser... Todos são extremamente cooperativos, desde o momento em que chegamos aqui e descobrimos que nossa bagagem deveria passar pela alfândega sem inspeção, até minhas recentes entrevistas com um dos ministros quando me foram arranjadas cartas me apresentando oficialmente aos Interventores (governadores nomeados) dos vários Estados em que trabalharemos. Ainda não tivemos a oportunidade de fazer nenhuma Antropologia, mas haverá muitas chances para isso... Chuck Wagley está aqui... Ramos e sua esposa estão bem e mandam lembranças; Freyre também se revelou uma pessoa muito simpática.[136]

Uma semana depois, Melville pediu a Bascom para enviar cópias de seus livros para Cecília Meirelles, e o currículo de alguns de seus recentes cursos para Donald Pierson e Ciro Berlinck da Escola Livre de Sociologia em São Paulo. O Brasil parecia ser um lugar promissor para a pesquisa:

> As coisas estão começando a se revelar de maneira interessante... Não muito longe de onde estamos indo (no Maranhão) há uma série de quilombos, aldeias de descendentes de escravos fugitivos não muito diferentes das comunidades dos Bush Negro [no Suriname], todos esperando para serem estudados. Também me

[135] MJH para Willits, 23 de junho de 1941, RF Records, RAC, Box Melville Herskovits.

[136] MJH para Bascom, 22 de setembro de 1941. *MJH Papers*, NU, Box 16, Folder 5.

> foi mostrado um magnífico documento do século XVIII – a constituição de uma associação de negros que eram Mahis do Norte do Daomé, e os oficiais dizem que membros nascidos daquela tribo eram nascidos na África. O material aqui é tão rico que mal se sabe por onde começar.[137]

Em breve, Melville começará a enviar livros impressos no Brasil para colegas nos EUA:

> Em poucos dias, terei enviado a você dois exemplares de Nina Rodrigues "Os Africanos no Brazil" [ele escreve com z]. Eu estaria interessado que Disu [possivelmente um estudante nigeriano] pudesse verificar os provérbios nas páginas 200-220 e em ver o que ele sabe sobre a validade da apresentação da mitologia iorubá, como consta nas páginas 322 e seguintes. Enviarei também "Xangos de Recife", de Gonçalves Fernandes, no qual você encontrará canções iorubás... Se estas estão em "nagô" arcaico também seria interessante saber.[138]

Em 15 de dezembro, Melville pediu à secretária de seu departamento na Northwestern que enviasse um conjunto de seus livros e reimpressões de seus artigos para José Valladares e Carlos Ott (conhecido na época como Frei Fidélis) em Salvador:[LVII]

> O primeiro é um jovem rapaz, diretor do Museu local, que está trabalhando conosco como intérprete emprestado, por assim dizer, pelo governo estadual em troca do treinamento que receberá; o segundo é da Idade Média – um frei franciscano que estudou Antropologia e está interessado na vida dos negros daqui (especialmente sua religião!) e vai ensinar na nova Faculdade que estão montando... A Bahia é uma cidade encantadora, com um clima excelente – e uma falta de estadias. Ainda estamos na pensão onde pernoitamos na chegada e talvez tenhamos que ficar aqui, especialmente porque nossa presença aqui não vai interferir em nosso trabalho. Não tínhamos encontrado materiais tão densos desde quando trabalhamos na Guiana – mas há muito mais coisa que precisará ser verificada.[139]

Em 5 de novembro de 1941, Herskovits escreveu uma carta bastante longa para Willits comparando o interessante clima intelectual da Universidade de São Paulo (USP) e da Escola Livre de Sociologia com o da Faculdade de

[137] MJH para Bascom, 6 de outubro de 1941. *MJH Papers*, NU, Box 16, Folder 5.

[138] MJH para Bascom, 30 de outubro de 1941. *MJH Papers*, NU, Box 16, Folder 5.

[139] MJH para Secretária, 15 de dezembro de 1941. *MJH Papers*, NU, Box 16, Folder 5.

Filosofia do Rio de Janeiro. Segundo ele, esta última, ainda que mais bem estabelecida, era menos estimulante intelectualmente e menos vibrante. Willits respondeu prontamente em 17 de novembro, observando que o contraste entre São Paulo e Rio era interessante e precisava ser mais explorado.

Em 12 de dezembro, Melville escreveu sobre um processo que considerou promissor: a criação da Faculdade de Filosofia da Bahia, uma faculdade de artes liberais, sob a liderança de Isaías Alves – um homem que os Herskovits tinham em alta estima. O principal problema era a absoluta falta de financiamento. O governo cedeu o prédio, mas o resto não estava sendo providenciado – nem mesmo os salários. A maioria dos professores tinha de ganhar a vida em outro lugar. Muitos eram médicos, e seus ganhos vinham de sua prática. Essa falta de dedicação em tempo integral era um grande problema em Salvador, como em outros lugares do Brasil. É possível imaginar, disse Herskovits, o que seria tal instituto se pudesse se beneficiar de alguns homens da posição de Gilberto Freyre, então patrono da sociologia no Brasil.[LVIII]

Em meados de março, os Herskovits, depois de quase dois meses no Rio e quatro passados na Bahia, começariam a fazer planos para o resto de sua estada:[LIX]

> Parece quase impossível que estejamos na Bahia há quatro meses... O trabalho tem corrido muito bem – a quantidade de material que temos é assustadora, e passaremos a maior parte do tempo em São Paulo datilografando nossas anotações em duplicata, para que uma cópia possa ser enviada pelo correio e outra retida pela Embaixada, com o original voando conosco.[LX] A gravação foi excelente.[LXI] [...]. Espero que a Library of Congress tenha autorização para enviar os registros de volta por expresso aéreo... Nossos planos são os seguintes: Recife em 14 de maio,[LXII] retorno à Bahia em 14 de junho, depois alguns dias no Rio até 1º de julho, depois para São Paulo até 10 de agosto.[140]/ [LXIII]

Melville preparou sua estada de um mês em Recife com o cuidado habitual. Ele pediu que o Consulado dos Estados Unidos em Salvador se comunicasse com o Consulado em Recife para lhe indicar uma boa pensão e escreveu ao ministro Graça Aranha em 16 de abril pedindo a carta de recomendação "habitual".[LXIV] Em 22 de abril, Graça Aranha lhe remeteu cópias das cartas que ele havia enviado ao interventor de Pernambuco e ao prefeito de Recife. Arthur Ramos também havia endereçado cartas de recomendação ao Recife.

[140] MJH para Ward, 23 de março de 1942. *MJH Papers*, NU, Box 25, Folder 26.

A Faculdade de Filosofia da Bahia dedicou sua abertura e primeiro evento público à conferência proferida por Herskovits "Pesquisas Etnológicas na Bahia", realizada às 20h do dia 6 de maio de 1942, no auditório principal do Instituto Normal, em Salvador.[141/LXV]

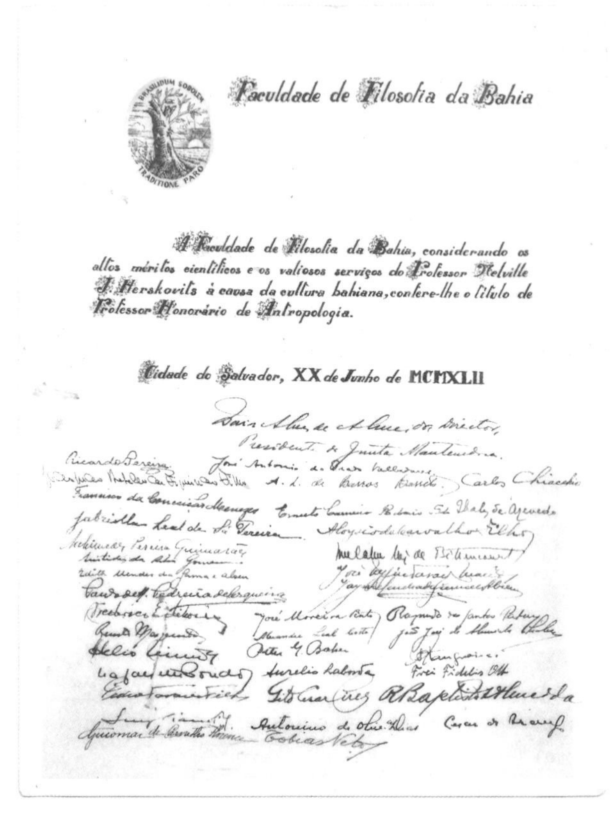

Faculdade de Filosofia da Bahia

A Faculdade de Filosofia da Bahia, considerando os altos méritos científicos e os valiosos serviços do Professor Melville J. Herskovits à causa da cultura bahiana, confere-lhe o título de Professor Honorário de Antropologia.

Cidade do Salvador, XX de Junho de MCMXLII

Título de Professor Honorário de Antropologia da Faculdade de Filosofia da Bahia concedido por Isaías Alves para Melville J. Herskovits em 20 de junho de 1942. Foi o primeiro título de Professor Honorário concedido pela instituição, a segunda honra tendo sido entregue ao sociólogo Gilberto Freyre. Fonte: Arquivo do Museu de Antropologia e Etnologia (MAE), UFBA, Salvador, Bahia.

Após completar seu trabalho de campo na Bahia, em 20 de junho, os 42 professores da Congregação da Faculdade de Filosofia da Bahia o nomearam, por unanimidade, o primeiro Professor Honorário da faculdade.[LXVI] Como os Herskovits já tinham partido para o Rio de Janeiro

[141] *A Manhã*, 30 de abril de 1942.

a caminho dos EUA, o título honorário foi entregue ao Sr. Reginald Castleman, cônsul dos EUA em Salvador, que mais tarde o encaminhou a Melville.[142] A entrega do título ocorreria em cerimônia pública no dia 21 de agosto no Instituto Geográfico e Histórico da Bahia e seria feita pelas mãos de Thales de Azevedo a Castleman.[143]/ [LXVII]

Assim que voltou a Evanston, Melville escreveu um apanhado de cartas em agradecimento à assistência que recebera no Brasil; foram agraciados com essas missivas o interventor do estado da Bahia Landulpho Alves (irmão de Isaías Alves), o cônsul Castleman, Manoel de Menezes Silva e Edgar Santos (da Faculdade de Medicina da Bahia), Arthur Ramos, Isaías Alves, ministro Graça Aranha, Thales de Azevedo, Dona Heloísa, Sérgio Buarque de Holanda, René Ribeiro, Gonçalves Fernandes, Ciro Berlinck e Donald Pierson.

A correspondência mostra que o recente desenvolvimento dos institutos de Ciências Sociais no Brasil, nos anos 1940-1942, especialmente no Rio e em São Paulo, como o Instituto de Altos Estudos Políticos e Sociais no Rio e a Escola Livre de Sociologia em São Paulo, foi observado de perto pelos consulados americanos. A Rockefeller Foundation, especialmente Joseph Willits, também se mostrou bastante interessada. Melville relatou sobre esses centros e sugeriu a Willits que seria interessante, por parte da Rockefeller Foundation, investir também em centros ao Norte, como em Recife e Salvador. Esses dois locais tinham recebido, até então, muito menos financiamento.[144] Ele foi bastante crítico em relação ao novo instituto no Rio e, especialmente, ao seu reitor Salviano Cruz, que tinha declarado ter o apoio da Rockefeller Foundation e do Social Science Research Council (SSRC) dos EUA, o que não era verdade.[145] Fica evidente que Melville tinha sua agenda, gostava mais de certas pessoas do que de outras e expressou suas preferências.

Seu relatório sobre o trabalho de campo no Brasil foi muito apreciado por Willits, que afirmou: "É excelente e será muito útil para nós". Ele elencava claramente as possibilidades e limitações das bolsas de estudo para as Ciências Sociais no Brasil.[146] Em resposta, Melville aconselhou: "Trate-o como um

[142] MJH para Isaías Alves, 26 de julho de 1942. RF Records, RAC, Box Melville Herskovits.

[143] Isaías Alves para MJH, 5 de agosto de 1942. RF Records, RAC, Box Melville Herskovits.

[144] MJH para Willits, 26 de maio de 1942, RF Records, RAC, Box Melville Herskovits.

[145] Willits para MJH, 14 de maio de 1942, RF Records, RAC, Box Melville Herskovits.

[146] Willits para MJH, 20 de outubro de 1942, RF Records, RAC, Box Melville Herskovits.

documento confidencial. Alguns dos comentários podem não ser tão benéficos para a Política de Boa Vizinhança".[147]

Em 12 de dezembro de 1942, Melville escreveu a Willits solicitando financiamento para dois "brilhantes pesquisadores brasileiros" – Octavio da Costa Eduardo e René Ribeiro[148] – e sugeriu uma doação substancial para a nova Faculdade de Filosofia da Bahia, que o impressionara muito. Infelizmente, em 16 de dezembro, Willits respondeu: "Nossas notícias são avessas a qualquer começo de apoio geral à instituição na Bahia. [A divisão de] humanidades tem um parecer a favor da bolsa de estudos para a Bahia, mas não há a menor ideia de que haverá oportunidade para um projeto lá em breve".[149]

A partir dessa correspondência, é possível constatar que tais fundos para a Bahia nunca viriam da Rockefeller Foundation. Até 1958, Melville continuou a enviar suas publicações sobre o Brasil e uma cópia das gravações que fez no país para a RF, quando publicou um artigo sobre a organização social do candomblé em um livro em homenagem ao falecido Paul Rivet. Essa seria sua última publicação sobre o Brasil.

A partir de 1943, Melville tentou obter apoio financeiro para a Faculdade de Filosofia da Bahia, que mais tarde se tornaria parte da Universidade Federal da Bahia, fundada em 1957. Por alguma razão, seus intentos não foram bem-sucedidos. Como veremos adiante, ele continuou apoiando essa instituição, doando livros para sua biblioteca, tanto suas próprias publicações como outros livros de interesse geral que poderiam ser enviados pela Northwestern University. Melville e sua esposa Frances, na verdade, coautora de grande parte de seu trabalho, nunca conseguiriam publicar o livro sobre o Brasil que haviam anunciado orgulhosamente em entrevista ao jornal *A Manhã*, do Rio de Janeiro, em 5 de julho de 1942.[LXVIII]

O esforço de guerra era uma parte importante desse contexto geral. Assim como a maioria dos antropólogos americanos,[150] Melville foi tomado por tal esforço. Ele também era um defensor ferrenho da Política de Boa Vizinhança. Por esse motivo, escreveu para Dona Heloísa Torres: "Encontramos um aumento muito notável no interesse pelo Brasil e pelas coisas brasileiras no ano em que estivemos fora, não creio que demore muito para que as pessoas

[147] MJH para Willits, 4 de novembro de 1942, RF Records, RAC, Box Melville Herskovits.

[148] MJH para Willits, 12 de dezembro de 1942, RF Records, RAC, Box Melville Herskovits.

[149] Willits para MJH, 16 de dezembro de 1942, RF Records, RAC, Box Melville Herskovits.

[150] Stocking Jr. (ed.), 2002.

neste país saibam que o Brasil fala português em vez de espanhol!".[151] Ele também escreveu para Graça Aranha:

> Estávamos voando para fora do Brasil quando a declaração de guerra foi promulgada, e chegamos em casa para sentir a calorosa recepção que saudou a entrada do Brasil na guerra como um aliado ativo. Não há dúvida de que o trabalho de sua Divisão de Cooperação Intelectual é consideravelmente responsável por esse avanço.[152]

Tal interesse renovado pelo Brasil suscitava esperanças de apoio para as Ciências Sociais no país:

> O interesse que, nos Estados Unidos, existe hoje em dia pelos assuntos brasileiros é correspondido do nosso lado. Acreditem em mim. Por essa razão, lembro novamente a possibilidade de a biblioteca de nosso Instituto receber algumas das inúmeras publicações ali produzidas.[153]

Melville respondeu que a ideia de ajudar a Faculdade da Bahia quando a oportunidade surgisse não tinha sido esquecida.[154] O sucesso de sua viagem de campo ao Brasil, entretanto, não dependia apenas do apoio que o casal recebia de colegas brasileiros, intelectuais e até mesmo políticos. Uma boa razão para o sucesso de seu trabalho de campo, em sua análise, havia sido o fato de os informantes estarem realmente felizes com o interesse dos antropólogos por eles: "Os afro-brasileiros se sentem felizes em receber pessoas que conhecem a África, que podem opinar, com justeza, seu modo de vida, suas concepções de mundo, a quem seus deuses eram familiares e seu culto compreensível e natural".[155] Além disso, os principais informantes haviam desempenhado um grande papel em tal sucesso: "Seria difícil encontrar em qualquer lugar um grupo de pessoas mais simpáticas do que aquelas que conheci na Bahia, e espero que em algum momento eu tenha a oportunidade de retribuir os muitos favores que recebi lá".[156]

[151] MJH para Torres, 30 de setembro de 1942, *MJH Papers*, NU, Box 27, Folder 15.
[152] MJH para G. Aranha, 30 de setembro de 1942. *MJH Papers*, NU, Box 27, Folder 15.
[153] Isaías Alves para MJH, 13 de outubro de 1942. *MJH Papers*, NU, Box 27, Folder 15.
[154] MJH para Isaías Alves, 4 de fevereiro de 1943. *MJH Papers*, NU, Box 27, Folder 15.
[155] *A Manhã*, 4 de julho de 1942.
[156] MJH para T. Azevedo, 30 de setembro de 1942. *MJH Papers*, NU, Box 27, Folder 15.

A correspondência está cheia de provas da proximidade entre os Herskovits e as elites políticas e intelectuais baianas e pernambucanas. Melville escreveu ao interventor do estado da Bahia, Landulpho Alves, em agradecimento:

> Desejo expressa-lhe [sic] o meu mais alto apreço pelas cortesias que nos proporcionaram... durante nossa estada na Bahia... Salvador passou a ser para nós não meramente uma cidade onde nos foi possível conduzir pesquisas interessantes. [...] de futuro olharemos para trás com grande prazer, para esse período de meses que passamos na Bahia.[157]

E recebeu cartas de volta. Gonçalves Fernandes:

> No momento em que o povo desta minha cidade vibra de entusiasmo pelas vitórias alcançadas pelas armas das democracias na África, tive o prazer de receber sua carta de 30 de outubro. [...]. Com muito gosto vi que ainda está com o desejo de levar-me aos EE.UU... Aguardo, encantado, essa possibilidade, que se for concretizada dará oportunidade de pôr-me em contato direto com os Mestres dessa grande nação e de aprender aquilo que até hoje tenho aprendido comigo mesmo, defeituosamente.[158]

René Ribeiro:

> As informações de que você está tentando organizar para eu estudar por um período em seu país despertaram antigas esperanças de poder completar meus estudos nos EUA... Você já viu nossas deficiências: professores, bibliotecas, serviços organizados, meios, espírito acadêmico e assim por diante. É por isso que todo brasileiro quer ir estudar na América.[159]

O reconhecimento de Valladares pela bolsa que recebeu da Rockefeller Foundation, com o apoio de Herskovits, é especialmente interessante por conta do papel que os orixás ocupam nele:

> Acabo de receber uma comunicação da Rockefeller, participando-me a concessão da Bolsa de Estudos [...]. Meus pensamentos de gratidão se destinam em primeiro lugar ao caro professor Herskovits. O segundo lugar – este fica repartido entre

[157] MJH para Landulpho Alves. Cf. *Diário da Bahia*, 10 de novembro de 1942.

[158] Gonçalves Fernandes para MJH, 9 de novembro de 1942. *MJH Papers*, NU, Box 27, Folder 15.

[159] René Ribeiro para MJH, 14 de novembro de 1942. *MJH Papers*, NU, Box 27, Folder 15.

> [William] Berrien e os orixás, sobretudo Omolu, Meu Pai, a quem acabarei oferecendo alguns sacos de pipoca.[160]

Melville convidou vários acadêmicos brasileiros e ajudou muitos outros em seu processo de solicitação de subsídios, com avaliações positivas de candidaturas, cartas de recomendação ou apenas "mexendo pauzinhos". Octavio Eduardo, René Ribeiro e Ruy Coelho conseguiram seu mestrado ou doutorado em Antropologia nos EUA graças a ele.[LXIX] Isso se aplica também a Valladares, que conseguiu concluir seus estudos em Museologia nos EUA e no México graças ao apoio de Melville Herskovits em seu pedido de bolsa para a Rockefeller.

Valladares passou um ano nos EUA em 1944. Melville até sugeriu, com a ajuda de Ralph Linton, um tópico para a dissertação de sua esposa, Gizella, que acatou a sugestão enquanto estava em Nova York com seu marido, estagiando no Brooklyn Museum. Mais tarde, ela vai a campo na Bahia para coletar contos de folclore negro como os que já havia coletado nos EUA, mas que até aquele momento não tinham sido explorados no Brasil.[161]/[LXX] Melville havia recomendado Gizella a seu amigo e colega Ralph Linton e era, portanto, também seu mentor. Gizella acabaria obtendo um mestrado em Antropologia na Columbia University em 1948 com uma dissertação sobre contos folclóricos afro-brasileiros,[LXXI] a qual foi favoravelmente avaliada por Ruth Benedict, e se tornou antropóloga no Museu da Bahia e professora de antropologia na Faculdade de Filosofia da Bahia, onde substituiu por um período o professor Frei Fidelis Ott.

Depois que Mel e Frances voltaram para os EUA, as conexões dos Herskovits com a Bahia foram mantidas, em grande parte, por meio de José Valladares e sua esposa, Gizella Roth Valladares. As famílias Herskovits e Valladares permaneceriam, por décadas, em contato sob termos muito amigáveis. Na verdade, elas já eram próximas desde meados dos anos 1940. Quando José noivou com Gizella Roth, seu pai escreveu a Melville perguntando sobre a seriedade do relacionamento: "Espero que vocês compreendam meu desejo de saber o máximo possível sobre meu futuro genro, tendo em vista o fato de a Bahia ser tão distante de Nova York".[162] José foi diretor do Museu da Bahia. Valladares, como gostava de ser chamado, manteve os Herskovits

[160] Valladares para Herskovits, 3 de agosto de 1943. *MJH Papers*, NU, Box 31, Folder 7.

[161] MJH para Valladares, 11 de abril de 1944. *MJH Papers*, NU, Box 31, Folder 7.

[162] Herman Roth para MJH, 28 de abril de 1944. *MJH Papers*, NU, Box 36, Folder 7.

informados sobre três tópicos durante um longo período: a comunidade do candomblé; a Faculdade de Filosofia e a subsequente Universidade Federal da Bahia (UFBA); e a política geral com especial referência à educação.

José Valladares. Fonte: Melville Herskovits Collection, Elliot Elisofon Photographic Archive, National Museum of African Art, Smithsonian Institute, Washington, D.C., EUA.

Embora a criação da faculdade tivesse em Valladares um de seus apoiadores mais entusiastas, a criação da UFBA o teve em tom muito mais crítico:

> Não tenho dúvida de que alguma coisa com o nome de Universidade da Bahia será inaugurada, mas não sei se será uma coisa séria, correspondendo ao nome, ou apenas um desses arranjos que trazem muitas honrarias, um bocado de responsabilidade, mas nada dos meios e dos quadros para fazer um trabalho à altura.[163]

[163] Valladares para MJH, 16 de março de 1946. *MJH Papers*, NU, Box 36, Folder 7.

Em 29 de março, Melville respondeu que esperava que fosse "uma coisa séria",[164] e que tornasse efetivo o trabalho da Faculdade de Filosofia. Valladares, no entanto, continuou reclamando: "Há poucos dias foi, afinal, criada a Universidade da Bahia. Na minha opinião, tende mais para o lado da burocracia".[165] Em termos de candomblé, Valladares enviou notícias sobre os terreiros e as pessoas que tinham participado da pesquisa de 1941, como Joãozinho da Gomeia,[LXXII] Bernardino e dona Zezé, viúva de Manoel Peres, que abriria um novo e muito grande terreiro no bairro do Engenho Velho em 1947.[LXXIII] Se Valladares era o mensageiro dos Herskovits para com a comunidade do candomblé, o envolvimento entre os dois era tão forte que Valladares em suas cartas insistia em chamar Melville de "reputado babalorixá Mel" – possivelmente insinuando os poderes mágicos de Melville.[166]

Tais poderes, argumentou Valladares, tinham sido confirmados quando Mel conseguira arranjar para ele uma bolsa especial na Rockefeller para seus estudos em Museologia em 1944.[LXXIV] Em Salvador, Valladares, assim como os irmãos Alves e Aristides Novis, tinha sido de fato de grande ajuda para o trabalho de campo de Melville e Frances. Por essa razão, Castleman, em seu discurso para a Congregação, afirmou que Melville teve a ajuda de Valladares como assistente e companheiro constante, e do secretário de Educação e Saúde como amigo e conselheiro.[167]

A atitude dos Herskovits para com esses acadêmicos brasileiros, que eram quase todos brancos, seria consideravelmente diferente de sua atitude para com os pesquisadores negros nos EUA, fossem eles jovens ou seniores. Como mostrou Gershenhorn,[168] Herskovits lidava com a maioria ou com todas as agências de financiamento disponíveis para os Estudos Afro-americanos: Phelps Stokes, Rosenwald, Conselho de Educação, ACLS, Guggenheim e Rockefeller. Embora, em tempos recentes, vozes críticas tenham sido levantadas contra a atitude de Herskovits em relação aos intelectuais negros americanos e, em menor grau, aos pesquisadores africanos,[169] em sua correspondência ele parecia, geralmente, apoiar os intelectuais negros, como Du Bois e seu projeto para uma Enciclopédia Africana, mas aparentava ser

[164] MJH para Valladares, 29 de março de 1946. *MJH Papers*, NU, Box 36, Folder 7.

[165] Valladares para MJH, 20 de abril de 1946. *MJH Papers*, NU, Box 36, Folder 7.

[166] Valladares para MJH, 12 de maio de 1943. *MJH Papers*, NU, Box 31, Folder 7.

[167] Castleman para MJH, 21 de agosto de 1942. RF Records, RAC, Box Melville Herskovits.

[168] Gershenhorn, 2004.

[169] Gershenhorn, 2004; Allman, 2020.

muito exigente e, como escreveu para seu mentor George Seligman, tinha um duplo sentimento em relação aos pesquisadores negros nos EUA. Por um lado, ele entendia que tais financiamentos estavam lá para ajudar na questão negra, ajuda essa que concordava ser urgente. Por outro lado, ele estava atrás de outra coisa, menos evidente e mais escondida do que os direitos civis ou o espaço para intelectuais negros na academia dos EUA: as sobrevivências africanas.

Para tornar as coisas ainda mais complexas, Melville frequentemente se ressentia de que esses ativistas e intelectuais negros não reclamavam por si mesmos a questão das sobrevivências africanas.[170] De fato, em meados dos anos 1930, Herskovits começou a se ver como um intérprete da África para os afro-americanos.[171] Hoje, seria possível dizer que ele se sentia um herói (branco) do Atlântico Negro. Outros se juntariam a ele em tal função, como Pierre Verger.

"Não há necessidade de perguntar se estamos desfrutando do Brasil"[LXXV]

> A tradição de visitar o norte do Brasil, tenho o prazer de dizer, parece estar crescendo, e suspeito que vocês verão cada vez mais americanos com o passar do tempo. Minha "propaganda" para a Bahia parece estar tendo algum efeito.[172]/[LXXVI]

Melville era bom tanto em redes locais quanto em redes internacionais e fez isso muito bem no Brasil. Ele criou contatos, preservou-os e cultivou-os ao longo do tempo.[LXXVII] Em Salvador, Recife, São Paulo e no Rio, ele sabia quem era quem e era amigo dos poderosos nas elites culturais e intelectuais. Na Bahia, além de manterem amigos na comunidade do candomblé, Melville e Frances também mantiveram relações amigáveis com Isaías e Landulpho Alves, Aristides Novis e Odorico Tavares. Este último (1912-1980) foi um importante promotor cultural e diretor de rádio e jornal no período 1940-1970 na Bahia, intimamente ligado ao magnata da mídia paulista Assis Chateaubriand. Tavares foi um modernista regional e admirador da "autenticidade" da cultura popular, o que contrastou com o elitismo da

170 MJH para Seligman, 9 de fevereiro de 1939, Box 21, Folder 22.

171 Jackson, 1986, p. 109.

172 MJH para Valladares, 3 de fevereiro de 1943. *MJH Papers*, NU, Box 31, Folder 7.

oligarquia tradicional baiana.[173] Dirigiu dois jornais: *Estado da Bahia* e *Diário da Bahia*. O primeiro oferecia uma coluna semanal ao etnógrafo negro Edison Carneiro em meados da década de 1930 e divulgava generosamente outros modernistas regionais, como o célebre escritor Jorge Amado, conhecido por suas simpatias comunistas. Tavares estava convencido de que naquela época, na Bahia, a classe dominante, duas décadas após a Semana de Arte Moderna de São Paulo, estava eventualmente começando a aceitar as incorporações parciais de símbolos e ícones da cultura negra na representação pública do estado. Ao fazê-lo, a cultura afro-brasileira se tornou uma característica celebrada da identidade regional baiana.

Melville também permaneceu em contato com Dona Heloísa Torres:

> Fora do nosso Comitê de Estudos Negros do American Council of Learned Societies, penso que virá uma Sociedade Interamericana de Estudos Negros, e uma revista que espero que circule em todas as Américas, e que terá artigos em qualquer uma das quatro línguas. Estamos planejando tê-la publicada em Havana sob a redação de Ortiz. Alguns de nós também estamos trabalhando para uma conferência internacional sobre a África, que deverá ser interessante. O Brasil, naturalmente, estará representado.[174]

É claro que a participação brasileira nessa sociedade era importante para Melville: "O Brasil terá, todos nós esperamos, uma participação considerável na sociedade, uma vez que os estudantes brasileiros na área desempenharão naturalmente um papel importante".[175] Melville voltaria ao Brasil apenas uma vez, para o XXXI Congresso Internacional de Americanistas realizado em São Paulo, de 23 a 28 de agosto de 1954.

Em suas cartas a Frances, ele comentou essa visita em detalhes. Durante a Conferência, ele encontrou muitos de seus contatos: René Ribeiro, Ruy Coelho, Dante de Laytano, Fernando Ortiz e Aguirre Beltrán. Ele também participou da banca de doutorado de Ruy Coelho realizada na FFLCH/USP. Em um dos jantares, enquanto tentava relembrar seu português, ouviu falar do escândalo causado pelo casal Gizella e José Valladares. Acusando-o de seduzir sua esposa, Valladares atirou em Ben Zimmerman (não fatalmente), um aluno da equipe do Projeto Columbia/estado da Bahia (ver mais adiante) de Charles Wagley, da qual Gizella também fazia parte. Valladares ficou preso

[173] Cf. Ickes, 2013b, p. 440; Z. Lima, 2013.

[174] MJH para Torres, 12 de maio de 1943. *MJH Papers*, NU, Box 27, Folder 15.

[175] MJH para Lois Williams, 14 de maio de 1943. *MJH Papers*, NU, Box 27, Folder 15.

por um tempo, e Gizella viajou para os Estados Unidos a fim de espairecer por alguns meses. Depois ela voltou, e eles foram viver juntos novamente. "Deve ter sido difícil para Gizella",[176] comentou Melville. Ele afirmou que fora muito bom ter sabido disso antes de ir para a Bahia, onde iria proferir uma palestra na faculdade, porque lá encontraria Valladares e poderia ser embaraçoso, caso não soubesse do sucedido.[LXXVIII]

Melville Herskovits no XXXI Congresso Internacional de Americanistas, São Paulo, 1954. Da esquerda para a direita: Octávio da Costa Eduardo, René Ribeiro, Felte Bezerra, dois pesquisadores não identificados, Ruy Coelho, Thales de Azevedo, outro não identificado, Melville Herskovits, Fernando Ortiz, Gonzalo Aguirre Beltrán. Fonte: Photographs and Prints Division, Schomburg Center for Research in Black Culture, The New York Public Library, Harlem, NY, EUA.

No Congresso, havia seis baianas lindamente vestidas distribuindo comida afro-brasileira. Melville conversou com uma delas, que era filha de santo de uma casa em Engenho Velho. Ela o reconheceu e se lembrou de Frances. No caminho de volta, Melville parou por alguns dias na Bahia – ele voaria de volta por Recife, Dakar e Paris. Em Salvador, hospedou-se no Hotel da Bahia. Valladares colocou à sua disposição uma bela sala de estudos no Museu e foi novamente seu anfitrião em Salvador. Eles visitaram Procópio e Vidal, ambos bastante idosos, e foram ao candomblé em São Gonçalo e Engenho Velho. A Pensão da Edith não existia mais, mas o clube italiano ainda estava lá.

176 MJH para FSH, 8 de setembro de 1954. *MJH & FSH Papers*, Schomburg Center.

Melville continuava gostando da sensação africana da cidade. Valladares não mudara nada, e a cidade mudara pouco – com menos baianas na ladeira ao redor da antiga Pensão da Edith. Ele ministrou uma palestra na faculdade aproximadamente em 6 de setembro de 1954, seguida de um debate coordenado por Thales de Azevedo.[LXXIX]

O candomblé dos Herskovits

Durante seu trabalho de campo no Brasil e no primeiro período após o retorno aos EUA em 1942, os Herskovits são realmente tomados, mesmo emocionalmente, pelo candomblé. Isso é confirmado pela filha Jean Herskovits (ver anexo), que me disse que seu pai estava convencido do poder dos orixás e que isso combinava com sua tradicional atitude supersticiosa judaica. Ele tinha vários amuletos e frequentemente carregava um consigo. Melville acreditava que havia uma dimensão sobrenatural em diversos dos fenômenos que analisava, como pode ser percebido em diversos lugares em sua correspondência. Uma carta para William Bascom é reveladora: "Aqui está um ponto que você pode esclarecer – um ponto de considerável importância... Trata-se da possessão pelos deuses".[177] Em outra carta, Valladares dá um exemplo do que pode acontecer se os limites estabelecidos pelo santo protetor não forem seguidos:

> No dia 6 do ano corrente, faleceu Silvino Manuel da Silva. Havendo ele sido auxiliar do Dr. Novis, aproveitei a audiência de ontem para perguntar ao Secretário da Educação do que morreu o ilustre alabe. Faleceu no Hospital Espanhol, como pensionista, tendo sido tratado como pessoa de recursos. Casou-se com Dona Zezé *in extremis*. O tratamento correu por conta da bolsa do Dr. Novis, havendo falado à beira da sepultura o secretário da Faculdade de Medicina e o próprio Dr. Novis.[178]

Melville responde em 25 de maio:

> Sua notícia sobre Manuel veio como um grande choque para nós dois... Minha mente vagou de volta à Bahia e ao drama implícito em suas notícias. Nós esperaremos com o mais vivo interesse as informações sobre os boatos que estão circulando e a explicação que as pessoas do culto estão dando para essa morte súbita. E temos

[177] MJH para Bascom, 13 de agosto de 1942. *MJH Papers*, NU, Box 16, Folder 5.

[178] Valladares para MJH, 12 de maio de 1943. *MJH Papers*, NU, Box 31, Folder 7.

> toda a fé na eficácia de suas perguntas; estamos todos certos de que haverá uma história fascinante a ser contada. Se você vir Zezé, estenda a ela nossa simpatia. E diga-lhe que Frances está escrevendo para ela. Manuel, sejam quais forem seus defeitos – e ele tinha muitos –, era uma pessoa de muitas qualidades e de um verdadeiro poder. Parece incrível que ele tenha desaparecido da cena baiana... nós não nos esquecemos de Exu.[179]

Outra referência aos orixás: "Ao ler seu artigo respondendo a Frazier, vejo que nosso falecido Manuel estava certo: Ogum é o santo que protege o professor".[180] Como dito, Valladares era o guia de Herskovits e o mensageiro da comunidade do candomblé:

> Vou vivendo na santa paz de Olorum. De vez em quando, eu encontro Raimundo, sempre progredindo. Entre os outros amigos, vi apenas Possidônio. Ele me convidou para visitar a festa de Xangô na casa de Oxumaré. Uma daquelas meninas que fez a gravação foi com a Iemanjá encantada, mas naquele dia eu não vi Cotinha fazer a dança do espelho.[181]

> Procópio, dona Popó, Caboclo, Raimundo, todos perguntam pelo professor, pela madame e pela menina, e eu sempre digo que acabei de receber uma carta mandando lembrança nominalmente [...] a Bahia continua uma terrinha ótima. [...] o culto dos Eguns em Amoreira bem que justificaria outra viagem sua.[182]

Em outra carta, Valladares detalha a suposta morte de Joãozinho da Gomeia:

> Ontem... puxei uma conversinha com aquele filho de Omolu lá do Engenho Velho, na confeitaria Triunfo. Joãozinho está vivo mesmo. Quanto a sua morte esclareceu-me um companheiro do rapaz de Omolu, foi uma notícia que se espalhara quando Pedra Preta tinha ido ao interior... De tal forma a notícia da morte se divulgara, que muita gente foi até as Quintas [o cemitério] esperar o caixão.[183]

Em muitos aspectos, o candomblé se tornou parte da vida dos Herskovits pelo menos por alguns anos após sua viagem de volta aos Estados Unidos.

[179] MJH para Valladares, 25 de maio de 1943. *MJH Papers*, NU, Box 31, Folder 7.

[180] Valladares para MJH, 28 de outubro de 1943. *MJH Papers*, NU, Box 31, Folder 7.

[181] Valladares para MJH, 5 de agosto de 1942. *MJH Papers*, NU, Box 16, Folder 1.

[182] Valladares para MJH, 1º de outubro de 1943. *MJH Papers*, NU, Box 31, Folder 7.

[183] Valladares para MJH, 18 de novembro de 1946. *MJH Papers*, NU, Box 36, Folder 7.

Jean Herskovits (em entrevista comigo, em 2003) me disse que seu pai era bastante supersticioso, aparentemente uma das poucas coisas de sua formação como rabino, na juventude, que haviam permanecido depois de adulto, e sempre se impressionava com a magia e o poder revelador do candomblé sobre o futuro. Jean me disse que seus pais estavam convencidos de que suas vidas tinham sido salvas pelo candomblé. Melville acreditava firmemente que o machado de Xangô que recebera do povo de santo na Bahia havia preservado sua vida e a de sua esposa e filha. Ao chegar o momento de voltarem para os Estados Unidos, eles haviam sido convencidos a "não entrar naquele barco" por um grupo de filhas de santo que lhes dera um machado de Xangô de madeira que os protegeria, e acabaram viajando de avião.[184] O barco no qual eles teriam viajado, o navio *SS Bill*, foi de fato afundado por um submarino alemão, e nele se perderam uma cópia das gravações, notas de campo e a maioria dos artefatos afro-brasileiros que os Herskovits tinham comprado no Brasil para o museu da Northwestern University.[185] Felizmente, Melville havia mantido uma cópia de sua gravação e das notas de campo no Consulado Americano em Salvador e enviado uma segunda cópia pelo correio para os Estados Unidos. Esse machado de madeira se tornou um objeto querido na casa de Jean Herskovits em Nova York, uma lembrança agridoce da Bahia, do candomblé e de seus pais.

Jean, filha dos Herskovits, segurando o machado de Xangô, ofertado ao casal por uma sacerdotisa do candomblé antes de sua viagem de volta aos EUA. Fonte: Foto de Livio Sansone feita no apartamento de Jean Herskovits, Manhattan, NY, EUA.

As questões levantadas pelo trabalho de campo dos Herskovits na Bahia continuariam por muitos anos sendo tema de suas correspondências com

[184] Entrevista pessoal com Jean Herskovits em 2003. Ver Anexo III.

[185] Cf. *MJH Papers*, NU, Box 4, Folder 12.

brasileiros e colegas americanos e, de muitas maneiras, fariam parte da agenda de pesquisa dos Estudos Afro-brasileiros nas duas décadas seguintes. Em Porto Alegre, Melville ficou impressionado com o número de pessoas negras, a disponibilidade de ervas e objetos de culto e os bem organizados "pegis":

> Eles têm quase tanto conhecimento da África e, como sobrevivências plenas, da vida religiosa africana quanto da Bahia... Há algumas diferenças interessantes – eles fazem filhos de santo, e não têm ogãs; cortam a pele do crânio ao invés de raspar a cabeça na iniciação, cujo período é mais curto; as canções são bem diferentes, e as nações representadas são quase exclusivamente Gege, Oyo e Ijesha.[186]/ [LXXX]

Na mesma carta, Melville continuou comentando sobre Recife: "Em Pernambuco, não havia nada à mostra, devido à política oficial de coibir o culto. Tenho a impressão de que [...] os elementos maometanos persistiram de maneira fragmentária [melhor que na Bahia, onde tinham sido suprimidos]".[187]

Logo em seguida, Melville pediu a opinião de William Bascom:

> Aqui no Brasil, a maioria dos cultos são de mulheres. Elas são chamadas "iaôs" desde o início até o final de seu período de 7 anos e "vodunsi" depois disso, quando têm o direito de se tornar sacerdotes ou sacerdotisas se seu santo as chama para ser. Na Bahia, eles dizem que não gostam de "fazer" iniciados masculinos – uma relutância puritana em ter homens e mulheres compartilhando as intimidades do período iniciático. No Sul, eles "fazem" homens porque o período é mais curto, e a iniciação pode ser feita individualmente, como é no caso dos homens na Bahia quando eles são "feitos". Entretanto, na Bahia (mas não no Sul), eles têm uma instituição chamada ogã. Esta é uma pessoa que passa por um rito de "confirmação", relativamente curto, que lhe dá o direito de realizar sacrifícios; esses homens ajudam no financiamento da casa a que pertencem, são chamados por um determinado deus, dão sacrifícios à cabeça (bori), e são membros realmente importantes do grupo de culto. Agora, na África Ocidental, minha experiência tem sido que há muito mais mulheres do que homens iniciados, mas nunca me ocorreu descobrir qual poderia ser o papel dos homens filiados ao grupo religioso. Vocês dois [Valladares e William Bascom] podem investigar isso? Suspeito que isso pode levar a algo de interesse, mesmo que o que resulte possa ser muito diferente da instituição que esbocei.[188]

[186] MJH para Valladares, 14 de agosto de 1942. *MJH Papers*, NU, Box 16, Folder 1.

[187] *Idem, ibidem*.

[188] MJH para Bascom, 5 de fevereiro de 1943. *MJH Papers*, NU, Box 27, Folder 11.

É evidente que, para Melville, a questão da sexualidade e da vida religiosa representa pontos de tensão na pesquisa sobre as sobrevivências africanas no Novo Mundo e precisa ser mais bem explorada. Em vários momentos da correspondência, Melville dá provas de que acredita no poder dos orixás e nas divindades africanas de modo mais geral. Aqui está uma prova disso: "Espero que a nova administração na Bahia não signifique nada além de coisas boas para o Museu... Estou lançando dois encantamentos africanos particularmente bons para trabalhar nisso".[189]

Melville e Frances receberam, direta ou indiretamente, notícias sobre os terreiros da Bahia e, de alguma forma, se mantiveram em contato com o campo. Além de Valladares, foram Métraux, Bastide e Verger que transmitiram as saudações aos antigos informantes do casal.[190] Nesse período, Melville continua a dizer que voltará à Bahia em algum momento. A saudade foi definitivamente parte dessa história. Ao comentar a estreita e até sentimental relação cultivada por vários antropólogos com o candomblé a partir dos anos 1940, Roberto Motta viu esse fato sob uma luz diferente e mais problemática: "É chique visitar terreiros, sobretudo entre antropólogos, que muitas vezes pretendem ser adeptos da religião dos orixás". O preço para tal consenso romântico é que "as mesmas interpretações tendem a se repetir *ad infinitum*".[191] Há algumas exceções, como René Ribeiro, que, como salienta Motta, "não se faz iniciar nessa religião. Foi na condição de discípulo de Ulisses Pernambucano, médico psiquiatra, que René começa a visitar os xangôs, bem antes de conhecer Herskovits".[192]

De certa forma, essa relação quase sentimental com o candomblé era parte de uma sensibilidade etnográfica específica. Nas entrevistas dadas aos jornais brasileiros, Herskovits enfatizou que não estava aqui para estudar os "primitivos", mas a beleza e a variedade da cultura negra no Brasil. Ele também propôs a teoria da aculturação como um ideal, embora, como Romo corretamente enfatiza,[193] sua própria pesquisa ainda buscasse práticas africanas intocadas, e seu foco na cultura popular baiana fosse atemporal e estático em vez de direcionado à mudança social.[194/LXXXI] No trecho

[189] MJH para Valladares, 29 de março de 1947. *MJH Papers*, NU, Box 42, Folder 1.

[190] MJH para Verger, 27 de abril de 1948. *MJH Papers*, NU, Box 42, Folder 3.

[191] Motta, 2014, p. 165.

[192] MJH para Valladares, 14 de agosto de 1942. *MJH Papers*, NU, Box 16, Folder 1.

[193] Romo, 2010, p. 127.

[194] Herskovits, 1941a.

seguinte, é possível ter uma ideia do que os Herskovits mais gostaram na cultura popular baiana:

> Estou muito feliz por termos decidido vir, pois há inúmeros problemas a serem resolvidos, e os materiais estão bem à mão. Anteontem, por exemplo, assistimos a uma cerimônia dos pescadores na qual foi dado um presente à "mãe das águas" para garantir boas pescas durante o ano. Foi em conexão com uma celebração católica de considerável importância, mas não havia nada de católico no rito! E a navegação de duas horas no barco de pesca, acompanhada por outras embarcações cheias de cantores e tocadores, foi uma experiência e tanto.[195]

A história dos dois relatórios: um para os EUA e outro para o Brasil

Nos arquivos dos Herskovits na Northwestern University, há dois relatórios, um datado de 16 de outubro de 1942, para a Rockefeller Foundation, e um mais curto, datado de 16 de abril de 1943, para o Conselho de Fiscalização do Governo Brasileiro. Ambos contêm, *grosso modo*, o mesmo resumo dos resultados etnográficos, mas o primeiro inclui uma descrição bastante detalhada – um mapa social – da vida intelectual e das Ciências Sociais no Brasil. Tal suplemento o torna particularmente importante, pois elucida a agenda completa de Melville no Brasil, que não era apenas etnográfica. Comecemos com um esboço das descobertas etnográficas, mais tarde explicitadas nos vários artigos que Melville começou a publicar logo em seguida.

O primeiro relatório, para a Rockefeller Foundation, é marcado como confidencial. A razão para isso é a dupla agenda da pesquisa de Melville no Brasil, como ele afirmou francamente logo no início do texto:

> O primeiro objetivo era continuar o progresso dos estudos sobre a transmutação das culturas africanas em seus ambientes do Novo Mundo, e a luz que isso lança sobre a dinâmica dos contatos culturais. O segundo era adquirir *insights* sobre a vida intelectual no Brasil e avaliar as possibilidades de pesquisa em Ciências Sociais, tanto para estudantes dos Estados Unidos quanto para estudantes brasileiros especializados.[LXXXII] Este segundo objetivo [...] foi entendido como mais bem abordado do ponto de vista dos contatos e relações que um acadêmico em atividade normalmente teria durante sua estada no país.[196]

[195] MJH para Willits, 12 de dezembro de 1941. *MJH Papers*, NU, Box 20, Folder 15.

[196] Rockefeller Report, p. 5. *MJH Papers*, NU, Box 20, Folder 15.

O relatório é ainda dividido em seções: itinerário;[LXXXIII] resultados de pesquisas; o lugar das Ciências Sociais na vida intelectual no Brasil; centros de ensino e pesquisa em Ciências Sociais; relatório financeiro e agradecimentos. Os detalhes etnográficos no relatório ocupam mais de dez páginas e resumem as principais ideias de Melville em relação aos afro-brasileiros:

> Ao estudar os aspectos econômicos da vida, o tipo de emprego disponível para os negros, os salários pagos por vários tipos de trabalho e os padrões de vida [...] foram analisados. A posição econômica das mulheres, um ponto importante em qualquer pesquisa sobre a sobrevivência dos costumes africanos, foi cuidadosamente examinada. Um dos elementos mais característicos, mais pitorescos e mais imediatamente perceptíveis no cenário baiano é a "baiana", a mulher que, em vários pontos da cidade, vende comida cozida, principalmente pratos de proveniência africana, doces ou carnes.[LXXXIV] [...]. O custo e o retorno a elas foram investigados, assim como outros aspectos menos pitorescos do lugar da mulher na esfera econômica, tais como a existência de uma grande classe de serviçais composta principalmente de mulheres negras.[LXXXV] A economia dos grupos de culto religioso africanos provou ser um campo fértil. Temos em nossas notas, por exemplo, o original de uma lista de despesas feitas por um noviciado no momento de sua iniciação no culto.[197]

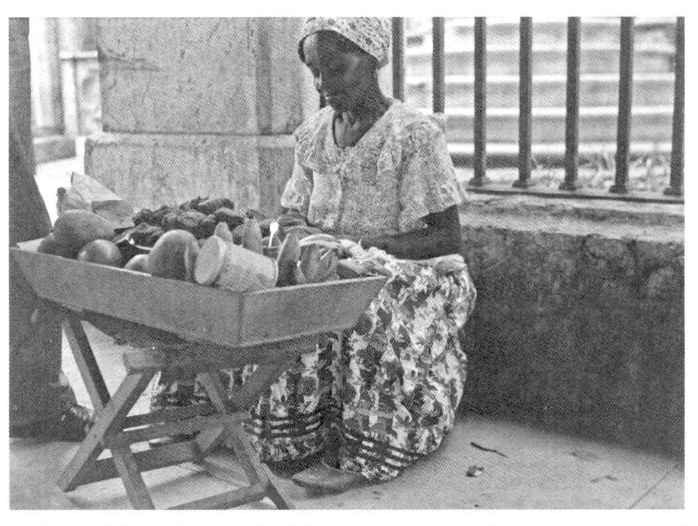

Acarajé sendo vendido ainda à moda africana, apenas com pimenta e outros produtos, em sua maioria frutas. A partir dos anos 1950, o acarajé se tornará "comida afro" e ficará mais sofisticado, com vários ingredientes extras. Fonte: Melville Herskovits Collection, Elliot Elisofon Photographic Archive, National Museum of African Art, Smithsonian Institute, Washington, D.C., EUA.

[197] *Idem*, p. 8

Ele acrescenta que

> [...] o custo pode ser alto e que, por essa razão, é possível pagar a crédito ao terreiro no qual será iniciado, com pagamentos semanais ou mensais estipulados ao chefe do culto; e até mesmo a iniciação "bolsista", quando um candidato com um santo importante não tem recursos [...]. O esforço cooperativo tem sido considerado um importante mecanismo econômico em todas as sociedades negras que temos estudado até agora. No entanto, isso na Bahia é menos evidente do que em qualquer outro lugar, exceto entre os pescadores.[198]/[LXXXVI]

Melville prestou muita atenção ao fenômeno da "amásia". Ele a caracterizou como uma instituição de relacionamento livre que permitia que os padrões africanos de casamento plural sobrevivessem em uma cultura em que todas as sanções, tanto seculares quanto religiosas, eram mobilizadas para apoiar a tradição monogâmica europeia:

> Não é raro que os homens tenham uma ou duas companheiras nesta categoria, mais uma esposa casada [...] a aceitação de meios-irmãos e irmãs um pelo outro é uma indicação da vitalidade desse tipo nativo de estrutura social à qual a sobrevivência de certos aspectos do culto ancestral dá uma real validade.[199]

Embora o "amasiado" tenha sido descrito como um exemplo de africanismo, Melville argumentou que os elementos africanos mais puros da vida afro-brasileira estavam no campo da religião. Os candomblés funcionavam como centros que mantinham viva a tradição africana. Os Herskovits optaram por se concentrar no estudo de como os cultos são integrados a outros aspectos da cultura:

> Uma característica marcante da vida africana, que tem sido mantida em todos os lugares no Novo Mundo, é sua disciplina padronizada, assim o é na organização interna dos grupos religiosos afro-brasileiros... A etiqueta do culto como expressão de disciplina exigida e dada, a cuidadosa atribuição de deveres dos vários membros e o cuidado meticuloso dado ao cumprimento desses deveres, a ordem prevalecente nas cerimônias, seja entre os participantes ou os espectadores, todos mostraram a vida no culto e o procedimento de culto como sendo fenômenos sociais exibindo um grau de ordenação muito distante do conceito comum de ritual africano como espontâneo e ingênuo.[200]

[198] *Idem*, p. 6

[199] *Idem, ibidem.*

[200] *Idem*, p. 9.

Ou seja, é exatamente essa disciplina interna que confere um *status* especial e distinção aos cultos: eles são belos por causa de sua lógica interna e de sua ordem. O relatório também comenta sobre as gravações, que são

> [...] ciclos de cânticos ouvidos durante os sacrifícios de maiores e menores animais, e canções nos rituais de morte; canções empregadas durante os ritos iniciáticos e os ciclos de cânticos para a "oferta da cabeça" de um devoto. A maioria dessas canções foi verificada da única maneira realmente válida para controlá-las – ouvindo-as cantadas durante cerimônias reais, às vezes pelos próprios cantores que as gravaram para nós.[201]

Vale lembrar que as gravações foram feitas nas instalações do Museu da Bahia, um local elegante, possivelmente a avenida de classe alta mais bonita de Salvador. O relato etnográfico termina com um comentário sobre o sincretismo cultural – a integração dos costumes africanos e europeus:

> Como em outros países católicos do Novo Mundo, cada divindade africana é identificada com um santo da Igreja. No Brasil, entretanto, nenhum ciclo de cânticos africanos é completo, nem qualquer iniciação válida, sem que se faça peregrinação a certas igrejas nomeadas para santos que são equiparadas a importantes divindades africanas.[202]

O último comentário diz respeito à magia negra, que se dizia estar em ascensão com um papel maior desempenhado por aqueles que exploravam crenças que não eram permitidas, especialmente naquelas partes do Brasil nas quais a repressão das sobrevivências africanas era mais dura e a falta de instituições de prestígio as levava para a clandestinidade:

> A disparidade entre a sobrevivência real dos africanismos nessas regiões e as hipóteses sobre a extensão da sobrevivência possível sob repressão, mantidas não apenas por aqueles que não simpatizam com uma política de tolerância, mas também por alguns estudantes que professam a leitura da atrofia como sinal de desaparecimento exterior, é de significado metodológico na orientação de abordagens no campo mais amplo do estudo das sobrevivências culturais.[203]

[201] *Idem*, p. 8.

[202] *Idem*, p. 11.

[203] *Idem, ibidem*.

Ou seja, quanto mais a sociedade suprime a sobrevivência africana, mais ela cria oportunidades para a magia negra e o surgimento de pessoas que exploram as crenças de outras pessoas. É um ponto de vista que logo ressoaria na perspectiva de Roger Bastide sobre a experiência religiosa afro-brasileira corrompida e em sua não tão sutil preferência por expressões iorubás em vez de bantu no Brasil.[204] A preferência pelos iorubás teria um efeito duradouro e já estava presente no Brasil desde os estudos de Nina Rodrigues e mais tarde no olhar de Edison Carneiro sobre a herança africana no país, bem como no mentor e interlocutor de Herskovits no doutorado, George Seligman.[LXXXVII] Stefania Capone, em sua visão geral dos Estudos Afro-brasileiros nos anos 1930-1970, mostra magistralmente como a construção de uma versão puramente "iorubá-nagô-cêntrica" da religião do candomblé – que não praticaria nenhuma magia ofensiva – resultou da interação entre líderes religiosos, sociólogos e antropólogos brasileiros e estrangeiros.[205]

A maior parte do relatório, das páginas 14 a 37, é dedicada a seu segundo objetivo, reportar sobre a atividade intelectual brasileira. Essa parte contém, de fato, algumas generalizações, mas que se mostram conclusões interessantes:

> Uma grande parte dos homens brasileiros de letras e posições no mundo acadêmico derivou da área de *plantation* do Brasil. A herança da economia escravista, além disso, é vista na atual orientação socioeconômica do Brasil – o fato de que não existe, relativamente falando, uma classe média, e que o Brasil, ainda não sendo industrializado, carece de riqueza para sustentar acadêmicos profissionais em tempo integral. A maioria dos professores tem parte de sua formação no exterior, principalmente na França, mas também em Coimbra e na Alemanha. No entanto, tal período no exterior diz respeito principalmente apenas a uma parte de sua formação, que eles próprios preferem definir como autodidática.[206]

Os brasileiros, argumentou Melville, frequentemente comentam que a educação americana é muito especializada e não se preocupa com valores espirituais. No entanto, o interesse pela educação americana estava crescendo rapidamente, especialmente nas Ciências Sociais, já que

[204] Bastide, [1967] 1974a, pp. 101-106.

[205] Cf. Capone, 1999; Dantas, 1988.

[206] Rockefeller Report, p. 16.

> [...] os brasileiros reconhecem hoje as Ciências Sociais como nossa especialidade.[207] Alguns brasileiros, além disso, têm dúvidas sobre o efeito de nosso modo de vida sobre aqueles [estudantes] que viriam e preferem que nossa metodologia seja ensinada aos brasileiros no Brasil.[208]

Em uma nota positiva, Melville registrou que

> [...] as capacidades dos intelectuais brasileiros, homens e mulheres, me impressionaram como sendo da primeira ordem... As potencialidades de trabalho significativo não são excedidas pelas de qualquer grupo americano ou europeu comparável conhecido por mim.[209]

Entretanto, "não é preciso pertencer ao país para perceber as desvantagens sob as quais a pesquisa deve ser feita".

Melville registrou muito pouco intercâmbio entre os centros de produção no Brasil, mesmo no caso de São Paulo e Rio. O Rio, acrescentou, era caracterizado pela endogamia, com poucos estudantes vindos da parte suburbana da cidade e, menos ainda, de outros estados. A dificuldade em viver com a prática das Ciências Sociais, que obrigava muitos pesquisadores a ganhar a vida como médicos, historiadores ou jornalistas, impedia os jovens de se inscreverem nos cursos recém-inaugurados. Isso poderia mudar se um novo ministro da Educação viesse [ele considerava o ministro Capanema incapaz de fazê-lo].

Herskovits acreditava na troca entre professores e alunos e na adaptação criativa ao contexto brasileiro de ideias e teorias vindas do exterior. Isso, no entanto, não era o que acontecia:

> O cenário acadêmico no Rio e em São Paulo é, de fato, tão internacional que às vezes se perde de vista o fato de se estar em um cenário brasileiro. Isso poderia ser altamente vantajoso se levasse ao desenvolvimento nesses centros do verdadeiro internacionalismo de ensino. A impressão, no entanto, é que resulta mais na formação de um mosaico de nacionalismos.[210]

Quatro tipos de cientistas sociais podiam ser identificados no Brasil, argumentou Herskovits. O primeiro e mais importante derivava do meio acadêmico, como as Faculdades de Filosofia e Direito. No segundo grupo

[207] *Idem*, p. 17.

[208] *Idem*, p. 18.

[209] *Idem*, p. 19.

[210] *Idem*, p. 25

estavam aqueles que trabalhavam sob os auspícios dos Institutos Nacionais e Locais de História e Geografia. Esses institutos frequentemente possuíam arquivos importantes, mas

> [...] no que diz respeito à liderança intelectual [...] oferecem poucas promessas. Cada um parece ser controlado por um pequeno grupo, cujos membros consideram o instituto como sua preocupação particular, e dificilmente acolheriam a intrusão de um jovem pesquisador com interesses intelectuais vibrantes, que poderia trazer à tona discussões que perturbariam sua hora da tarde de relaxamento com café e conversas agradáveis.[211]/[LXXXVIII]

A terceira categoria compreendia aqueles cientistas sociais ligados a organizações controladas pelo governo, fora dos museus e faculdades, que eram responsáveis por pesquisas e investigações em Ciências Sociais. O quarto grupo incluía pessoas sem afiliação acadêmica ou institucional, muitas vezes realizando uma investigação cuidadosa – elas eram responsáveis por uma proporção considerável das publicações no campo das Ciências Sociais. Euclides da Cunha e Nina Rodrigues são considerados parte desse quarto grupo.

Na seção seguinte, Herskovits listou e classificou os cinco principais centros para o ensino das Ciências Sociais. Eles se situavam no Rio e em São Paulo, é claro. No Rio, a Faculdade de Filosofia era o lugar mais interessante, especialmente graças ao trabalho de Anísio Teixeira, "que estimulou um verdadeiro florescimento nas Ciências Sociais",[212] e Arthur Ramos; o Museu Nacional, liderado por Heloísa Torres, estava tentando montar um programa de pesquisa de campo em antropologia, "porque esse programa não leva a nenhum título formal; no entanto, a dificuldade é experimentada em atrair estudantes, e aqueles que fizeram o treinamento tiveram de ser subsidiados durante sua formação".[213] A Escola Livre de Sociologia em São Paulo constituía um exemplo promissor de bom trabalho em equipe sob a liderança de Cyro Berlinck, e era de longe o centro que Herskovits preferia. No entanto, "essa escola demonstra uma tendência a copiar, às vezes de forma algo acrítica, as orientações e os métodos americanos".[214] Nessas instituições, trabalhava-se com uma séria dificuldade financeira, na medida em que não havia apoio

211 *Idem*, p. 26.

212 *Idem*, p. 28.

213 *Idem*, p. 29.

214 *Idem*, *ibidem*.

governamental. A Faculdade de Filosofia e Direito [da Universidade de São Paulo] também oferecia trabalho nas Ciências Sociais. O trabalho histórico e sociológico, na tradição francesa, era ofertado por três excelentes professores franceses da Faculdade de Filosofia.

> Aqui está um dos centros mais fortes da tradição de importação de professores estrangeiros, e entendo que foram feitos pedidos ao Comitê Nelson Rockefeller para ajudar a trazer para a instituição homens dos EUA nas ciências humanas e estatísticas para substituir os professores italianos que a guerra obrigou a renunciar a seus postos.[215]/[LXXXIX]

O terceiro e o quarto centros estão localizados em Salvador e Recife. Na Bahia,

> [...] a recém-formada Faculdade de Filosofia é interessante de vários pontos de vista. Seu diretor, o Secretário de Educação e Saúde do Estado da Bahia, Dr. Isaías Alves, é um educador profissional, tendo sido ele próprio professor, que estudou no Teachers' College, em Nova York, e tendo servido no Ministério da Educação nacional. É... a única instituição de ensino superior no Brasil que conta com doações privadas para financiar seu trabalho... Se os homens que fazem esta Faculdade poderão se libertar da arraigada tradição intelectual da região, que enfatiza um tipo amplo e generalizado de investigação e de redação final por sua própria conta, contra as abordagens das modernas Ciências Sociais, dependerá, em grande medida, das publicações disponíveis, e de que recebam outros estímulos quanto ao método e aos objetivos. No momento, no entanto, há um grau de entusiasmo, de dinamismo e de seriedade no empreendimento que achei impressionante ao assistir ao desenvolvimento do projeto durante um período de meses.[216]

A situação é totalmente diferente em Recife, onde a Faculdade de Direito, "o único centro institucional possível de investigação em Ciências Sociais, vive de sua reputação passada". No entanto, a presença na cidade de duas personalidades como Gilberto Freyre e Ulysses Pernambucano significava que Recife deveria ser incluída entre os centros significativos de atividade presente e futura nas Ciências Sociais. A quinta localidade mencionada no relatório foi Porto Alegre, que, apesar de quase não ter trabalho em Ciências Sociais, possuía uma das mais antigas tradições universitárias do Brasil. As

[215] *Idem*, p. 30.

[216] *Idem*, p. 32.

Faculdades de Direito e Filosofia da Universidade Estadual poderiam ser promissoras a esse respeito.[217]

A última parte do relatório é dedicada ao orçamento e aos agradecimentos.[XC] Ele começa agradecendo ao Dr. Lewis Hanke, da Library of Congress, pelo almoço oferecido ao casal, no (seleto) Jockey Club do Rio, quando de sua chegada à cidade, no intuito de apresentá-los a vários intelectuais-chave. Agradece também ao pessoal da Embaixada Americana, à sede brasileira da Rockefeller Foundation (especialmente ao Dr. Kerr), à Divisão de Cooperação Intelectual do Ministério das Relações Exteriores do Brasil (especialmente a seu chefe, Temístocles Graça Aranha). Melville faz ainda um reconhecimento aos artigos especiais que apareceram na imprensa sobre seu trabalho sob a assinatura de Afrânio Peixoto, Cecília Meirelles, Gilberto Freyre e outros. Na Bahia, agradece ao interventor do estado e ao secretário de Educação (os irmãos Landulpho e Isaías Alves), acrescentado que foi "sob o patrocínio deste último que tivemos conosco, primeiro como intérprete e depois como observador de método e procedimento de campo, o jovem diretor do Museu Estadual, Dr. José Valladares".[218] A partir do relatório, podemos observar o grau de apoio institucional que os Herskovits receberam enquanto estiveram no Brasil e também por que foi muito mais fácil para eles do que para Frazier e Turner manter e desenvolver, ao longo do tempo, o contato intelectual e institucional com o país.

O segundo relatório, de 6 de abril de 1943, dirigido ao Conselho de Fiscalização (do governo brasileiro), é consideravelmente mais curto (dez páginas contra trinta e sete). Depois de uma página e meia de agradecimentos às autoridades brasileiras, esse segundo relatório acrescenta uma informação importante que não fora mencionada no primeiro. Por uma série de razões (não especificadas), não foi possível gravar filmes. O filme trazido ao Brasil foi doado ao Museu Nacional para ser usado em seus programas de pesquisa. O projeto de gravação resultou em 166 discos de 12 polegadas, nos quais um total de 650 músicas foram gravadas. São principalmente canções dos grupos de culto afro-brasileiros, muitas delas com palavras em dialetos africanos. Os discos originais foram para o Archive of Folk Culture, da Library of Congress. O relatório afirma que uma cópia seria enviada em breve ao Conselho. Não se sabe se isso realmente aconteceu. Depois disso, o relatório brasileiro contém apenas a seção etnográfica do relatório americano. Toda a seção sobre a vida

[217] *Idem*, pp. 30-32.

[218] *Idem*, p. 36.

intelectual brasileira contida no primeiro relatório foi deixada de fora. Podemos supor que essa segunda seção era confidencial demais para ser incluída num documento destinado à mesma corte de funcionários e intelectuais cujas atividades haviam sido examinadas no relatório.

O relatório dos Herskovits, aparentemente, teve um grande impacto sobre o Conselho. O *Diário Oficial* abordou bastante esse assunto:

> O Conselho ouviu atentamente a leitura do relatório apresentado pelo professor Melville Herskovitz [sic] e sua esposa... e considerou o interesse científico do trabalho do cientista e a contribuição que eles trouxeram à etnologia brasileira, especialmente no campo da aculturação negra, e expressou ao professor Herskovits e a sua ilustre colega de trabalho, a Sra. Herskovitz [sic], seu grande apreço e estima, felicitando-os sinceramente pelo sucesso de suas pesquisas que tornarão possíveis estudos da maior importância para o campo da africanologia moderna [traduzido pela Embaixada dos Estados Unidos no Rio].[219]

Não há nenhuma menção às pesquisas e aos relatórios finais enviados ao Conselho por Frazier e Turner no *Diário Oficial.* Apesar das diferenças de tratamento entre os quatro pesquisadores, há outras semelhanças que são, de fato, notáveis. Para os quatro pesquisadores, a pesquisa na Bahia seria sua principal e mais longa viagem de campo ao exterior. Todos eles ficaram muito impressionados com o Brasil e seduzidos pela cultura popular negra de Salvador. A cidade pareceu-lhes uma ilha relativamente feliz e pacífica em um mundo dilacerado pela segregação racial e pelos horrores da Segunda Guerra Mundial: o lugar ideal para fazer trabalho de campo, com informantes locais disponíveis e até amáveis, ansiosos para lhes mostrar tudo além de intelectuais e políticos locais que se sentiram até honrados por sua visita e que fariam o máximo para tornar sua estada o mais agradável possível. Como veremos no próximo capítulo, seus trabalhos de campo destacaram uma série de importantes diferenças de estilo e influências acadêmicas, tanto local quanto internacionalmente.

[219] *Diário Oficial*, 21 de setembro de 1943, seção 1.

Notas – Capítulo I

I Quem sabe todos eles não se encontraram, comeram e beberam juntos em uma das várias barracas ao lado da grande e impressionante igreja do Senhor do Bonfim da Bahia?

II Tanto *Zauberung* (encantamento) quanto *Entzauberung* (desencanto), geralmente nessa ordem, são estados de espírito que podem ser percebidos nas biografias da maioria dos estrangeiros que decidiram, muitas vezes como parte de seu estágio da vida de busca espiritual, se estabelecer na Bahia, comumente realizando uma atividade bem diferente daquela que fariam em casa. Riserio fala da "dialética do encontro": "A realidade cultural baiana foi afetada, funda e profundamente, pela chuva de signos da modernidade estética e intelectual que a atingiu... Em contrapartida, deve-se dizer que a Bahia afetou de modo igualmente intenso quem se atreveu a tocá-la assim tão de perto" (Risério, 1995, pp. 122-123). Ou seja, nossos quatro pesquisadores influenciaram a Bahia e, por sua vez, foram influenciados por ela. É claro que tal dialética ocorre em muitos contextos, mas na Bahia, talvez, de modo mais intenso.

III Sobre o uso da cultura popular negra e do folclore no comércio do turismo e, mais recentemente, sobre a realização do "turismo de raízes" na Bahia, cf. Pinho, 2018.

IV Risério descreve uma das chaves para entender a complexidade das hierarquias raciais na Bahia: em suas representações, as expressões culturais negras se tornam hegemônicas, mesmo não sendo dominantes em termos de poder. Isso ocorre a partir do desenvolvimento de um pacto social embrionário peculiar, baseado na celebração e na alta visibilidade da cultura negra e na relativa ausência de reivindicações de poder econômico e político – um domínio, na verdade, deixado aos não negros para ocupar e controlar (cf. Risério, 1995). Essa dualidade complexa é a base do título do meu livro *Negritude sem etnicidade* (2004). Isto é, a vitalidade e a visibilidade cultural não são naturalmente combinadas com reivindicações de poder político e econômico e, de fato, combinam com um uso relativamente discreto da etnicidade na arena tradicional da política partidária (cf. Sansone, 2004).

V Babalaô, em iorubá *bàbáláwo*, é o sacerdote máximo do candomblé nagô, também referido popularmente como pai de santo.

VI Herskovits enviou, para ser lido em público, os artigos "Procedência dos negros do Novo Mundo" e "A arte do bronze e do pano em Dahomé" ao Congresso de 1934, publicado posteriormente nos anais *Estudos Afro-Brasileiros* (1935) (cf. Herskovits, 1935a, 1935b) e o artigo "Deuses Africanos e Santos Cathólicos na Crença do Negro do Novo Mundo" ao Congresso de 1937, depois lançado nos anais *O negro no Brasil* (1940) (cf. Herskovits, 1940b).

VII Melo Franco dirigiu o Serviço de Patrimônio Histórico e Artístico Nacional (Sphan) que foi criado em novembro de 1937 com base em um projeto desenvolvido por Mário de Andrade. Carlos Drummond de Andrade, chefe de gabinete de Capanema, ajudou o ministro a estabelecer bons contatos com os intelectuais brasileiros.

VIII Para uma descrição sócio-histórica detalhada dos diferentes registros de patrimônio no Brasil, veja <http://portal.iphan.gov.br/pagina/detalhes/218>. Acesso em 15 de agosto de 2020.

IX Além disso, a crescente aceitação da origem africana da cultura popular brasileira e da diversidade étnica da nação não foi tão linear nem livre de contradições. Por exemplo, em 15 de fevereiro de 1942, na preparação para o Carnaval, o diário baiano *A Tarde* publicou um grande quadro mostrando mulheres negras com roupas tradicionais afro-brasileiras, chamado *Velha Bahia*, ao lado de um quadro de um grupo de meninas de pele clara vestidas de aeromoças, chamado *Bahia Moderna* e em 4 de fevereiro de 1942 (pp. 2-3) o mesmo jornal publicou um artigo celebrando os corajosos fazendeiros do Sul da Bahia que, em seu esforço para tornar a terra produtiva, enfrentavam dois perigosos inimigos. O título do artigo era: "Cobras e índios perseguem os pioneiros".

X Os resultados de suas pesquisas na Bahia foram publicados em *The city of women*. Cf. Landes, 1947. Vale mencionar que tanto Pierson quanto Landes tinham sido "treinados" para fazer trabalho de campo entre negros durante uma curta residência na Fisk University, uma universidade negra em Nashville, Tennessee. Aparentemente, naqueles anos, a ideia de um pesquisador branco indo direto do Norte dos Estados Unidos para o Brasil negro e tropical era vista como imprópria sem primeiro um período de experiência no Sul dos Estados Unidos. Devemos acrescentar que, naqueles anos, Fisk estava na vanguarda do antirracismo e era um lugar interessante para estar de qualquer maneira. Por exemplo, após se aposentar da Universidade de Chicago, onde havia sido mentor de Franklin Frazier, Robert Park assumiu um cargo na Fisk.

XI Naqueles anos, caracterizados pelo governo autoritário do Estado Novo de Getúlio Vargas (1937-1945), os pesquisadores estrangeiros no Brasil precisavam de uma autorização que era emitida pelo então muito repressivo Ministério da Justiça. Isso era feito com frequência em colaboração com a diretora do Museu Nacional. Há registros nos arquivos do Museu de que Lorenzo, Franklin e Melville obtiveram tal autorização. Estudiosos estrangeiros assinaram um documento no qual garantiam que uma cópia do livro ou relatório resultante de suas pesquisas no Brasil seria enviada ao Museu Nacional. Isso muitas vezes não aconteceu. Dos três acadêmicos estudados neste trabalho, apenas Herskovits enviou um relatório adequado, apesar das cartas de lembrança da diretora do Museu Nacional. Frazier e Turner enviaram apenas uma preliminar e mais uma cópia dos artigos que ambos publicaram sobre a Bahia. Nenhum dos três, entretanto, acabou publicando o livro sobre o Brasil que deveriam publicar de acordo com seu pedido de subsídio. Mais infeliz ainda, o arquivo do Museu Nacional foi destruído num dramático incêndio em 2018.

XII Sobre a vida de Edison Carneiro e o seu envolvimento com a realização dos Estudos Afro-Brasileiros, ver a tese de doutorado meticulosa e bem documentada de Gustavo Rossi, editada em livro pela Editora da Unicamp (cf. Rossi, 2015).

XIII A relação entre Landes e Herskovits não foi amarga desde o início. Em 12 de setembro de 1939, Landes escreveu em termos amigáveis a ele, "o mestre dos estudos do negro", pedindo sua opinião a respeito de seu texto sobre o *ethos* negro e fazendo comentários sobre o matriarcado e a homossexualidade no candomblé. Aparentemente, ela confiou em Herskovits (Landes para MJH, 12 de setembro de 1939. *MJH Papers*, NU, Box 12, Folder 13). Ele respondeu, em 17 de outubro do mesmo ano, dizendo estar muito surpreso com o quanto seu achado divergia de qualquer coisa que ele tivesse lido até então e perguntando se ela verificara suas descobertas sobre homossexualidade com Ramos. Concluiu dizendo que estava interessado no trabalho dela e que estaria feliz em ler seu manuscrito assim que o recebesse. Seguiu-se uma troca de cartas até janeiro de 1940, que começou amigável, mas terminou de alguma forma ácida, quando Landes aparentemente passou a se ressentir dos comentários negativos de Herskovits, especialmente sobre as questões da homossexualidade e do *ethos*. Em suas cartas, Landes comentou que os negros no Rio realmente odiavam os brancos e que no Rio havia muitos malandros. Ela estava entusiasmada com seu trabalho de campo e com o Brasil, e dizia estar sendo aconselhada de perto por Edison, mas também manter contato com Ramos, que, dizia ela, conhecia bem apenas uma única casa de candomblé.

XIV Veja a coleção *Biblioteca de Ciências Sociais* da Editora Martins Fontes em São Paulo, especialmente sua compilação em dois volumes cada dos títulos *Estudos de organização social* (1945) e *Estudos de ecologia humana* (1946) (cf. Pierson, [1945] 1970a; [1946] 1970b).

XV Frazier esteve perto de Pierson em seus primeiros anos acadêmicos.

XVI A Política de Boa Vizinhança foi antecedida na década de 1920 pela cooperação no campo da pesquisa científica e da saúde pública, como na campanha internacional contra o parasita ancilóstomo (conhecido popularmente no Brasil como "amarelão").

XVII Veja a entrevista com Orson Welles e clipes do documentário. Disponível em <http://canhotagem.blogspot. com/2009/12/que-verdade-e-e-esta.html>. Acesso em 24/2/2011.

XVIII Para uma descrição cuidadosa e detalhada da realização e da "desrealização" deste filme, ver Benamou (2007). Mais informações disponíveis em <https://en.wikipedia.org/wiki/It%27s_All_True_%28film%29>. Acesso em 24/2/2011.

XIX O filme está disponível em <https://www.youtube.com/watch?v=JSBxYcxnhf8>. Acesso em 24/2/2011.

XX Zweig cometeu suicídio na cidade brasileira de Petrópolis com sua esposa em 1943, após publicar o livro intitulado *Brasil, país do futuro*, que surpreendentemente celebra as qualidades e a tolerância do Brasil, e deixar uma carta de desculpas ao povo brasileiro. O livro acabou sendo um grato presente para a gestão da imagem internacional do regime autoritário de Vargas. Para uma maravilhosa leitura transnacional e comparativa da trágica biografia de Zweig, cf. Spitzer, 1989.

XXI Acredito que Herskovits realmente esperava que o trabalho de campo na Bahia transformasse Frazier e o tornasse mais receptivo no que diz respeito ao paradigma das sobrevivências africanas.

XXII Ele recebeu uma bolsa por 12 meses, de 1º de setembro de 1940 a 1º de setembro de 1941. Como diz Moe, diretor da fundação, em sua carta de apresentação para Frazier: "Os termos de sua nomeação requerem que ele se dedique durante esse período a um estudo comparativo da família negra no Caribe e no Brasil". De fato, Frazier ficaria no exterior apenas por cerca de nove meses (Moe para Frazier, 20 de agosto de 1940. *Frazier Papers*, MS, Howard, Box 131 Folder 15).

XXIII A perspectiva de Frazier sobre a mobilidade social negra e a cidade e a industrialização como solução para o racismo reverberaria mais tarde no trabalho do sociólogo Florestan Fernandes.

XXIV Toda essa seção é baseada no arquivo E. Franklin Frazier na John Simon Guggenheim Memorial Foundation, 90, Park Avenue, New York, NY, 10016, EUA.

XXV Essas páginas podem ser consultadas no Moorland-Spingarn Research Center e no Museu Afro-Digital da Memória Africana e Afro-Brasileira (Disponível em <www.museuAfro-Digital.ufba.br>. Acesso em 24/2/2011). Neste último, pode-se consultar uma série de coleções. Especialmente relevantes para este texto são as seguintes: Lorenzo Dow Turner; E. Franklin Frazier; Melville Herskovits; Donald Pierson; e Ruth Landes.

XXVI No caminho de volta ao Haiti e aos EUA, ele deveria passar três semanas em Trinidad e Tobago para conseguir um voo para o Haiti. Essas semanas, argumentou, não se perderam, pois ele conseguiu ter uma ideia da colônia britânica. No total, ele passou cinco meses no Brasil, três semanas em Trinidad e dois meses e meio no Haiti.

XXVII A título de especulação, poderiam possivelmente ser figuras como Gilberto Freyre e Jorge Amado.

XXVIII Em sua longa entrevista com Mariza Corrêa (cf. Correa, 1987), Pierson afirmou que recebeu pela primeira vez Turner em São Paulo e que, por meio de sua conexão com o Departamento de Cultura da cidade, ajudou-o a obter cópias de algumas dezenas de discos de música folclórica brasileira. Eram cópias das gravações feitas por Mário de Andrade alguns anos antes pelo Nordeste do Brasil. Logo depois, Frazier e sua esposa chegaram a São Paulo, antes de ir para a Bahia, "onde ele conseguiu coletar 50 histórias familiares". Pierson deu a Frazier 30 cartas de recomendação dirigidas a pessoas de diferentes classes e cores em Salvador (Correa, 2013, p. 262).

XXIX Stocking Jr. nos mostra como não apenas os boasianos, mas toda a antropologia, a sociologia e as ciências políticas americanas se voltaram para os esforços de guerra em 1941 (cf. Stocking Jr., 2002).

XXX "Não existe um vínculo direto, lógico e muito menos 'natural' entre um número relativamente grande de pessoas de ascendência africana evidente (isto é, 'visível'") e a criação de uma comunidade negra que implique um eleitorado étnico, uma liderança étnica e, possivelmente, uma elite econômica étnica. Pode-se ter uma forte identificação com as práticas culturais, sem que haja uma transposição direta desse compromisso para a organização da identidade étnica. Examinemos este ponto mais detidamente. Estamos lidando com um fenômeno que já fora assinalado por Melville Herskovits quando comparou as culturas negras de diferentes regiões do Novo Mundo e as dispôs de acordo com o que chamou de 'escala de intensidade do africanismo no Novo Mundo' (Herskovits, 1966b, p. 53), com sua concentração maior no Haiti, na Bahia e no interior do Suriname, e com a menor no Nordeste dos Estados Unidos. Embora a metodologia usada por Herskovits esteja agora obsoleta e apresente as deficiências de sua interpretação do que era considerado africano, ele indicou de maneira convincente que, nos Estados Unidos, os negros tinham um intenso sentimento de identidade racial, apesar de suas práticas culturais apresentarem pouquíssimos traços de 'africanismo'. Ao contrário, na Bahia e no Brasil, em termos mais gerais, a cultura negra por certo era mais ostensivamente 'africana', mas não se associava a uma postura política igualmente forte, porque, segundo afirmou Herskovits, alinhando-se com a maioria de seus contemporâneos, o Brasil era uma terra relativamente livre de racismo. A escala de africanismo de Herskovits, a despeito de suas falhas metodológicas, teve um grande mérito: mostrar que cultura negra e etnicidade negra não são equivalentes e podem se desvincular uma da outra em larga medida" (Sansone, 2004, pp. 268-69). Isso tem consequências para a compreensão da relação entre etnicidade e mobilidade social: "Admitamos, portanto, que a identidade, a cultura e a comunidade são entidades diferentes, que podem se combinar de maneiras variadas. Assim, a identidade étnica pode ser relativamente independente da cultura étnica, e existem versões da cultura negra que podem ser chamadas de 'culturas da identidade', pelo fato de seu capital cultural mais destacado ser o exercício da identidade étnica. Ao criamos essa separação, podemos facilmente aceitar que as integrações social, econômica e cultural não são equivalentes. A identidade étnica e a cultura étnica podem ser relativamente independentes da construção de estratégias de sobrevivência e de mobilidade social" (Sansone, 2004, p. 291).

XXXI Ao fazer isso, na minha opinião, Frazier também queria mostrar que tinha boas conexões.

XXXII Em uma carta de seu primo não assinada, em 8 de novembro de 1940, Frazier é informado de que certos colegas da Howard o chamam de "stalinista" – um adjetivo em uso naqueles dias, suspeito que para definir simpatizantes comunistas.

XXXIII Podemos facilmente ver como tal posição estava em sinergia com a posição de Florestan Fernandes em relação à falta de paridade do negro para competir com os não negros no Brasil no final da década de 1950 (cf. Fernandes, 1965).

XXXIV Vale ressaltar que durante toda a correspondência com a Unesco, Frazier, no que diz respeito a salário, condições de trabalho e tratamento formal, foi meticuloso, se não exigente, já que ele sempre esperava ser tratado com a consideração que sua posição exigia – e Frazier era uma pessoa que se ofendia facilmente, como comentou frequentemente seu colega e sociólogo negro Charles Johnson.

XXXV A preocupação de Frazier com "a maturidade e a emancipação do intelectual negro", a perspectiva provinciana da comunidade negra nos EUA e os desafios que o casamento inter-racial colocava às hierarquias raciais convencionais estariam presentes em vários ensaios publicados e inéditos escritos no período de 1950-1963 como "Britain's Colour Problem" (Frazier, 1960) e "Intermarriage: A study in Black and White" (Frazier, [s.d.], manuscrito não publicado).

XXXVI Ao longo dos anos 1950, Frazier se tornou mais crítico das relações raciais no Brasil e se distanciou da celebração de sua suposta democracia racial. Ao fazer isso, mostrou-se mais crítico sobre Charles Wagley, Thales de Azevedo e Donald Pierson – ele também avaliou negativamente a falta de sofisticação teórica de Pierson. Enquanto isso, ele se aproximou de Florestan, Bastide e possivelmente de Octavio Ianni – com quem havia entrado em contato por meio de sua estada em Paris, circulando e lidando com a revista *Présence Africaine.*

XXXVII Winston argumentou que Franklin Frazier, apesar de ser conhecido por ser irascível e mal-humorado e debater vigorosamente a questão das sobrevivências africanas (cf. Frazier, 1957a), foi um amigo de Melville Herskovits até o final de sua vida (Winston, 2002, p. 139). Davis, em seu obituário de Frazier, diz: "Ele e Melville Herskovits, o antropólogo, tiveram uma disputa sobre as sobrevivências africanas que durou 30 anos, mas os dois permaneceram amigos" (A. Davis, 1962, p. 435).

XXXVIII Já em 1943, em um programa de rádio da Universidade de Chicago, Frazier afirmou que "as pessoas de cor deste país, não apenas os negros, mas outros grupos, estão se tornando internacionalmente preocupados com a situação racial. Na verdade, os negros estão começando a se identificar cada vez mais com as pessoas mais escuras do mundo. Recentemente houve uma grande manifestação em massa no Harlem, na qual os negros estavam exigindo liberdade na Índia. Isso é algo novo na história dos negros nos Estados Unidos" (Frazier, 1943b, p. 11).

XXXIX Ver manuscrito inacabado "The Negro Intellectual", *Frazier Papers*, MS, Howard, Box 131.

XL Turner, *op. cit.*

XLI Turner conhecia o livro de Roberto Mendonça sobre as influências africanas no português do Brasil e o citava com frequência (cf. Mendonça, 1938).

XLII US$ 100 dos US$ 1.000 que Turner recebeu da ACLS eram destinados a pagar os informantes. Em carta de 11 de dezembro de 1939, Herskovits sugere que Turner reserve pelo menos US$ 300 para pagamentos a cantores e outros informantes. Eventualmente Turner receberia US$ 3.500 do Fundo Rosenwald, e o Fundo iria comprar e emprestar-lhe o gravador de som e o gerador que havia custado US$ 867 – esse valor seria deduzido dos US$ 3.500. Os discos de alumínio para gravação custariam um adicional de US$ 157. Turner solicitou uma quantia extra à Fisk para comprar uma Kodak e uma câmera de filmar. Será que ele pretendia gravar filmes?

XLIII É possível que o título que Turner tinha em mente para um desses volumes fosse o de seu manuscrito inédito "The Yoruba of Bahia, Brazil: In story and song" (*Turner Papers*, HLAS, NU, Box 40, Folder 5).

XLIV Assim como outros jornais da comunidade negra, o popular *The Chicago Defender* cobriu de perto a viagem de Turner e Frazier ao Brasil, assim como as palestras sobre as relações raciais no país que ambos ministraram nos EUA logo após seu retorno, especialmente na área de Chicago. O jornal também acompanhou de modo mais geral a carreira acadêmica dos dois pesquisadores e comemorou seu sucesso. Consultando os jornais, encontramos menções sobre as relações raciais no Brasil logo em 1916 e até a década de 1970 – conforme previsto e indicado por pesquisas sobre a visão dos negros americanos a respeito do Brasil, os comentários sobre as relações raciais no país foram muito positivos até se tornarem mais críticos a partir da década de 1970.

XLV A Sra. Lois Turner me disse: "Meu marido me disse que eu era tão bonita que podia ser brasileira" (ela era negra de pele clara, com "traços finos"). Lorenzo Junior, que era um veterano do Vietnã e continuava sob efeito de um grave trauma de guerra, me disse que planejava finalmente publicar o livro de seu pai sobre o Brasil. Esse projeto, infelizmente, não foi realizado (entrevista com o filho e a esposa de Turner em 12 de setembro de 2012).

XLVI Da correspondência pessoal entre Turner e sua esposa Lois, Wade-Lewis registra que ele comprou três tambores africanos e quatro chocalhos de um dos terreiros da Bahia, que constituiriam sua coleção pessoal (Wade-Lewis, 2007, p. 130), e que, "tendo observado o estilo de percussão africana, danças, música, práticas religiosas e folclore, ao retornar a Nashville ensinou a Lois uma dança tradicional afro-brasileira, que ela por sua vez ensinou a quatro alunas da Fisk. Elas se apresentaram com as peças de roupa autênticas que Turner havia comprado" (*idem*, p. 133). Essas eram atividades nas quais Lorenzo era bom. Wade-Lewis definiu Turner como, além de um bom pesquisador, um bom orador, um *griot* afro-americano por excelência (*idem*, p. 151). Ela acrescentou: "A restrição mais devastadora de sua geração [...] foi a suposição de que as pessoas de ascendência africana não estavam imbuídas da 'objetividade' para analisar sua própria experiência e, portanto, não deveriam ser financiadas para fazê-lo" (*idem*, p. 269).

XLVII Mesmo que nos anos 1960 o Brasil não apareça mais na correspondência de Turner, que agora girava muito mais em torno das preocupações (negras) americanas ou da África – um continente empolgante nos anos em torno da independência –, o país ainda era um dos oito tópicos de uma série de palestras que Turner oferecia, sempre em troca de um pequeno honorário (*Turner Papers*, HLAS, NU, Box 7, Folder 3).

XLVIII Olivia Gomes da Cunha foi possivelmente a primeira pesquisadora brasileira a apontar a importância do trabalho de Turner no Brasil (Cunha, 2005, pp. 7-32; 2020). Pol Briand, um pesquisador francês independente, também prestou atenção ao trabalho de Turner no Brasil destacando sua originalidade, mas infelizmente nunca publicou sobre sua pesquisa. Mais recentemente, Xavier Vatin publicou um encarte em inglês e português, com um CD, apresentando as gravações de Turner na Bahia (cf. Vatin, 2017).

XLIX Nenhuma anotação real de campo foi encontrada nas duas coleções de documentos de Turner, na Herskovits Library of African Studies da Northwestern University e no Anacostia Community Museum do Smithsonian Institute. Esse é obviamente um grande obstáculo para reconstruir a experiência brasileira de Turner, o que tem de ser feito interpretando a cobertura jornalística sobre sua viagem, com suas anotações como linguista, fotos, gravações e correspondências.

L Neste momento estamos planejando colocar a maioria desses documentos em uma coleção especial dedicada a Turner no Museu Afro-Digital da Universidade Federal da Bahia. Nosso objetivo é induzir a curadoria coletiva deles pela *web* e por aplicativos como o Wiki, por exemplo, tendo falantes de línguas africanas, localizados em vários lugares, identificando termos e a forma como são usados tanto nos iorubás da Bahia dos anos 1940 como no discurso "africano" que é tão proeminente tanto nas notas de Turner quanto nas notas de campo dos Herskovits.

LI Manoel, "ogã" na casa do Gantois, também era um informante-chave para os Herskovits, que o chamavam de Manoel da Silva. Ele era casado com Zezé, filha de santo no Gantois, que era outra informante-chave para o casal. De fato, Zezé passou uma lista de palavras para Turner muito semelhante à dos Herskovits, que a copiaram em suas notas de campo ("Brazil Field Trip – Field Notes", Book E, pp. 74-75. *MJH & FSH Papers*, SC, Box 18, Folder 112). Zezé tinha sido iniciada no Gantois, mas disse que seu verdadeiro santo era um caboclo, e seu marido Manoel estava tentando abrir um terreiro em 1940-1942 no qual ela poderia restituir seu verdadeiro santo, o que Zezé acabou fazendo alguns anos mais tarde no Rio. Minha impressão é que, no início dos anos 1940, também graças ao crescente interesse de pesquisadores nacionais e estrangeiros, ao fim da proibição legal formal da prática do candomblé em 1939 e à lenta, mas constante abertura de espaços nos campos da política e da produção cultural, houve um desenvolvimento do que pode ser chamado de empreendedorismo etnocultural em Salvador: um número de personagens relativamente jovens na comunidade do candomblé tentou vir à tona contornando a hierarquia tradicional baseada na idade e no tempo decorrido desde a iniciação. Joãozinho da Gomeia era um personagem conhecido que pode ser tomado como exemplo (cf. Chevitarese & Pereira, 2016). Eu defendo que, mesmo estando menos em evidência, também o casal Manoel e Zezé era parte desse grupo.

LII No final dos anos 1940, Turner foi eleito para o Comitê de Estudos Negros do ACLS e foi revisor de propostas para o Fundo Rosenwald. Recebeu cartas de recomendação de Rüdiger Bilden, Heloísa Torres e Arthur Ramos. Conheceu todos eles e muitos outros intelectuais enquanto esteve no Brasil, incluindo Arthur Ramos e Gilberto Freyre. Em algum momento, ele sugeriu uma longa lista de pessoas para que Allison Davis, do Departamento de Educação da Universidade de Chicago, se encontrasse no Rio, em São Paulo e na Bahia, que incluía também dona Heloísa, Roquette-Pinto e Arthur Ramos – com os quais teve boa relação (Turner para Davis, 24 de março de 1945. *Turner Papers*, HLAS, NU, Box 4, Folder 2).

LIII Para esta seção, trabalhei com os seguintes documentos no Rockefeller Archive Center: Rockefeller Foundation Records, Projects, SG 1.1, "Series 100: International", "Series 257: Virgin Islands FA386", "Series 216: Illinois Social Sciences", Subsection 216-S, Box 20: Document 214.9: "Northwestern University, Melville J. Herskovits, Travel, Anthropology, 1941." Essa seção do arquivo da Rockefeller será doravante citada como "Box Melville Herskovits".

LIV Gilberto Freyre apresentou Herskovits a Mário de Andrade. Ele pediu a Mário que enviasse mais livros a Herskovits e informou que este já tinha lido suas obras sobre o escultor negro Aleijadinho e sobre o batuque mágico da congada (Freyre para Andrade, 10 de janeiro de 1935, documentos de Mário de Andrade, IEB/USP). Herskovits respondeu em 19 de agosto agradecendo pelos livros e prometendo que enviaria suas gravações do Suriname a Mário (MJH para Andrade, 19 de agosto de 1935, documentos de Mário de Andrade, IEB/USP). Durante a viagem de campo dos Herskovits, Cecília Meirelles recomendou Herskovits a Mário de Andrade (Meirelles para Andrade, 29 de setembro de 1941, documentos de Mário de Andrade, IEB/USP).

LV Em carta a Spivacke, da Divisão de Música da Library of Congress, Herskovits concordou em deixar uma cópia dos discos, mas salientou que gostaria de "manter o privilégio de verificar quaisquer arranjos feitos para minhas gravações para transmissão ou qualquer proposta de uso delas para análise musicológica. Aprendi com tristes experiências" (MJH para Spivacke, 18 de junho de 1941. *MJH Papers*, NU, Box 33, Folder 42).

LVI Como parte da Política de Boa Vizinhança iniciada pelo presidente Roosevelt no início de seu mandato em 1933, a Comissão Marítima dos Estados Unidos contratou a Moore-McCormack Lines para operar uma "frota de boa vizinhança de dez navios de carga e três transatlânticos recentemente instalados entre os Estados Unidos e a América do Sul". Os transatlânticos de passageiros eram os recentemente extintos *SS California*, *Virginia* e *Pennsylvania*, da Panama Pacific Line. A Moore-McCormack mandou remodelá-los e renomeou-os *SS Uruguai*, *Brasil* e *Argentina* para sua nova rota entre Nova York e Buenos Aires via Rio de Janeiro, Santos e Montevidéu. Disponível em <https://www.cruiselinehistory.com/history-moore-mccormack-lines/>. Acesso em 28/1/2020.

LVII Valladares havia sido indicado como intérprete – mais tarde ele também se tornou guia – dos Herskovits por Isaías Alves, irmão do governador Landulpho Alves, que acumulou o cargo de secretário de Educação com a direção da nova Faculdade de Filosofia. Sobre a perspectiva de José Valladares sobre o museu, cf. Ceravolo & Santos, 2007. Sobre sua visão pioneira do turismo como fator positivo para a preservação do patrimônio, cf. Valladares, 1951.

LVIII Herskovits recebeu outros pedidos de financiamento para instituições brasileiras, que encaminhou para Rockefeller, Guggenheim e Fulbright, geralmente sem sucesso. É o caso do pedido de financiamento de US$ 10 mil para o Dr. Torrecilla, da Faculdade Livre de Educação, Ciências e Letras em Porto Alegre, que Melville encaminhou a Moe, da Guggenheim, em 23 de novembro de 1942, acrescentando que não ficara muito impressionado com tal faculdade e que o financiamento deveria ser feito para outra universidade, apoiada pelo Estado do Rio Grande do Sul. Moe respondeu prontamente que "o pedido está totalmente fora do escopo de qualquer financiamento que eu tenha ciência" (*MJH Papers*, NU, Box 8, Folder 17). Herskovits teve muito mais sucesso com bolsas individuais, como para Arthur Ramos e Vianna Moog, e especialmente os alunos de doutorado em Antropologia Octavio da Costa Eduardo e Mario Wagner em 1943 (ambos alunos da Escola Livre de Sociologia em São Paulo), René Ribeiro em 1944 e Ruy Coelho em 1945 (ver, entre outros, o pedido bem-sucedido para Joseph Willits da Rockefeller para Octavio Eduardo em *MJH Papers*, NU, Box 30, Folder 17). Ver também a solicitação à RF para Valladares, com o apoio de William Barrien (Barrien para MJH, 3 de abril de 1943. *MJH Papers*, NU, Box 30, Folder 17). Octavio Eduardo foi o pioneiro, e Herskovits o chamou carinhosamente de cobaia: o primeiro candidato brasileiro bem-sucedido ao qual os novos candidatos poderiam se referir (MJH para Eduardo, 20 de setembro de 1945. *MJH Papers*, NU, Box 32, Folder 35). A correspondência entre Eduardo e Herskovits foi cuidadosamente analisada por Ferretti e Ramassotte (cf. Ferretti, 2017; Ramassote, 2017), mas a correspondência entre Herskovits e Ribeiro, Coelho e Valladares ainda merece uma análise minuciosa. À primeira vista, tal correspondência mostra um padrão semelhante, ditado por simpatia, interesse genuíno da parte de Herskovits em desenvolver pesquisas no Brasil e dependência do lado dos brasileiros – em termos de instalações e oportunidades se mostra um sistema muito unidirecional. A única coisa que esses jovens pesquisadores brasileiros tinham a oferecer era sua motivação, certo conhecimento interno e o país de origem – ser brasileiro poderia ser uma vantagem durante a Política de Boa Vizinhança. Enquanto isso, Herskovits também estava (co)patrocinando ou apoiando a pesquisa, bem como, em alguns casos, a obtenção de um PhD nos EUA, para outros importantes intelectuais e pesquisadores do mundo afro-latino, como Aguirre Beltrán no México, Price-Mars no Haiti, Romulo Latchañeré em Cuba. Vale mencionar que aproximadamente no mesmo período a Carnegie Corporation de Nova York, em cooperação com as Fundações Guggenheim e Rockefeller, estava desenvolvendo um projeto para a promoção dos Estudos Africanos em toda a América Latina que incluía subsídios para convidar escritores e intelectuais brasileiros a passar alguns meses em uma universidade americana (cf. Morinaka, 2019).

LIX Inicialmente o casal havia planejado uma viagem ao Maranhão antes de ir para a Bahia. Problemas de saúde – aparentemente Melville teve seu primeiro derrame no Rio – os impediram de fazer isso e eles passaram mais tempo no Rio do que tinham planejado originalmente. Herskovits logo conseguiria satisfazer sua curiosidade pela cultura negra no Maranhão indiretamente, enviando para lá, a fim de realizar o trabalho de campo de seu doutorado, Octavio da Costa Eduardo, o primeiro brasileiro a obter um PhD em Antropologia, sob a orientação de Herskovits.

LX Em meio aos documentos que Melville envia à Northwestern, há uma cópia da lista da polícia baiana de autorizações concedidas para "cerimônias religiosas africanas" para os anos 1939-1940-1941 (MJH para Northwestern, 29 de julho de 1942. *MJH Papers*, NU, Box 16, Folder 1); tais cerimônias encontram-se no Anexo II.

LXI As gravações de Herskovits receberam atenção especial em *A Tarde* (27 de janeiro de 1942, p. 2): "Serão ouvidos em Washington as melopéas dos candomblés negros da Bahia. O objetivo da visita do professor Melville J. Herskovits. A população negra da Bahia oferece vasto campo para novos estudos originais. Encontra-se nesta capital, tendo chegado anteontem, pelo 'Almirante Jaceguai', o professor Melville J. Herskovits, chefe do departamento de Antropologia da Northwestern University de Evanston, Illinois USA. Antropologista de renome e autor de vários trabalhos divulgados em todo o mundo, o professor norte americano está realizando uma viagem de estudos, acompanhado de sua esposa e uma filhinha. Discos para a biblioteca do Congresso. O professor Herskovits, traz na bagagem completa aparelhagem para a gravação de discos de nossa música folclórica e das lendas e contos brasileiros. Estes discos serão remetidos, não só para a Universidade de Illinois, como igualmente para a biblioteca do Congresso, em Washington. Aproximando-se a hora do 'lunch' não mais queríamos interromper o descanso do professor 'Yankee'. Assim agradecendo a atenção que nos dispensou, despedimo-nos do mr. Herskovits" (cf. Luhning, 1995).

LXII Em 18 de maio de 1942, cinco malas são despachadas da pensão em que estavam hospedados para as docas e o navio *Itatinga* para serem então encaminhadas ao endereço dos Herskovits nos EUA: "Um baú com objetos pessoais usados no trabalho de campo, 250 quilos; um box com máquina de escrever, câmera cinematográfica, registros em branco, 50 quilos; um box contendo objetos pessoais e um exemplo de trabalho em metal afro-brasileiro para o Museu Universitário, 50 quilos; um pacote contendo equipamento de campo, 50 quilos. [...]. O seguro de risco de guerra deve ser colocado por você nesta remessa para mim..." (MJH para Bauder, 7 de maio de 1942. *MJH Papers*, NU, Box 16, Folder 1). Infelizmente, o secretário de Herskovits na Northwestern recebeu a seguinte comunicação enviada em 10 de agosto à Linha Pan-América do Norte: "Lamentamos ter que avisá-lo que o navio *SS Bill* foi perdido como resultado de uma ação inimiga. Presumimos que os bens estavam cobertos pelo Seguro de Riscos Marítimos e de Guerra..." (*MJH Papers*, NU, Box 4, Folder 13).

LXIII O casal foi a Porto Alegre no final de sua estada no Brasil.

LXIV Os Herskovits receberam muita assistência do escritório Rockefeller no Rio, da Embaixada dos EUA e dos consulados americanos em Salvador e Recife, para receber suas correspondências, para encontrar um lugar para ficar, representando o casal em instituições brasileiras e enviando suas notas de campo e equipamento de campo/gravações.

LXV Herskovits relatou essa palestra para a revista *Science Press* sugerindo que escrevessem sobre ela (MJH para Cattel, 7 de maio de 1942. *MJH Papers*, NU, Box 16, Folder 1).

LXVI "A Congregação da Faculdade de Filosofia da Bahia, tendo em vista os serviços prestados pelo professor doutor Melville Herskovits, chefe do Departamento de Antropologia da Northwestern University, Evanston, Illinois, USA, não somente através da valiosa cooperação científica da conferência com que inaugurou as atividades culturais deste Instituto, mas também pelo constante incentivo e pela decidida solidariedade com que continuou a dar-lhe sua colaboração, e considerando seu interesse pelo estudo dos problemas da cultura bahiana, no programa de pesquisas ligadas ao seu elevado renome nos meios universitários e científicos, resolve conferir-lhe o título de Professor Honorário de Antropologia" (Alves para MJH, 16 de julho de 1942. *MJH Papers*, NU, Box 16, Folder 1). Era um título honorário, mas naquela época bastante importante. Prova disso é que a segunda cátedra honorária foi oferecida a Gilberto Freyre em 1943 (Azevedo, 1984, p. 78).

LXVII Este é o discurso de Isaías Alves naquele dia: "A Faculdade de Filosofia da Bahia, a que os bahianos têm dado incentivo e apoio material, patrioticamente secundados por bem feitores de todos os quadrantes da Pátria, sente-se desvanecida de reunir cidadãos do Brasil e dos Estados Unidos, nesta hora de confraternização, deante do fantasma negro da guerra, homenageando um cientista que será um dos liames espirituais entre as duas Pátrias" (Alves *in* Herskovits, 2008, pp. 37-39). Apesar de tal celebração de Herskovits, nome internacional dos Estudos Afro-americanos, naqueles anos a situação dos Estudos Afro-brasileiros na Bahia era complicada. A partir de 1939, Arthur Ramos, Couto Ferraz e Edison Carneiro se mudaram para o Rio de Janeiro, na época capital federal. Com exceção do Projeto Columbia/estado da Bahia/Unesco em 1950-1952, que focava muito mais as relações raciais do que o que então era entendido como Estudos Afro-brasileiros, foi somente em 1959, com a fundação do Centro de Estudos Afro-orientais (Ceao), por meio de uma iniciativa do refugiado português Agostinho da Silva, que a UFBA começou a investir no desenvolvimento dos Estudos Afro-brasileiros e africanos na Bahia (Oliveira & Costa Lima, 1972, pp. 32-35). Em 1965, o Ceao lançará sua revista *Afro-Ásia*, que ainda é possivelmente a principal revista do ramo no Brasil – <www.afroasia.ufba.br>

LXVIII Os jornais brasileiros dedicaram muita atenção ao casal. Por exemplo, *A Manhã* traz 17 reportagens sobre a viagem deles ao Brasil. Ao todo, os Herskovits ganharam uma cobertura de imprensa muito maior do que Frazier e Turner. Estes chamaram atenção por sua singularidade, já que possivelmente foram os dois primeiros pesquisadores negros americanos a virem ao Brasil com uma bolsa de prestígio e como parte da Política de Boa Vizinhança. Os Herskovits receberam atenção por terem vindo como parte da GNP e durante a guerra. Três jornais de prestígio dedicaram atenção a eles. *Correio da Manhã* (17 e 21 de setembro de 1941), *Diário de Notícias* (19 de setembro de 1941: relato de Herskovits lendo sua palestra em português) e *Jornal do Comércio* (18 e 20 de setembro de 1941), que relatou a visita de Herskovits à ABL com seu presidente Afrânio Peixoto e Roquette-Pinto, que o apresentaram como o "Nina Rodrigues americano". Na ABL, Roquette-Pinto sugeriu que, com a ajuda e o conhecimento de Herskovits, "que já esteve na África, Arthur Ramos e outros pesquisadores brasileiros deveriam organizar uma expedição à parte da África de onde vieram os escravos – muitas de nossas questões antropológicas seriam resolvidas por tal expedição" (*A Manhã*, 9 de outubro de 1941, p. 4). Entre 1941 e 1950, o jornal carioca *A Manhã* dedicou 17 artigos aos Herskovits. É notável que alguns dos principais intelectuais do Brasil escreveram, sempre de modo bastante positivo, sobre a visita do casal ao Brasil: Afrânio Peixoto, Câmara Cascudo, Roquette-Pinto, Manuel Diegues Júnior e Gilberto Freyre. Nenhum deles jamais comentou a respeito de Frazier e Turner.

LXIX Além disso, Herskovits conseguiu mobilizar suas conexões para seus protegidos. Assim, Aguirre Beltrán ajudou Valladares quando ele passou um mês na Cidade do México como parte de sua formação em Museologia (Valladares para MJH, 8 de agosto de 1944. *MJH Papers*, NU, Box 31, Folder 7).

LXX Melville sugere que Gizella trabalhou em uma compilação de folclore negro comparável à que os Herskovits tinham feito no Suriname e Elsie Clews Parsons nos EUA. "Uma das razões pelas quais este é um problema tão bom é que os estudantes de folclore negro, Boas e Parsons entre eles, ficaram muito impressionados com o papel do espanhol e do português na difusão do folclore europeu entre os povos não europeus em todo o mundo. Deve ser interessante e significativo ver até que ponto os elementos portugueses estão presentes nos contos que se encontram entre os negros na Bahia, uma vez que isso de certa forma constituiria um caso de teste" (Herskovits a Valladares, 17 de julho de 1944. *MJH Papers*, NU, Box 31, Folder 7). Seria uma pesquisa em aculturação, um dos principais interesses de Melville. Gizella lhe escreveu com entusiasmo sobre o projeto de mestrado, tal como sugerido por Herskovits (Valladares para MJH, 29 de julho de 1944. *MJH Papers*, NU, Box 31, Folder 7).

LXXI Vale a pena explorar essa dissertação. Em 29 de fevereiro de 1948, ela enviou uma cópia da lista de conteúdos, uma breve descrição de cada um dos nove informantes-chave, um resumo da introdução, o glossário e a lista dos 59 contos coletados.

LXXII Conhecido por sua extravagância e por ser homossexual, ele se casou com Maria Luiza, uma filha de santo mais velha de seu terreiro no Rio de Janeiro, em uma importante cerimônia noticiada pela imprensa (*A Tarde*, 18 de junho de 1945). Valladares enviou a Herskovits um recorte de jornal com um comentário sutil sobre Joãozinho ter finalmente se estabelecido com um cônjuge masculino.

LXXIII "Suas notícias sobre nossos amigos do candomblé foram realmente bastante interessantes, particularmente sobre Zezé, que supomos estar a caminho de se tornar uma mãe de santo bastante importante. Espero que você tenha a oportunidade de participar de algumas das cerimônias quando a nova roça dela for estabelecida. Será interessante para nós, se alguma vez voltarmos à Bahia, encontrar nossa velha amiga em uma posição tão estratégica. Presumo que o fato de o novo centro estar sendo patrocinado pela tia Maci significa que é uma casa ortodoxa, e que as questões entre Zezé e o deus caboclo foram resolvidas satisfatoriamente. Ou será que vai ser parte caboclo, parte ketu?" (MJH para Valladares, 29 de março de 1947. *MJH Papers*, NU, Box 42, Folder 1).

LXXIV René Ribeiro, em uma correspondência, se referiu à Bahia como "a sua terra" [de Herskovits]. Melville era sentimentalmente ligado à Bahia (R. Ribeiro para MJH, 2 de junho de 1955. *MJH Papers*, NU, Box 69, Folder 15).

LXXV Herskovits relatou a Rex Crawford, adido cultural da Embaixada dos EUA, que acabava de assumir seu novo posto no Rio de Janeiro. Na carta, ele comentou: "Invejo muito a sua estadia e espero que o trabalho dê tão certo quanto você esperaria em seus momentos mais otimistas" (MJH para Crawford, 19 de outubro de 1943. *MJH Papers*, NU, Box 16, Folder 1).

LXXVI Como exemplo do que viria a seguir, os estúdios Disney desembarcaram na Bahia em *The Three Caballeros* (1945): <https://www.youtube.com/watch?v=zSo7ylXTwb0>.

LXXVII Vale notar que nem Herskovits, nem Frazier, nem Turner pareciam ter contatado os dois cientistas sociais negros mais destacados da época, Edison Carneiro e Guerreiro Ramos. Mesmo assim, Frazier estava ciente do trabalho de Carneiro e o citou em sua réplica para Herskovits no *American Journal of Sociology* (cf. Frazier, 1943c). Nem em Frazier, nem na correspondência de Carneiro há qualquer menção de um sobre o outro. Pierson, Landes e Ramos não apresentaram Carneiro a Frazier. Teria sido a coisa mais natural a fazer. Frazier e Carneiro eram ambos de esquerda, Edison naquela época era um comunista e Frazier, um radical, até mesmo rotulado de "stalinista" por vários de seus companheiros de Howard (cf. Platt, 2002). Carneiro havia se mudado para o Rio em 1939, e Frazier passou cerca de dois meses no Rio antes de ir para a Bahia. Por que eles não se encontraram? Foi por causa da tensão criada pela relação entre Ruth Landes e Carneiro? Aqui está um dos mistérios tornados públicos por esta pesquisa. Outro é por que Jorge Amado, sempre um observador curioso da vida da cidade, parecia não ter prestado atenção à estada de Frazier e Turner em Salvador, mesmo tendo recebido uma carta de recomendação para os dois da parte de Pierson e, em entrevista ao jornal *Estado da Bahia*, ter-lhes agradecido pela generosa oferta de disponibilizarem suas gravações para a trilha sonora do filme *Mar Morto* – o primeiro filme rodado na Bahia, inspirado no livro homônimo de Jorge Amado, que nunca foi concluído (*Estado da Bahia*, 30 de outubro de 1940; *Diário de Notícias*, 6 de novembro de 1940). Uma razão possível é que Amado já havia se mudado de Salvador para o Rio, na época.

LXXVIII É bem possível que o rescaldo do escândalo, na então muito provinciana Salvador, tenha sido a razão pela qual Gizella, uma jovem acadêmica promissora, desistiu de sua posição de professora assistente na faculdade e da antropologia ao mesmo tempo. Vale lembrar que Ben Zimmerman não só deixou o Brasil imediatamente, mas abandonou seu projeto de doutorado.

LXXIX Do Brasil, Melville escreveu um conjunto de cartas a Frances, comentando o reencontro com o país e o povo de santo em 1954 (Melville para Frances, várias datas de 1954. SC, Box 67, Folder 685). Curiosamente, a filha de Meville, Jean, nos contou uma história ligeiramente diferente: Melville, que sofria do coração e era muito supersticioso, ficou muito emocionado quando retornou para a Bahia, a ponto de não querer voltar às casas de candomblé que conhecia. Jean tinha contado uma história semelhante também ao biógrafo de Melville, Gershernhorn (2004).

LXXX Apesar de os Herskovits terem passado apenas cinco dias em Porto Alegre, conseguiram reunir material suficiente para produzir o que Melville chamou de "artigo substancial" (cf. Herskovits, 1943b).

LXXXI Por essa razão, eu tendo a discordar de Roger Sansi, em seu não obstante espetacular registro sobre o processo de patrimonialização e objetificação do candomblé na Bahia, quando afirma que os Herskovits tinham uma predileção pelo sincretismo (cf. Sansi, 2007, p. 53). O casal registrou um certo grau de sincretismo e, de maneira geral, de mistura, mas nunca comentou positivamente sobre isso.

LXXXII Não há menção em todo o relatório sobre a construção de instituições ou o estabelecimento de intercâmbio entre instituições americanas e brasileiras. O Brasil foi visto, de modo geral, como um lugar para vir fazer pesquisas e do qual se poderiam extrair estudantes interessantes para fazer seus estudos avançados nos EUA. Essa perspectiva durará muito tempo e, no início dos anos 1950, inspirará a visão do Brasil como um local ideal de pesquisa de campo, o qual os estudantes de Ciências Sociais dos EUA poderiam visitar para seu treinamento de graduação e para seu trabalho de campo de doutorado. Veja mais adiante na seção sobre o Projeto estado da Bahia/Columbia University.

LXXXIII Os Herskovits chegaram ao Rio em 10 de agosto de 1941. Lá, visitaram a Faculdade Nacional de Filosofia, o Museu Nacional, a sede do Serviço de Preservação do Patrimônio Histórico e Artístico (Sphan), a ABL e a seção antropológica do Instituto de Pesquisas Educacionais do Município do Rio de Janeiro. Em 12 de outubro, viajaram para São Paulo, onde visitaram a Escola Livre de Sociologia e as Faculdades de Direito e Medicina da Universidade de São Paulo. O plano original era fazer um trabalho de campo no Rio, mas Melville ficou gravemente doente e esse plano não pôde ir adiante. Tal doença também significou que o casal não pôde visitar o Maranhão, como planejado originalmente. Grande parte do interesse de Melville em que Eduardo obtivesse uma bolsa para fazer pesquisa no Maranhão tinha a ver com seu interesse naquela parte do Brasil que não lhe foi possível conhecer pessoalmente. Eles chegaram a Salvador em 24 de novembro e lá permaneceram até 15 de maio de 1942. Nesse dia, seguiram para Recife, onde ficaram até 15 de junho, quando viajaram de volta ao Rio, após uma escala de quatro dias em Salvador para organizar o embarque de equipamentos de campo para os EUA. Em Recife, foram feitas visitas a institutos, museus e bibliotecas, e à Faculdade de Direito. Nesse mês, contaram com a colaboração do grupo de pesquisadores e estudantes liderado pelo psiquiatra Ulysses Pernambucano, assim como Gonçalves Fernandes. De volta ao Rio, "através da cooperação de amigos baianos dos grupos religiosos africanos", eles puderam reunir dados comparativos para complementar suas descobertas no Nordeste. Em 10 de julho, viajaram novamente para São Paulo, permanecendo lá por um mês, onde basicamente passaram a maior parte do tempo datilografando suas notas de campo baianas e copiando-as em duplicata – o que logo se mostrou uma coisa muito boa, quando o navio no qual eles enviaram seu equipamento de campo foi afundado. Durante o mês de julho de 1942, foi realizada uma visita de cinco dias a Porto Alegre. Os Herskovits passaram no Rio de Janeiro as duas últimas semanas de sua estada no país, na maioria do tempo dedicados a "pagar aquelas ligações de despedida tão importantes, que se destacam no código social brasileiro". Eles deixaram o Brasil, por via aérea, em 21 de agosto, chegando a Miami três dias depois, e a Evanston, no dia 26. No Brasil, Melville palestrou nos seguintes endereços: 15 de setembro, Sociedade Brasileira de Antropologia e Etnologia, Rio de Janeiro; 16 de outubro, União Cultural Brasil-Estados Unidos, São Paulo; 6 de maio, Faculdade de Filosofia da Bahia; 6 de junho, seminário organizado por Ulysses Pernambucano, Recife; 21 e 27 de julho, Escola Livre de Sociologia, São Paulo; 17 de agosto, Sociedade Brasileira de Antropologia e Etnologia, Rio de Janeiro.

LXXXIV Podemos ver pelas fotos de baianas que ele tirou, as quais, naqueles dias, ainda eram vendedoras de rua à moda africana, em vez de um ícone afro, que viriam a ser representadas e reconstruídas a partir dos anos 1960.

LXXXV Não está claro em qual dos trabalhos publicados dos Herskovits isso foi descrito.

LXXXVI Ele se refere à "puxada de rede", a reunião coletiva de uma grande rede de pesca que é levada ao mar por uma grande canoa que a manobra ao redor do cardume de peixes e é puxada para a praia por dois grandes grupos de homens, cada um puxando uma das duas cordas. Cada participante tem direito a uma porcentagem do que foi pescado.

LXXXVII Em seu livro *The Races of Africa* (1930), então uma leitura obrigatória tanto na antropologia física quanto social e cultural – livro que em tradução francesa foi adotado como manual pela primeira missão folclórica brasileira comandada por Mário de Andrade –, Charles Seligman dedicou uma seção inteira aos iorubás, chamada "O Verdadeiro Negro: a quintessência de uma das quatro principais 'raças' africanas" (cf. Seligman, 1930).

LXXXVIII Para aqueles que conhecem o Brasil contemporâneo, infelizmente, a situação nesses institutos locais permaneceu em grande parte inalterada.

LXXXIX Essa substituição de professores italianos por professores americanos no Brasil parece ter sido um projeto maior, que havia começado naqueles anos de guerra com a área da criminologia (cf. Sansone, 2022).

XC Herskovits afirmou em sua visão geral do orçamento final que ele usou apenas 5,5% do total da bolsa para os informantes.

CAPÍTULO 2

Comparando estilos

Pesquisar no Brasil e na Bahia capacitou e afetou Lorenzo, Franklin, Frances e Melville. A experiência teve um lado sensorial e emocional marcante. Nesse ponto, podemos dizer que eles tiveram muito em comum. Ter feito trabalho de campo na Bahia sobre temas semelhantes e aproximadamente no mesmo período criaria um laço sentimental especial entre os quatro que duraria o resto de suas vidas. No entanto, cada um deles acrescentou a tal experiência de trabalho de campo sua própria agenda individual e seu toque pessoal. É comparando os estilos desses trabalhos de campo, metodologias e redes de contato, que se vê que a Bahia não teve o mesmo impacto na personalidade, na sensibilidade etnográfica e na carreira futura de cada um.

As experiências cotidianas de dois pesquisadores negros como Frazier e Turner em Salvador foram notáveis e certamente bastante diferentes da vida nos Estados Unidos. Ao chegar a Salvador de navio, eles foram recebidos no porto pelo cônsul americano (aparentemente, um racista notório que agora tinha de receber dois acadêmicos negros americanos com a devida pompa). Sua chegada foi anunciada nas primeiras páginas de todos os principais jornais baianos. Eles deram entrada no Palace Hotel, localizado no centro da cidade, na rua Chile, número 20 – possivelmente o melhor hotel da cidade.[I]

Os dois tinham motoristas brancos em trajes de gala igualmente brancos e tiveram aulas individuais de língua portuguesa com uma senhora morando no tipicamente burguês largo do Campo Grande. Eles curtiram o Carnaval e a popular festa de rua do Senhor do Bonfim na companhia de um grupo de meninas de pele clara, de classe média. Em outras palavras, tanto Turner como Frazier puderam circular à vontade tanto na cultura popular e nos círculos religiosos tradicionais como entre as elites da Bahia. É muito provável que Frazier e Turner pudessem experimentar essa liberdade também por causa de sua cidadania americana e de sua moeda forte.[II] Sua presença não passou despercebida pela elite intelectual branca; afinal, eles foram certamente os primeiros pesquisadores negros americanos a realizar trabalhos de campo na Bahia e talvez em todo o Brasil.

Palace Hotel na rua Chile, 20, onde Frazier e Turner se hospedaram em Salvador, Bahia. Fonte: Domínio público.

Em Salvador, os dois pesquisadores enfrentaram uma situação aparentemente confusa. Por um lado, devido à sua configuração provinciana, o campo de estudo das relações raciais foi tenso e racializado desde seu início, no final da década de 1930. Isso afetou negativamente Frazier e Turner. José Valladares (1917-1959), principal contato na Bahia de Melville Herskovits, em carta de 1º de dezembro de 1944,[1] descreveu Franklin Frazier como um "mulato frajola".[III] Isso mostra que mesmo um intelectual politicamente progressista como Valladares, que alguns anos mais tarde publicou um interessante panfleto

[1] Valladares para MJH, 1º de dezembro de 1944. *MJH Papers*, NU, Box 31, Folder 7.

chamado *Museus para o povo*,[2] poderia se ressentir da presença de negros em meio à *intelligentsia*. A elite baiana, que tinha sido e seria muito acolhedora para com os pesquisadores e viajantes brancos americanos, não estava aparentemente tão feliz com seus companheiros negros americanos. Por sua vez, embora aparentemente evitados pelas elites (quase) brancas, Turner e Frazier receberam um convite da antiga e tradicional irmandade negra Sociedade dos Desvalidos e, de modo mais geral, desfrutaram da solidariedade negra.

Em Salvador, Herskovits, como sugerido por um conjunto de fotos de família retratando-o com sua filha e esposa Frances e pela correspondência com a Sra. Ward, da Northwestern University, sua secretária responsável pelo encaminhamento do correio durante sua viagem de campo brasileira, alugou um pequeno apartamento na pensão de Edith Schmalz, na avenida Sete de Setembro, 277 (no edifício hoje conhecido como Casa de Itália) no Campo Grande, bem no centro de Salvador – uma acomodação confortável, mas menos vistosa do que o Palace Hotel.

Pensão da Edith na avenida Sete de Setembro, 277, onde Melville e Frances Herskovits ficaram hospedados em Salvador. Fonte: Melville Herskovits Collection, Elliot Elisofon Photographic Archive, National Museum of African Art, Smithsonian Institute, Washington, D.C., EUA.

[2] Cf. Valladares, 1946.

Na Bahia, além da assistência do bem posicionado José Valladares, Herskovits contava com uma rede diferente daquela de Frazier e de Turner. Ele tinha muito melhores conexões com a elite intelectual branca brasileira e conseguiu manter esses contatos até o final de sua vida. Seu principal interlocutor foi Arthur Ramos, considerado o patrono dos Estudos Afro-brasileiros, e teve o apoio da diretora do Museu Nacional, a famosa Dona Heloísa Alberto Torres. Mesmo que os quatro pesquisadores estivessem girando seu trabalho de campo em torno dos mesmos poucos terreiros, especialmente do Gantois, eles não entrevistaram exatamente o mesmo grupo de pessoas. Vamos agora comparar o estilo de trabalho de campo desses quatro importantes pesquisadores.

Redes, fotos e notas de campo

Como já vimos, Turner trabalhou com Frazier. O primeiro tinha um gravador Edison movido a gasolina, uma raridade cara naqueles dias. As gravações eram feitas em discos de alumínio que tocavam no máximo 15 minutos. Turner tinha sido preparado para operar essa máquina complexa. Ele era bem treinado em linguística e tinha um interesse geral pela música e pela forma como ela interagia com a linguagem. Melville trabalhou ao lado de sua esposa Frances, etnógrafa que o tinha acompanhado em Trinidad, Daomé (atual Benim), Suriname e Haiti. Ela ainda transcreveria todas as suas notas e entrevistas de campo e, como descrevo adiante, manteria o interesse no Brasil até o final de sua vida.[IV] Além disso, os Herskovits também tinham uma máquina de gravação.

As redes internacionais e brasileiras de nossos pesquisadores também eram muito diferentes. Frazier contou com a rede estabelecida pelo também egresso da Universidade de Chicago, Donald Pierson, e, posteriormente, pela antropóloga Ruth Landes, entre os anos 1935-1939. Ao chegarem, Turner e Frazier já tinham identificado uma série de contatos nas elites políticas, bem como entre as principais famílias de classe média da população negra. Tanto Pierson como Landes tinham confiado nos contatos e orientações do jornalista, etnógrafo negro autodidata e simpatizante comunista Edison Carneiro. Como visto, Landes fez dele o informante central em seu trabalho de campo. É bem possível – embora eu não tenha encontrado provas nos arquivos – que os contatos no mundo do candomblé, especialmente os da famosa casa do Gantois que Turner e Frazier entrevistaram, tenham sido os arranjados por Ruth Landes e Edison Carneiro. Herskovits já tinha melhores conexões com a elite intelectual branca desde o início e encontrou em José Valladares um grande aliado local. Turner se beneficiou dos contatos e da fluência em português de seu amigo e colega Frazier, e este se beneficiou dos métodos de gravação, das habilidades fotográficas e das companhia de Turner.

Depois de passar dois meses melhorando seu português e lendo fontes secundárias, Frazier entrevistou 42 famílias vivendo perto da casa de candomblé do Gantois e mais 15 de diversos bairros e estratos sociais a fim de obter dados comparativos.[3] A escolha dos informantes não foi totalmente aleatória, como Frazier sugeriu, e as perguntas feitas estão relacionadas à sua pesquisa comparativa sobre a família negra em vez do candomblé, assim como os Herskovits fariam um ano depois.[V]

Quase todas as pessoas entrevistadas do grupo principal são mulheres. Frazier explicou isso argumentando que os homens dificilmente estavam em casa durante o dia.[VI] Essas mulheres não eram, em sua maioria, alfabetizadas, trabalhavam como empregadas domésticas ou, de qualquer forma, na casa de pessoas mais ricas (e brancas). Muitas viviam em torno da casa de candomblé (algumas iam lá apenas para verificar o que estava acontecendo, "para apreciar") para aconselhamento, necessidades religiosas, vida social e alimentação. Cerca da metade era aparentemente mestiça e várias tinham relações ou assuntos com homens brancos, mais ricos – às vezes casados. A maioria delas tinha casamentos de curta duração, muitas vezes os casais viviam "maritalmente" (como casados) e mais tarde realizavam um casamento formal numa idade mais avançada. Esse era um padrão que, nos anos 1950, antropólogos como M. G. Smith definiram como "tipicamente caribenho",[4] que também era comum na América Latina e em outras regiões do mundo, como as Filipinas.[5] As mulheres vivenciavam uma taxa muito alta de mortalidade infantil. Quando se separavam de seus maridos, elas voltavam para a casa dos pais, que as ajudavam a criar os filhos. A esmagadora maioria das mulheres tinha subempregos. As que não eram empregadas domésticas lavavam e passavam roupas, cozinhavam ou costuravam. Algumas eram vendedoras de rua, enquanto outras vendiam tudo o que podiam em uma pequena loja em sua própria residência.

3 Hellwig (ed.), 1992; Saint-Arnaud, 2009.

4 Smith, 1962.

5 MacDonald & MacDonald, 1978.

Entrevistadas de Frazier da vizinhança do Gantois. Fonte: E. Franklin Frazier Papers Collection, Moorland-Spingarn Research Center, Howard University, Washington, D.C., EUA.

As entrevistas mostram uma variedade de pontos de vista entre a população negra-mestiça que vivia no bairro: aqueles que acreditavam na educação como a melhor e única forma de mobilidade ascendente; um estivador com consciência racial e de classe cuja opinião sobre o candomblé era de que ele servia apenas para manter os negros dançando; e as opiniões do "povo de santo" (a família biológica e as pessoas mais relacionadas com a liderança do terreiro). A linguagem é a das pessoas comuns ("seita", "mãe de santo", "candomblé", "maritalmente" etc.). Frazier não importa expressões para falar do candomblé, mas registra, muitas vezes em português, a maneira de falar das pessoas – ainda que resumidamente.

Fica evidente que a memória da África (por exemplo, das palavras ou expressões africanas, mas também dos modos de casamento africanos) depende da "seita" e da mãe de santo – eram apenas elas que se lembravam da África, muitas vezes com orgulho. A exceção, que fazia parte do segundo grupo de informantes fora da comunidade do Gantois, era a família Alakija/Assumpção, que era transnacional – com membros em Lagos e Londres. Essa família foi entrevistada tanto por Frazier quanto por Turner.

Em seu caderno, Frazier sempre anotava o número de cada entrevista, o nome, a data, a aparência física (textura e cor do cabelo, cor da pele "mestiça" ou "muito escura"), a idade, o histórico familiar, a organização familiar, as relações sociais, os filhos, o estado civil. Ao fazer isso, diferia tanto de Turner quanto de Herskovits. Ele ainda registrava se as pessoas estavam satisfeitas ou descontentes com sua vida, pessimistas ou otimistas, se as mulheres tinham preferência de cor em termos de um futuro parceiro (a maioria dizia que não), e se ainda eram virgens – uma pergunta que, aparentemente, foi francamente respondida. Algumas respostas foram registradas em português: "trabalho muito, dinheiro pouco, despesas muitas".[6] Frazier perguntava explicitamente se os informantes sabiam algo sobre a África – nenhum parecia saber alguma coisa. No caso 10, nós lemos: "Ela não sabe nada de seus avós, nada da África, e nada lhe foi dito ou esqueceu o que lhe foi dito".[7] Obviamente, Frazier não estava induzindo, em sua maneira de fazer perguntas, qualquer memória anterior ou passada sobre a África. Ele registrou pelo menos duas vezes que a única coisa africana que encontrou na casa foi a comida: acarajé, vatapá e caruru. Um bom exemplo é o caso 1, Maria:

> Não conhece nada de seus avós, exceto a avó materna, que ela conhecia apenas ligeiramente. Nunca ouviu nada sobre a África [...]. Sua família exerceu uma supervisão rigorosa sobre seu comportamento... Um homem que vendia leite começou a flertar com ela e lhe dizer que "gostou" dela. Ele a convidou para ir a sua casa. Ela começou a vê-lo sem sua mãe saber. Quando ela engravidou, sua mãe a repreendeu severamente. [...]. Ela viveu com o homem, como esposa, por dois

[6] "Notes – Brazil", *Frazier Papers*, MS, Howard, Box 131-133, Folder 7. As páginas das notas de campo não estão numeradas, mas os casos de cada entrevista estão.

[7] *Idem.*

> anos [...]. Durante os dois anos, ela teve dois filhos, ambos falecidos [...]. Atualmente, sua irmã mais nova e sua mãe estão vivendo juntas como um grupo familiar.[8]

A maioria dos lares era muito pobre, com estado civil instável. Muitas mulheres também trabalhavam na "casa de família" (empregada doméstica em uma família melhor), às vezes conheciam o marido lá ou se envolviam e engravidavam de um homem de pele mais clara daquela família – frequentemente mantendo um relacionamento com ele. Notáveis são também a alta taxa de nascimento e a curta duração da maioria dos arranjos maritais, frequentemente interrompidos pelo abandono ou pela morte prematura do marido, a tenra idade da primeira gravidez e o caráter efêmero do envolvimento (é possível que tal caráter também tenha tido a ver com a forma como Frazier o registrou). Vejamos a entrevista 8:

> Ela o conheceu [o futuro parceiro] na rua. Ele gostou dela, e ela gostou dele. Sua mãe podia ver pelos olhos dela e a repreendia. Quando a mãe ia para o trabalho, o homem entrava e fazia sexo com ela. Ela ficou grávida. A mãe repreendia-a e ao homem. O homem levou ela e a mãe para morar em uma casa e lhes deu um bom sustento. Ela teve três filhos com ele. Todos os três morreram – dois quando pequenos... Depois de quatro anos o homem morreu.

Na mesma linha está a entrevista 6:

> Conheceu o pai de seus filhos em uma festa. Ele disse que "gostou" dela e ela disse "gostei" dele [...]. Durante os cinco anos em que viveram juntos "maritalmente", ela teve três filhos, dois dos quais morreram. No momento, ela está grávida. Ela está feliz com a perspectiva; o homem é gentil e a apoia. Condutor de bondes.[9]

Para as mulheres, era comum começar a trabalhar com a idade de 12-13 anos. A maioria das pessoas não era alfabetizada. As crianças tinham, em média, de 2 a 3 anos de escolaridade. Frequentar a escola regularmente era apenas para uma minoria, como a entrevistada 10, que tinha uma família nuclear estruturada, com pais e dez filhos que iam à escola e frequentavam regularmente tanto a Igreja católica como o candomblé. Não havia outra igreja além da católica para esses informantes. Apenas um informante costumava ir a uma Igreja batista, mas naquele momento ia ao candomblé e a um centro

8 *Idem.*

9 *Idem.*

espírita. A maioria das pessoas era da região e vivia na casa em que nascera. Cerca de um terço vinha do interior da Bahia. Existia muita ajuda mútua no bairro, inclusive quando havia crise nos lares originada pela morte ou pela partida do marido. As famílias eram quase sempre matrifocais.

Os termos de cor utilizados pelos entrevistados revelam um forte viés racista: "moreno limpo" (caso 25), assim como um forte código moral. Assim, a entrevistada 26 era "solteira e honesta" – declarava que queria se casar, era filha de santo, "observa obrigações", gostava imensamente de candomblé, aprendera algumas palavras africanas, mas de resto não sabia nada da África. A entrevistada 28, que se tornaria filha de santo, era uma das poucas ouvidas que tinham aprendido palavras africanas não apenas no candomblé, mas também com a mãe e a tia. Tirando isso, a única coisa identificada como africana era a comida, especialmente a servida nos dias santos especiais, como São Cosme e Damião (27 de setembro) e Santo Antônio (13 de junho). Para a entrevistada 31, que afirmou que seu bisavô do lado da mãe havia nascido na África, Frazier registra que "aparentemente não houve transmissão da herança africana". A entrevista 36:

> Mulher negra, com o avô materno nascido na África e com suas marcas tribais no rosto. Falou a língua africana, mas a informante nunca a aprendeu ou a compreendeu... "Eu era uma filha de santo e aprendi algumas palavras africanas." Não sabe nada sobre a África. Vai ao candomblé e à Igreja católica.[10]

A África é tema também da entrevista 41:

> Maria Francisca, mãe de Zezé, com o bisavô africano e avô de origem africana nascido no sertão. A informante afirma ter 55 anos de idade, mas parece mais velha. Conta a seguinte história: Quando ela veio para a Bahia, havia uma casa na qual ela morava, onde os africanos viviam sob um pai de santo. Todos trabalhavam juntos para a manutenção da casa, mas se dedicavam a empreendimentos individuais como a venda de tabaco, amendoim, banana e peixe. O pai de santo administrava a divisão dos produtos de seu trabalho. Eles falavam africano e praticavam rituais africanos. Ela nunca aprendeu nada da língua nos ritos porque aos 17 casou-se com um homem que não gostava das práticas africanas. Seu marido era filho de um cigano e compartilhava a antipatia de sua mãe pelas práticas africanas. Ela teve 12 filhos, e apenas dois estão vivos [...]. Ela frequenta a Igreja católica e o candomblé.[11]

[10] *Idem.*

[11] *Idem.*

As notas de campo incluem um segundo conjunto de entrevistas, realizadas com os chamados "grupos diversos", constituídos, principalmente, de pessoas da classe média.[VII] Muitos desses informantes eram africanos de segunda geração, nascidos no Brasil, e tinham ligações próximas com uma ou mais casas de candomblé. Uma exceção interessante era o tecelão Alexandre, que tinha um padrão de vida razoável, mas não podia ser classificado como de classe média. Ele foi possivelmente o último na Bahia a tecer de acordo com técnicas da África Ocidental. Alexandre estava ciente de que seu ofício era de origem africana, mas não ia ao candomblé.

*

Alexandre Geraldes da Conceição, o tecelão. Fonte: Lorenzo Dow Turner Papers, Anacostia Community Museum Archives, Smithsonian Institution, Washington, D.C., EUA, cedida por Lois Turner Williams.

Aqueles que ocupavam uma posição de classe média frequentemente celebravam seus pais, na maioria das vezes analfabetos, pela educação que haviam dado a seus filhos – eles pareciam sair de um discurso de Booker T. Washington. Quem ascendia socialmente tendia a ser casado tanto "civilmente"

* Turner registra: "Filho de africanos (nigerianos). Fala iorubá". (N. da T.)

quanto na igreja, além de não gostar da expressão "maritalmente" relacionada à organização de sua própria família.

Havia pouca memória das gerações passadas e nunca além da bisavó.[VIII] Ser casada na igreja e civilmente era algo altamente valorizado pela maioria das mulheres, que também tinham sonhos românticos sobre ter um "marido apropriado" e ser capaz de criar os filhos juntos. A pobreza e, até mesmo, a miséria eram muito mais dominantes no decorrer dessas entrevistas do que qualquer coisa cultural, afro-baiana ou africana. Uma conclusão-chave da pesquisa de Frazier era a de que a herança africana e a prática do candomblé estavam menos diretamente relacionadas entre si do que se esperava; naqueles dias de celebração de culturas autênticas por parte dos antropólogos, Frazier rejeitava o que percebia como uma leitura exótica do povo de ascendência africana.

O método de trabalho de campo de Turner era, em alguns aspectos, radicalmente diferente daquele utilizado por Frazier e Herskovits e, em outros, bastante semelhante. Ele não deixou nenhum trabalho de campo ou notas metodológicas – na verdade, não há tais notas sobre o Brasil em seus arquivos na Northwestern University ou no Anacostia Community Museum. No entanto, a partir das gravações, das transcrições de entrevistas, das notas, dos roteiros para apresentações folclóricas afro-brasileiras e das lembranças posteriores de sua experiência na Bahia, sabemos que ele mostrou a seus informantes uma lista de palavras (e talvez de expressões) e tocou gravações de influência africana que havia reunido da língua gullah da comunidade negra nas ilhas do Sul dos Estados Unidos.[12]

Turner reconheceu, no falar baiano, várias expressões que tinha ouvido da língua gullah, e seus informantes também reconheceram palavras nas suas listas, escritos e gravações. Sem questionarmos o fato de que várias expressões africanas eram semelhantes em ambos os contextos – e, a esse respeito, a técnica de pesquisa de Turner era bem avançada e legítima para a época –, indagamos hoje se nesse processo de reconhecimento de palavras e herança africanas não deveria ser levado em conta também que os informantes baianos queriam dar uma resposta socialmente satisfatória ao amigável, bem-educado e africanista linguista afro-americano.

Os informantes de Turner podem ser divididos em quatro grupos principais: povo de santo, capoeiristas, músicos e informantes de idiomas.[IX] Não há divisões claras entre eles. Alguns falantes de iorubá também faziam parte do

[12] Wade-Lewis, 2007, p. 130.

"povo de santo". Turner tentou gravar todos os sotaques regionais possíveis. Todas as gravações foram feitas em Salvador, exceto a de Mário de Andrade (no Rio), e foram feitas fora do contexto religioso, geralmente às sextas-feiras e aos sábados. Isto provavelmente tem a ver com o enorme tamanho do equipamento de gravação. Parte da gravação foi feita na Rádio Sociedade, que tinha uma antena e um pequeno estúdio a cerca de 50 metros do Gantois, que fica no topo de uma pequena colina. Em 1940, aquela estação de rádio, na verdade, a primeira em Salvador, havia sido assumida por Odorico Tavares,[13] promotor do folclore local e um dos primeiros jornalistas poderosos a serem abertos à cultura afro-brasileira.[X]

Para além das fotografias e da gravação, Turner nos deixou todo um conjunto de transcrições de contos e provérbios que continuou a organizar e reorganizar várias vezes nas décadas de 1950 e 1960, na esperança de publicá-los como uma coleção de "Contos e provérbios iorubás na Bahia" e/ou como parte de um livro mais geral sobre contos iorubás na Nigéria e no Brasil.[XI] Esse material, tanto quanto sei, nunca foi pesquisado e catalogado por ninguém além do próprio Turner.[XII] Uma grande parte foi feita em 1950, quando Turner transcreveu muitas histórias contadas por Martiniano a respeito de sua conhecida recordação de Lagos. Em julho e agosto daquele ano, ele convidou Adu, um estudante nigeriano do Roosevelt College, para verificar a qualidade da transcrição na língua iorubá. Adu indicava com um "ok" tudo o que estava relacionado a Martiniano, mas não o fez com a única história contada por Manoelzinho, cujo iorubá não era aparentemente tão polido.[14] Também há nos seus arquivos contos folclóricos de Martiniano, muitos deles relacionados à Iemanjá, e um rascunho do artigo "The role of folklore in the life of Yoruba in Southwestern Nigeria", que nunca foi publicado.[15] Além disso, Turner possuía gravações feitas na Nigéria de Miss Obisanya, Ade Isola e Arowsegbe, principalmente sobre animais e humanos, narrativas de guerras intertribais e provérbios de Olowe – a transcrição de entrevistas que Turner fez na sua viagem de campo à Nigéria na década de 1950.[16] Aparentemente, ele considerou o povo iorubá como um todo transatlântico, com um componente africano e um componente brasileiro. Foi uma ideia pioneira que, hoje em dia, ressoa em muitos pesquisadores da nação transnacional iorubá.

[13] Ickes, 2013b.

[14] *Turner Papers*, HLAS, NU, Box 38, Folder 6.

[15] *Turner Papers*, HLAS, NU, Box 39, Folder 1.

[16] *Turner Papers*, HLAS, NU, Box 40, Folder 1.

As gravações e fotos de Turner, apesar de seu valor excepcional, permaneceram invisíveis e desconhecidas para a grande maioria dos pesquisadores brasileiros até recentemente. Em 2012, a repatriação digital de cópias de suas fotos e gravações para as casas de candomblé Gantois e Opô Afonjá – em encontros organizados pelo Museu Afro-Digital do Patrimônio Africano e Afro-Brasileiro da Universidade Federal da Bahia – permitiu aos mais velhos reconhecerem a maioria dos informantes de Turner.[XIII] Eles ficaram emocionados com a oportunidade de ouvir as vozes de pessoas tão importantes na comunidade do candomblé e deram grande valor às gravações de vozes de líderes religiosos de longa data. Esse projeto está dando nova relevância ao trabalho de Turner na Bahia. O processo de repatriação digital recebeu o apoio do Archives of Traditional Music, da Indiana University, Bloomington, onde se encontra a coleção de gravações de Turner; da Melville J. Herskovits Library of African Studies, da Northwestern University, e especialmente do Anacostia Community Museum, do Smithsonian Institute, que abriga a maioria das fotografias e dos artefatos coletados por Turner em suas pesquisas. Mais recentemente, as maravilhosas fotos e gravações de Turner receberam sua merecida atenção através da exposição itinerante "Gullah, Bahia, África" da obra de Turner, organizada por Alcione Amos, do Anacostia Museum, no disco *Memórias Afro-Atlânticas* (2017), organizado pelo etnomusicólogo da Universidade Federal do Recôncavo Baiano Javier Vatin, e até mesmo um documentário homônimo de 76 minutos, dirigido por Gabriela Barreto.[17]

As notas de campo dos Herskovits são muito mais volumosas do que as anotações deixadas por Frazier e, claro, as poucas notas dispersas deixadas por Turner. As notas de campo mantidas pelo Schomburg Center vêm em dois formatos: manuscritas e transcritas. A transcrição é bem literal, e foi ela que analisei.[XIV] Ela consiste em um caderno grande com 260 páginas e seis cadernos com entrevistas e notas de observação dos participantes. Cada pequeno caderno tem entre 100 e 120 páginas e compreende as mesmas informações que o livro maior, mas reorganizadas de acordo com um conjunto de temas. Melville e Frances não mantinham lista de nomes dos informantes, mas esta pode ser deduzida com base na leitura das notas de campo ou, em resumo, na lista de pagamentos em seu relatório final (Anexo I).[XV] Nas notas, no entanto, há uma lista de casas de candomblé "legítimas" [ortodoxas], de acordo com Manoel da Silva:

[17] "Memórias afro-atlânticas", 2019.

> Homens: Bernardino – Angola, congo, gege, ketu; Joãozinho "não e' feito mas compreende muito", caboclo, ketu (agora ketu, era caboclo alguns anos atrás); Manoel Menezes – gege; Gonçalo – Angola; Vidal – ketu; Procópio de Ogum – ketu; Ciriaco – ketu; Co...[ilegível] – depois do Engenho Velho – ketu; Eduardo – Ijesha; Mulheres: Engenho Velho – Tia Masi – ketu; Gantois – Tia Minininha – ketu "mas muito competente para todas as nações"; Oxumarê – Cotinha – gege; Maria Nene (Congo); Candomblé de São Gonçalo [a "senhora" que encontramos com Vidal cujo nome ninguém parece saber] – ketu; Idalise – Estrada de Rodagem – Angola; Maria de Ogum – gege, Ijesha.[18]

Essa lista evidencia que havia opiniões divergentes em torno da nação de pertença de algumas das casas e que alguns pais e mães de santo, o mais destacado e publicamente conhecido dos quais talvez fosse Joãozinho, tivessem se tornado ketu nos últimos anos.

As notas também incluem uma lista bastante detalhada de permissões emitidas pela polícia para terreiros durante os três anos de 1939-1941. Nessa lista (ver Anexo II) podemos ver que a maioria das casas é das nações de Angola ou das nações caboclas. Entretanto, seguindo uma tendência que crescerá nas décadas sucessivas, algumas delas pouco a pouco se tornaram ketu-nagô – isto é, juntaram-se à minoria de terreiros da nação tida, junto com a jeje, como a mais ortodoxa e puramente africana.[19] Foi o que, segundo o casal, aconteceu com o famoso pai de santo Joãozinho da Gomeia, que era da nação cabocla e se tornou ketu.[XVI] Essa mudança de uma nação para a outra recebeu muitas críticas, especialmente por parte dos membros mais longevos das casas mais antigas que, em geral, eram mais relutantes em mudar. Os informantes reclamavam da abertura de novas casas por pessoas que eram muito jovens, às vezes sem sequer uma iniciação adequada. Outro fenômeno desaprovado era o de homens dançando e sendo possuídos pelo santo, porque a posse indicava que eles eram "passivos" – e, portanto, homossexuais. Na verdade, nem todos deveriam dançar o tempo todo. Nas casas ortodoxas em que os idosos lideravam, a dança era controlada e feita em doses apropriadas, geralmente pequenas.

Aqui está um trecho das notas sobre a diferença entre as nações de candomblé:

[18] "Brazil Field Notes", Book A, pp. 12-13. *MHJ & FSH Papers*, SC, Box 18, Folder 110.

[19] Dantas, 1988; Teles dos Santos, 1996.

> Caboclo: Joãozinho afirmou definitivamente que o Caboclo é diferente de Angola e do Congo – no sentido de que é Guarani. [Era a impressão de Melville cuja atitude era depreciativa quando falava sobre Caboclo, diferentemente de outras seitas. Quando Frances aderiu à entrevista, ele disse que Caboclo fazia tudo de forma mais simples e menos dispendiosa] [...]. A matança [ritual de sacrifício de animais] era feita a céu aberto, na frente de todos, em vez de reservar um momento especial e ter uma cerimônia particular. Santos caboclos não têm preceitos [obrigações religiosas]. Enquanto os santos africanos trabalham com folhas, os santos caboclos trabalham com raízes. [...]. As canções dos caboclos não são em africano, mas em português, e são muito bonitas [...]. As canções não são fixas. Cada santo compõe a sua. Dissemos que eles nos lembravam as canções dos Evangélicos. Ele riu, mas não discordou.[20]

Mãe Menininha, a famosa chefe do terreiro do Gantois, sugeriu ao casal que, se eles quisessem ir a uma festa cabocla, que viessem ao Gantois, onde também havia festas caboclas, mas eram festas sérias.[21] Deve-se acrescentar que, segundo os Herskovits, o terreiro do Gantois era bem conhecido por ser muito hierárquico, e a mãe de santo Menininha, bastante rigorosa. Nessa casa, as funções e os papéis de "equede", "vodunsi", filha de santo, mãe-pequena e mãe de santo eram diferenciados. A confirmação da iniciação era difícil de obter e podia levar muito tempo.

Os Herskovits fizeram uma descrição boa e detalhada da ordem, das hierarquias (do respeito), das ofertas, da disposição da casa e dos processos no culto do candomblé. Por exemplo, como abrir um novo terreiro a partir de uma "roça". Eles descreveram claramente quem exercia ou não cada função na casa. É uma descrição da observação pessoal e das entrevistas de seus informantes. O casal perguntou a cada um deles quais eram seus preceitos quanto a um santo particular de sua própria casa: tipo de festa, comida, obrigação social, vestuário, espaço (o barracão e o pátio ao redor), e quais eram os santuários sagrados mais importantes ("pegis"), o tempo, a duração da iniciação (quanto mais longa, mais tradicional a casa pode ser considerada) etc. Cada informante assumia que seus preceitos eram os corretos e que existiam outras casas que podiam fazer isso de maneira diferente. Era uma dinâmica diferenciadora típica do candomblé. Uma casa também existe porque é diferente de outra casa. É por isso que a associação geral de casas de candomblé, fundada por Edison Carneiro em 1938, teve uma vida curta e

[20] "Brazil Field Notes", Book B, p. 6. *MHJ & FSH Papers*, SC, Box 18, Folder 110.

[21] *Idem*, p. 21.

conturbada. Em vez de alianças oficiais, o sangue ou as genealogias espirituais sempre funcionaram melhor, ligando uma casa a outras.[22]

Ao contrário de Frazier, nas entrevistas dos Herskovits, assim como nas notas de Turner, há pouca ou nenhuma informação pessoal sobre o entrevistado – isso teve de ser deduzido através das descrições detalhadas de rituais, sacrifícios de animais, banhos com folhas especiais, "causos" (ocorrências, geralmente contratempos, decorrentes de erros ou por não seguir o que os santos esperavam da pessoa) em sua casa ou em outras casas, ou "notas" (listas de gêneros alimentícios, valores em dinheiro – "dinheiro de chão" – e objetos exigidos por um santo como oferta para um propósito específico).[23]/[XVII]

Cabra prestes a ser sacrificada no terreiro do Vidal. Fonte: Melville Herskovits Collection, Elliot Elisofon Photographic Archive, National Museum of African Art, Smithsonian Institute, Washington, D.C., EUA.

A descrição das práticas corretas é sempre feita de forma bastante neutra. É a transcrição do que eles ouviram, tomada pelo valor nominal. Às vezes, há uma nota entre parênteses com uma observação, tal como "precisamos perguntar mais sobre isto". Aqui está um exemplo típico:

> Quando um membro da família vai se tornar alguém "feito", um parente dá presentes. É impossível dizer quanto, porque eles compram artigos de vestuário etc. Alguns dão dinheiro, mas aqueles que conhecem o candomblé sabem o que dar.[24]

[22] *Idem, ibidem.*

[23] *Idem*, pp 14-15.

[24] "Brazil Field Notes", Book C, p. 19. *MHJ & FSH Papers*, SC, Box 18, Folder 111.

Em outras ocasiões, diz respeito à transcrição literal do que um informante disse. O que interessava ao casal era principalmente a função de cada santo, a composição de cada ritual, os muitos tabus (quanto a comida, roupas, comportamento, dança etc.), a diferença entre casas e nações candomblé (ketu, jeje, angola e caboclo), os funerais e ritos de morte, a iniciação, a posse (quem está possuído, como a comunidade se relaciona com ela), e a abertura de uma nova casa de candomblé. Eles sempre perguntavam quais eram as palavras usadas, especialmente as africanas. Tentavam o tempo todo estabelecer relações com outros lugares que haviam pesquisado antes, especialmente Daomé, Haiti e Suriname.

A descrição dos enterros vem com todos os detalhes possíveis, especialmente a de Mãe Senhora,[XVIII] uma sacerdotisa altamente respeitada: o caixão, a preparação do corpo, o que acompanha o caixão, como levá-lo ao cemitério, a comida e os cantos, os passos rituais, o que fazer após o enterro, como se desfazer dos bens do defunto etc. Aparentemente, isso também foi importante nas pesquisas do casal no Daomé publicadas em *Dahomey: an ancient west African kingdom.*[XIX] Nas notas, eles tiveram o cuidado de transcrever o máximo possível de palavras africanas que haviam sido usadas nas entrevistas.

Eles também perguntaram muito sobre Exu, a entidade do candomblé que age como mensageira entre os homens e os deuses e que também abre e protege seu caminho – mesmo sendo muitas vezes representada por estranhos como o diabo. Uma entidade semelhante, chamada "bakru" em sranan tongo (língua crioula surinamesa), atraiu muito sua atenção na pesquisa para o livro *Suriname Folk-lore*.[XX] Melville e Frances teriam uma série de pequenas estátuas metálicas de Exu, feitas para eles pelos ferreiros no mercado de S. Joaquim.[XXI] Infelizmente, elas faziam parte da coleção que afundou com o navio naufragado. Sua sensibilidade etnográfica era alimentada com sua experiência de pesquisa transatlântica e a busca constante de semelhanças etnográficas, e não de singularidades, entre os diferentes locais.

Outros tópicos capturaram a curiosidade do casal, como o processo de numeração do "jogo do bicho", do qual eles fornecem uma descrição muito detalhada,[25] e os fenômenos do "amasiado", uniões matrimoniais informais, que eles interpretaram como fenômenos muito mais estruturados e baseados em tradições africanas do que a forma como Frazier os retratara um ano antes. O "amasiado" seria abordado em um artigo específico.[26] Os Herskovits também

[25] "Brazil Field Notes", Book B, p. 3a. *MHJ & FSH Papers*, SC, Box 18, Folder 110.

[26] Herskovits, 1943e.

explicaram em detalhes a importante diferença entre "ogã de ramo" e "ogã confirmado".XXII O último tem direitos e obrigações. O primeiro não possui nada disso e exerce um papel mais honorário. Todos os pesquisadores do culto do candomblé que foram "iniciados" eram "ogãs de ramo (a partir de Nina Rodrigues, muitos pesquisadores se tornaram ogãs e se orgulhavam publicamente disso), pois se tornar "ogã confirmado" trazia muito mais responsabilidades e poderia consumir muito tempo.[27]/XXIII

Frances e Melville preferiram evitar a questão da homossexualidade e dificilmente registraram a presença (notável) de homossexuais dentro e ao redor dos terreiros e suas cerimônias e festas. No entanto, eles relataram uma ocorrência peculiar.[28] Quando se discutiam os poderes da mãe de santo e o quanto eles podiam ser "corrompidos" e utilizados para fins maléficos, foi utilizado o exemplo da mãe de Menininha. Ela fora uma mãe-pequena e havia sido morta por um feitiço. Vinha se relacionando com uma das filhas de santo – algo que, como Ruth Landes mostrou, não era incomum naqueles tempos nas casas de candomblé dominadas por mulheres –, quando fora atraída por um homem, um açougueiro que morava no alto da rua da pensão [a já mencionada Pensão da Edith, na qual os Herskovits estavam hospedados] e passara a viver com ele. Sua amante ficara furiosa e também "arrumara" um homem, mas jurara à mãe de Menininha que "lhe daria uma resposta". Fora então ao Tio Ojo, um dos africanos que lidavam com feitiçaria, e conseguira um feitiço que matara a mãe de Menininha. Pulqueria [uma poderosa sacerdotisa] ainda estava viva, "mas não pôde fazer nada nesse caso". Outro exemplo de como a questão da homossexualidade fazia parte de suas preocupações é o registro, em 19 de abril de 1942, de uma festa no terreiro de Procópio. Este, um dos poucos informantes que, segundo o casal, era muito fluente em iorubá, entrou na dança: "Na cabeça, ele tinha um chapéu verde-azul do tipo que Ogum veste, só que com mais turbante e todo o efeito de um príncipe africano – não sendo de modo algum um ser efeminado. Muito menos a dança".[29] Era uma admissão (privada) da relevância do tema da homossexualidade nas casas, algo que Melville condenaria mais tarde publicamente em suas críticas ao estudo de Landes que enfatizava a centralidade da mulher no candomblé.[30] Além dessas várias referências à homossexualidade no candomblé, nas notas de campo, há várias menções à discriminação racial. Ou seja,

27 Brazil, *op. cit.*, p. 29.

28 *Idem*, p. 30.

29 "Bahia, 1942", Book V, p. 62. *MHJ & FSH Papers*, SC, Box 19, Folder 127.

30 Landes, 1947.

eles notaram tanto a homossexualidade e a discriminação racial quanto a consciência negra, mas não estavam interessados em desenvolver essas questões polêmicas em suas publicações – isso não fazia parte de seu projeto.

As notas de campo dão também várias pistas de muitos tópicos que mostram que os Herskovits tinham interesses mais amplos e registraram também impressões e observações que de alguma forma estavam em desacordo com seus princípios gerais quanto às sobrevivências africanas – e que não encontrariam lugar nos trabalhos que o casal publicaria relacionados ao Brasil. Abordemos essas observações um tanto contraditórias. Fofocar e questionar o conhecimento um do outro e a fidelidade real a uma nação específica faz parte da cultura do candomblé, tanto antes como agora. As razões para a fofoca são muitas: quando promover uma festa ou não, como será a festa, o sucesso ou o fracasso de uma festa, o poder espiritual de um terreiro. Além disso, a presença e a ação de outros pesquisadores também podiam ser motivo para fofoca; Frances, por exemplo, observa que "a casa de Aninha... Ruth Landes tinha estado lá com Carneiro. Ela disse que desejava ser 'feita'. Naquele momento, a mãe de santo ketu, que estava observando, riu".[31] A presença de pesquisadores estrangeiros não passou despercebida:

> Mãe Senhora anuncia orgulhosamente os estrangeiros americanos que entram na sala e o presidente mencionou orgulhosamente os outros americanos que estiveram lá, Pierson, Landes, Turner, Frazier, e disse que o povo de longe apreciava esta religião, mas não os que estavam perto![32]

Com Mãe Senhora, o casal notou várias influências daomeanas, ainda que geralmente não reconhecidas e incorporadas em rituais e objetos nagô/ketu. Com Vidal, o casal pediu constantemente às pessoas que reconhecessem as divindades daomeanas, o que muitas vezes aconteceu. Eles também os comparavam com o Suriname e o Haiti: "O que aconteceu com os deuses daomeanos aqui é como o que aconteceu no Haiti – eles se tornaram um pouco imprecisos na forma e na função, e o senso de lugar foi perdido". Ao conversarem com Vidal, que queria saber se o jeje ainda existia na África, eles escrevem uma nota: "Por que as sobrevivências nagô eram tão precisas?". Frances tem a resposta: "Acho que pelo contato contínuo com Lagos, em contraste com nenhum com o Daomé. Mas por que todos os estudantes brasileiros negligenciaram este material? Por que eles não sabiam o que

[31] "Bahia, 1941-42", Book II, p. 16. *MHJ & FSH Papers*, SC, Box 20, Folder 125.

[32] "Bahia, 1942", Book IV, p. 41. *MHJ & FSH Papers*, SC, Box 20, Folder 126.

procurar?".[33] Os Herskovits levavam consigo seus dois livros sobre o Daomé durante a visita aos terreiros, e os exibiam sempre que possível para causar impressão e registrar como as pessoas reagiam:

> Mostramos os volumes daomeanos a Vidal. [Ficou] Mais impressionado com fotos coloridas de Aida Wedo, que ele chamou de Oxumarê, e chamou uma jovem mulher para vê-la – possivelmente uma filha de Oxumarê. Também, o Hoho, que ele chamou de Kohobi. Também comentou sobre as grandes roupas que os chefes usavam e os guarda-chuvas sobre eles. Ele gostou dos bronzes e dos trabalhos em madeira. "Foram os próprios africanos que o fizeram?"[34]

O casal ficava muito entusiasmado quando deparava com africanismos. Aqui está um exemplo: "No caminho, houve outro bom africanismo – passamos pelo tocador de atabaque manco e Raimundo parou o carro. Vidal inclinou-se para frente, suas mãos nos lábios – Não diga a ele para onde estamos indo. Vamos ver primeiro o que ele está fazendo".[35] Ou: "Vivi abriu com uma canção em um falsete que me impressionou... minhas associações eram com o Norte da Nigéria, por exemplo, pensei em Kano quando ele invocou os deuses, particularmente Ogum".[36] De uma cerimônia, Mel disse: "Tudo isso me fez lembrar o Legba daomeano",[37] e, ao comentarem as irmandades negras católicas, disseram achá-las impressionantes, porque "os chefes, com suas equipes de trabalho, pareciam potentados africanos".[38] Em outras palavras, era africano aquilo que parecia africano ou que os fazia lembrar a África. Ao longo das notas, há comentários sobre coisas ou rituais que lembram a África. Ao mencionarem, por exemplo, uma festa de Lorogun no terreiro de Procópio, anotam: "Isto é uma sobrevivência da 'guerra' anual da África Ocidental".[39] A comparação internacional está em toda parte: "É o lugar com mais santuários que vi depois da África e da selva do Suriname".[40] "O *santo* dela tem um nome africano? Sim, era Ainle. Ela o pronunciou perfeitamente e eu exultei. Eu disse que o conhecia da África, que lá era um santo muito importante... Eles

[33] "Bahia, 1941-42", Book I, p. 22. *MHJ & FSH Papers*, SC, Box 20, Folder 125.

[34] "Bahia, 1941-42", Book II, p. 1. *MHJ & FSH Papers*, SC, Box 20, Folder 125.

[35] "Bahia, 1942", Book IV, p. 44. *MHJ & FSH Papers*, SC, Box 20, Folder 126.

[36] "Bahia, 1942", Book V, p. 41. *MHJ & FSH Papers*, SC, Box 20, Folder 127.

[37] "Bahia, 1942", Book V, p. 43. *MHJ & FSH Papers*, SC, Box 20, Folder 127.

[38] *Idem, ibidem.*

[39] *Idem*, p. 18.

[40] "Bahia, 1941-42", Book II, p. 12. *MHJ & FSH Papers*, SC, Box 20, Folder 125.

ficaram realmente impressionados".[41] Ao descrever um bairro de classe baixa, Frances comentou: "Isto é pura África".[42]

O *status* social também desempenhava um papel fundamental:

> Várias histórias seguiram o padrão usual que conhecemos de outros lugares – quantos automóveis vêm trazendo pessoas para as *festas* que eles dão, e como, em uma ocasião, uma garota branca ficou possuída, e a angústia de sua mãe (a história contada lindamente, que ator o homem é!), como ele foi pedir uma permissão para [tocar] os tambores e lhe foi dito "Duas coisas que não vou permitir aqui, jogo do bicho e macumba" e outras histórias de interferência oficial; ou vários altos funcionários, que (no passado ou no presente) eram filiados ao culto.[43]

Não sei se intencionalmente ou por acidente, o casal estava em Salvador durante o período do ano que concentra a maioria das festas nos terreiros – de novembro a março ou até a Páscoa. Em um único dia, eles visitaram cinco terreiros. A maioria das várias listas nas notas (de objetos e animais a serem adquiridos para uma cerimônia específica; da média de pagamentos para diferentes tipos de trabalho; de prescrição ritual para uma cerimônia específica, de posição hierárquica em um terreiro) foi utilizada nos quatro artigos sobre o Brasil publicados posteriormente.

Os Herskovits eram geralmente corteses e, antes de fazer uma oferenda, perguntavam aos líderes importantes sobre o tipo de presente (ou dinheiro) que poderiam dar a uma casa. Eles também negociavam sobre tirar fotos, o que nem sempre era permitido. O fato de o casal ter mostrado suas próprias fotos – em seus livros – fez com que seu apelo para que mais fotos fossem tiradas se tornasse mais aceitável. Menções a livros, imagens, fotos e gravações são recorrentes nas anotações. O casal mostrou seus volumes de *Dahomey*, e Vivi exibiu um exemplar de *Os africanos no Brasil* dizendo ser de Ramos ("não seria de Nina?", anota Herskovits), acrescentando, no entanto, que tudo o que fora escrito seria produto de adivinhação de seu santo – que fora invocado –, e não de autoria dele mesmo. Mel acrescentou um detalhe importante, que indicava que Vivi era analfabeta: "Vivi segurava o livro de cabeça para baixo quando comentava sobre ele".[44] Há mais evidências de quantas fotos e

[41] *Idem*, p. 17.

[42] *Idem*, p. 2.

[43] "Bahia Field Notes", *MHJ & FSH Papers*, SC, Box 18, Folder 110-113.

[44] "Bahia, 1942", Book V, p. 43. *MHJ & FSH Papers*, SC, Box 20, Folder 127.

gravações feitas por pesquisadores estrangeiros foram percebidas como bastante importantes nas casas do candomblé:

> 4 de março, Visita de Joãozinho [da Gomeia]: Joãozinho apareceu esta tarde com um "namorado" [todos estavam cientes de que Joãozinho era homossexual]. Ele trouxe um par de discos que Turner lhe havia dado – Turner deixou cópias de seus discos com seus informantes [...] sem agulhas de fibra, não podíamos tocar seus discos, mas tocamos alguns de nossos próprios discos. Ele conhecia a maioria das canções e (tipicamente) respondia a elas dançando.[45]

Joãozinho da Gomeia. Fonte: Domínio público.

Havia algum emaranhado entre as várias nações do candomblé, mesmo que a maioria das pessoas concordasse que existiam mais casas ortodoxas, e que representantes de casas menos ortodoxas tentassem obter o apoio de representantes de casas ortodoxas, por exemplo, convidando-os a participar de suas festas e cerimônias: Gantois, Bogum, Oxumarê, Engelho Velho (Casa Branca), Manoel de Ogum, São Gonçalo (Opô Afonjá), Manoel Neive Branco. Joãozinho transitava por várias nações. Em termos de espaço, não havia um "tipo" especial de casa para uma determinada seita. As casas de caboclo, mesmo as mais renomadas como as de Sabina, também interagiam com o espiritismo e realizavam anualmente "mesas".

[45] *Idem*, p. 18.

As notas de campo mostram que existia uma continuidade entre ketu-jeje--Angola-caboclo-espiritismo, em uma linha que vai de mais hierárquica a menos hierárquica, de mais complexa a mais simples, de liderança baseada na genealogia a liderança baseada na inspiração ou livre escolha, de períodos mais longos a períodos mais curtos de iniciação. Não apenas há um certo trânsito ao longo do *continuum*, como há um processo de recriação constante dos dogmas, listas, sanções etc., com a possibilidade de invenção, muitas vezes apresentada como inovação ou sinal de distinção.

Aproximadamente metade das notas relata entrevistas curtas ou apenas conversas rápidas com muitas pessoas que o casal encontrou, algumas várias vezes, em diferentes casas e cerimônias. A outra metade relata as entrevistas de um grupo selecionado de informantes-chave, em geral os que estão na lista de despesas (ver Anexo I). Para os Herskovits, especialmente quando comparados às anotações de Frazier, a casa do Gantois desempenhou um papel muito menor do que outras casas ortodoxas, em particular a casa do Bogum (da nação jeje, originária de Daomé). Menininha, a sacerdotisa líder do Gantois, foi mencionada em vários pontos, mas não parece ter havido uma entrevista adequada com ela.

Oferendas para os santos no terreiro do Bogum em Salvador. Fonte: Melville Herskovits Collection, Elliot Elisofon Photographic Archive, National Museum of African Art, Smithsonian Institute, Washington, D.C., EUA.

Nas coleções etnográficas ou nos registros dos antropólogos, a individualidade e a autoria do material analisado não estavam em foco; a ênfase encontrava-se no fenômeno, não nos indivíduos. Portanto, não havia nomes dos informantes nas fotos tiradas, nos trabalhos publicados ou nos registros musicais. No entanto, alguns nomes apareciam nas notas de campo e, dessa forma, foi possível obter alguns dados do contexto. Assim, Eduardo estava entre os músicos gravados em 19 de abril de 1942,[46] e Marinha de Nanã era a vocalista principal do grupo de Manoel.[47] A partir disso, podemos deduzir que o casal não confiava inteiramente no que ouvia e que não gostava dessa demonstração de *status* e poder por parte da liderança do candomblé, optando sempre por uma verificação adicional.

Embora os Herskovits não tenham importado para a Bahia os termos "babalorixá" e "babalaô", já que estes estavam em uso, como pode ser visto na lista de termos anotados na entrevista com Leonardo,[48] "babalorixá" e "babalaô" eram, entretanto, de uma segunda ordem, interna e mais reservada – para serem usados pelas pessoas da casa ou por aqueles que já tinham sido iniciados. Com a descoberta de tais termos, de óbvia origem africana, por importantes pessoas de fora, como os Herskovits, esses vocábulos começaram a ser utilizados em público, politicamente, para afirmar ou reforçar diferenças culturais. O casal ajudou nesse processo, que pode ser chamado de estetização política do candomblé.[49]

Na mesma linha, Frances e Melville frequentemente relacionavam suas informações e experiência prévia de pesquisa na África e, de fato, contavam a seus informantes como uma determinada coisa (ou santo) era chamada no Daomé – e às vezes também no Haiti ou no Suriname. Ao longo das notas, podemos ler: "Continuamos a mostrar-lhe os livros do Daomé, e ele estava muito interessado. Em geral, os informantes estão bastante interessados na África e querem ver as fotos do Daomé".[50] Esse conhecimento prévio das coisas africanas dava ao casal uma certa compreensão mais ampla, assim como, com certeza, um poder de influência na relação com os informantes. Entretanto, na busca de africanismos na Bahia, às vezes o casal ficava confuso, como no caso do sistema de crédito rotativo. No início, eles perguntaram se as pessoas

46 *Idem*, p. 64.

47 *Idem*, p. 20.

48 "Brazil Field Notes", Book B, p. 25. *MHJ & FSH Papers*, SC, Box 18, Folder 110.

49 Sansone, 2004.

50 "Bahia, 1941-42", Book I, p. 3. *MHJ & FSH Papers*, SC, Box 20, Folder 125.

conheciam *esusu* (provavelmente do Daomé). As pessoas responderam que aqui era chamado de "Caixa" e era feito principalmente entre costureiras. Outras profissões criaram um sistema chamado "sociedades". Mais adiante, porém, eles registraram "Caixas" como sistemas de crédito rotativo e "sociedades" (sociedades de poupança) como algo específico da Bahia e não fizeram conexões através do Atlântico Negro.[51]

Apesar do que podemos chamar de viés africanista, que de qualquer forma enfatizava uma memória local existente e muitas vezes reprimida da África, a descrição detalhada do que o casal ouviu nas entrevistas e do que viu é de grande utilidade para aqueles que estão interessados na prática do candomblé nos anos 1940. Como podemos ler mais adiante, mesmo que as notas de campo nunca tenham sido totalmente exploradas como deveriam na edição de um livro, uma seção delas foi utilizada para a escrita de um conjunto de artigos e capítulos sobre temas como as músicas e os atabaques, o *panan* e a organização social do candomblé (ver adiante). Esses estudos não só inspirariam autores importantes como Roger Bastide e o antropólogo baiano Vivaldo da Costa Lima,[52] como contribuiriam, de fato, para estabelecer uma nova agenda de pesquisa sobre os sistemas religiosos afro-brasileiros, atualizando a que Nina Rodrigues havia estabelecido quatro décadas antes, assim como um (novo) cânone de práticas corretas e "mais africanas", dentro do núcleo de terreiros, definidas como ortodoxas.

Como vimos, esse movimento em direção a uma nova autenticidade e africanidade também foi gerado a partir do interior das casas de candomblé. Uma boa razão para sua aceitação nas casas definidas como mais tradicionais é que os Herskovits se encaixavam perfeitamente no primeiro lado da polaridade local já existente ketu *versus* caboclo, puro *versus* impuro, "apolíneo" *versus* "dionisíaco".[XXIV] Era uma polaridade presente entre certas figuras superiores da comunidade do candomblé, bem como entre o crescente grupo de intelectuais autodidatas locais e nacionais, mas era também uma polaridade central para a interpretação da cultura e da personalidade pela escola homônima de antropologia nos EUA nos anos 1930 e 1940 – da qual Mead, Benedict, Linton e Herskovits eram os personagens mais proeminentes. Tal polaridade também se enquadra nas interpretações brasileiras de Nina Rodrigues, Arthur Ramos e Edison Carneiro e, mais tarde, inspirará tanto os estrangeiros (Bastide e Verger) como a primeira geração de antropólogos brasileiros com formação

[51] "Brazil Field Notes", Book B, p. 34. *MHJ & FSH Papers*, SC, Box 18, Folder 110.

[52] Costa Lima, [1977] 2003.

americana (Eduardo Galvão, Octavio da Costa Eduardo, René Ribeiro e Ruy Coelho).[XXV] O fortalecimento dessa polaridade, portanto, serviu a essas três agendas e também foi útil para a dinâmica interna de poder da comunidade do candomblé na Bahia e no Nordeste em geral.[53]

Não apenas os quatro pesquisadores tinham ênfases diferentes (estrutura social para Frazier, língua para Turner e cultura para os Herskovits), mas, como já foi dito, eles também tinham redes diferentes. Turner e Frazier entraram em contato com muitos dos mesmos informantes-chave que, no ano seguinte, seriam úteis também para os Herskovits. Mesmo que a maior parte das pesquisas fosse realizada no mesmo bairro, ao redor da casa do Gantois, com algumas incursões em outras casas de candomblé e seus arredores imediatos, bairros de Engenho Velho e São Gonçalo, em termos de informantes, os três pesquisadores tinham um foco diferente: Frazier focalizou a comunidade, Turner em certos personagens e Herskovits nos líderes e especialistas das casas de candomblé.

O estilo de Frazier e seu projeto acadêmico-político podem ser discernidos através de suas notas de trabalho de campo. Para definir personagens, posições e modos da religião do candomblé, ele usou termos nativos, tais como "casa", "seita" e "zelador" para se referir, respectivamente, ao templo, à religião, ao sacerdote ou à sacerdotisa. Ele parecia dar relativamente pouca importância às coisas africanas e, às vezes, deliberadamente menosprezava as memórias africanas. Em suas entrevistas, perguntou o que as pessoas sabiam da África, que palavras africanas conheciam, e se sua origem era africana. Em seus comentários, constantemente sugeria que as ações diárias, as estratégias de sobrevivência e os arranjos familiares eram muito mais informados pelas circunstâncias atuais do que por qualquer passado africano. Todas as notas de campo e transcrições de entrevistas de Frazier contêm nome e dados básicos do informante. Ele também tirou fotos de todos os informantes, até mesmo das pessoas simples da comunidade em torno da casa do Gantois. Cada foto era numerada e tinha o nome da pessoa retratada escrito no verso e um número na frente para ajudar a identificar o informante. Tratava-se do método que ele havia utilizado em suas pesquisas sobre a família e a igreja negra nos Estados Unidos. O fato de manter detalhes das entrevistas, como o nome do informante e a data da conversa, é uma prova de que Frazier atribuía a esse trabalho de campo – curto, mas intenso – o caráter de um estudo piloto a ser continuado e expandido. É como se ele tivesse planos de voltar aos mesmos informantes em algum momento.

[53] Dantas, 1988.

O estilo e o projeto dos Herskovits falam igualmente bem através de suas notas de campo e gravações musicais. Elas são catalogadas de acordo com os temas. Os cadernos I a IV contêm a descrição da visita aos terreiros, às suas festas e a seus rituais. Os outros seis cadernos de apontamentos, nomeados de A a F, contêm a transcrição editada das entrevistas.[54] O registro de uma das entrevistas revela que ela foi dividida em vários temas. Certamente Frances teve muito trabalho para reescrever todo o conjunto das falas, dividindo-o em assuntos específicos. O nome dos informantes não é mencionado, exceto quando se trata de personagens importantes da religião do candomblé. Ao contrário de Turner, que em suas gravações musicais sempre indicou o nome do autor ou músico, as gravações musicais de Herskovits, que foram posteriormente publicadas em uma compilação da série Folkways, do Smithsonian Institute, nunca mencionaram o nome do músico, mas apenas a que orixá aquele "toque" particular fora dedicado.

De maneira semelhante à técnica de Turner, Herskovits enviou a seus informantes listas de palavras em línguas africanas, especialmente relacionadas à religião que ele havia pesquisado enquanto fazia pesquisas no Daomé e ao escrever os dois volumes homônimos.[55] Nessas listas,[XXVI] Herskovits coloca uma série de termos em iorubá, tais como "babalorixá", referindo-se ao sacerdote do candomblé, que, como dito, eram usados apenas em certas ocasiões na Bahia na época, mas que depois vieram a ser usados comumente pelos pesquisadores. Outros termos utilizados por Herskovits não eram empregados pelos informantes, mas começaram a sê-lo por pesquisadores brasileiros – "religião" em vez de "seita" e "terreiro" em vez de "casa". De muitas maneiras, pode-se dizer que Herskovits tinha a missão de descrever o candomblé como uma religião própria, em vez de um culto sincrético que misturava elementos africanos com o catolicismo popular e práticas malévolas, como era frequentemente retratado na imprensa local. Ao fazer isso, Herskovits ampliou e sofisticou a imagem do candomblé introduzindo uma referência constante à vida religiosa na África Ocidental e à pesquisa já realizada pelos brasileiros Arthur Ramos e Edison Carneiro, de cujos trabalhos ele estava muito consciente. De maneira semelhante a Turner, Herskovits tentou, em suas entrevistas, despertar memórias africanas e encontrar africanismos.

Turner e Frazier também entrevistaram vários informantes-chave de famílias negras que tinham parentes na Nigéria ou no Daomé. Turner obteve

[54] Parés, 2016.

[55] Herskovits, 1938a.

a aceitação dessas famílias, e podemos imaginar que foi por causa disso que ele obteve de seus informantes de classe média cópias e originais de passaportes de negros baianos retornando à África, assim como fotos dessas famílias na Bahia e em Lagos. Uma dessas famílias importantes entrevistadas por Turner era a Alakija/Assumpção.[56]

Porfírio Maximiliano (Maxwell) Alakija (Assumpção) e família na Bahia. Fonte: Lorenzo Dow Turner Papers, Anacostia Community Museum Archives, Smithsonian Institution, Washington, D.C., EUA, cedida por Lois Turner Williams.

Nas anotações que seguem as fotos, Turner observou que a família Assumpção/Alakija tinha ramificações em Salvador, Londres e Lagos na Nigéria. Plácido, irmão do Sr. Maxwell (o patriarca da foto acima), é Adeyemo Alakija (à direita, na foto abaixo), importante advogado e político nigeriano. Adeyemo estudou em Oxford, foi líder do primeiro partido nigeriano, o Action Group, e, junto com outros colegas da elite nigeriana em Londres,

[56] Matory, 2005; Amos, 2007; 2017.

fundou o Egbe Omo Oduduwa (Sociedade dos Filhos de Oduduwa), a mais importante organização política do nacionalismo iorubano, que teria relevante papel na independência nigeriana.XXVII

Irmãos do senhor Plácido na Nigéria que nunca vieram à Bahia. Fonte: Lorenzo Dow Turner Papers, Anacostia Community Museum Archives, Smithsonian Institution, Washington, D.C., EUA, cedida por Lois Turner Williams.

Alguns anos mais tarde, a elite negra tornar-se-ia um dos tópicos centrais da pesquisa patrocinada pelo estado da Bahia, pela Columbia University e pela Unesco e liderada pelo antropólogo baiano Thales de Azevedo.[57] Temos a impressão de que Azevedo se baseou em grande parte nas famílias negras que tinham sido contatadas por Pierson (e possivelmente por Landes), as quais, mais tarde, foram fotografadas e entrevistadas por Turner e Frazier. Estes últimos, no entanto, identificaram seus contatos em suas notas de campo, entrevistas e legendas de fotos. Em seus livros, nem Pierson nem Azevedo, que também publicaram várias fotos de negros da classe média, mencionaram seus nomes, mas se serviram de legendas como "Notável cavalheiro baiano,

[57] Azevedo [1953], 1996.

descendente de africanos" ou "Sacerdotisa inteligente e simpática, antiga líder de um dos mais prestigiados terreiros de Candomblé da Bahia".[58]

Herskovits concentrou suas pesquisas nas mães de santo, em seus seguidores imediatos (filhas da casa e assistentes religiosos) e no caráter masculino dos "ogãs" (protetores da casa). Em resumo, Herskovits, muito em linha com Ramos e Carneiro, focalizou a religião, enquanto Turner e Frazier focalizaram a comunidade ao redor da casa de candomblé.

Os Herskovits mantiveram uma ótima lista semanal, às vezes diária, de suas despesas, desde o momento em que saíram de Evanston até o momento em que voltaram para lá. Tudo isso foi cuidadosamente anotado nos grandes balanços das despesas feitos pelo casal.[59] As despesas estão listadas em cinco colunas: "Despesas de Viagens" (barco, trem, avião, táxi e carro alugado), "Substituição de equipamentos" (livros, filmes, correio), "Informantes" (tradução etc.), "Despesas de moradia no campo" e "Diversos". A maioria dos recursos destinava-se a viagens e despesas com moradia, seguidas de gastos com equipamentos, informantes e itens diversos. As despesas com moradia são, em geral, a rubrica principal, que incorpora principalmente roupas – efetivamente a compra de um novo guarda-roupa –, despesas médicas, hotéis e aluguéis, lavanderia, excursões e transporte para todos os eventos (cerimônias, reuniões, procissões ou festas como Bonfim e Conceição da Praia).

O trato com os gastos, principalmente com os informantes, se deu de maneira diferente nos vários lugares em que a pesquisa foi realizada. Em Salvador, eles gastaram relativamente muito para alugar, por todo o período, um carro com motorista, Raimundo, que também parece ser um informante – eles pagaram inclusive 500 mil-réis pelo alvará de Raimundo como motorista. O aluguel do carro, ao final da viagem, custará mais do que a Pensão da Edith, onde haviam se hospedado. O equipamento consiste, principalmente, em material técnico de gravação e livros. No item "Diversos", encontra-se uma quantia relativamente alta para a Escola Americana no Rio, que Jean frequentou durante os dois primeiros meses de sua estada. Na rubrica "Informantes", encontramos uma quantia substancial para a Sra. Cabral por aulas de português e traduções ainda nos EUA, depois pequenas quantias pagas no Rio por um presente a uma mãe de santo (0,50 US$), pela compra de medicina popular na Igreja da Penha (1,75 US$) e 4,5 US$ para uma certa Helena Oliveira.

58 Pierson, [1945] 1971, pp. 243 e 317.

59 "Brazil Field Trip, 1941-42 – Expenses Account". *MJH & FSH Papers*, SC, Box 24, Folder 168. Não consegui encontrar nenhuma lista equivalente para Frazier ou Turner.

Em Recife e Porto Alegre, muito pouco foi gasto com informantes. A maior parte do dinheiro foi paga em Salvador, como pode ser visto na tabela; os Herskovits pagavam semanalmente Manoel e Zezé por suas informações, contratavam Zezé como babá, pagavam os cantores e percussionistas por suas apresentações, as quais foram registradas em gravações,

Regularmente, ofereciam presentes a vários pais e mães de santo do candomblé, pagavam quantias relativamente altas duas vezes pelo "assentamento" de seus orixás,[XXVIII] efetuavam pagamentos para que seu futuro e seu orixá fossem revelados, compravam contas e conchas (búzios), roupas e paramentos de orixá feitos sob medida (para mais tarde serem enviados para a Northwestern University), remuneravam o pessoal do Museu do Estado pela datilografia e pela assistência – era lá que eles faziam suas gravações –, e até mesmo concediam "empréstimos" a uma ou duas pessoas que não deveriam devolver-lhes o dinheiro. Ou seja, eles entraram naquele mecanismo espiral de troca desigual e desbalanceada que é bem típico de uma pessoa que se junta ao candomblé quando vem de fora da comunidade e de uma classe superior, e que tende a ser considerada como uma das fontes financeiras do terreiro.[XXIX] Os Herskovits foram realmente tomados pelo candomblé e pelo carisma de alguns de seus líderes espirituais. Eles pagaram e ofereceram deferência (a atitude necessária para ter acesso aos cuidados adequados de um pai ou mãe de santo do candomblé, o que inclui esperar, ouvir e aceitar humildemente tarefas simplórias, como limpar banheiros e ajudar na cozinha da casa de candomblé) em troca de um conjunto de serviços e informações privilegiadas. É de perguntar se os Herskovits conseguiram algo que possa ser chamado de informação "objetiva" ou, melhor ainda, se conseguiram obter o tipo de informação que desejavam, por intermédio de informantes que lhes responderam perguntas de uma maneira que sabiam que os teria deixado satisfeitos, bem como o tipo de informação interna que o pai ou a mãe de santo tenha achado conveniente fornecer. Em muitos aspectos, o que aconteceu foi algo que lembrava o encontro de Marcel Griaule com o velho sábio Ogotemmeli, em seu estudo pioneiro da religião Dogon, que tinha sido registrado apenas alguns anos antes, no Mali, e que foi posteriormente publicado em 1948.[60]

Os informantes, de acordo com a conta final, receberiam pouco, apenas 5,5% do orçamento total, mas a distribuição de algum dinheiro, por menor que fosse para os padrões americanos, é reveladora do tipo de relação que os Herskovits estabeleceram com o campo, especialmente com a comunidade

[60] Cf. Griaule, 1948.

do candomblé e algumas de suas vozes e autoridades mais proeminentes. Além disso, em uma situação de pobreza relativa ou às vezes absoluta, tal distribuição de dinheiro significa para os receptores mais do que se pode imaginar da perspectiva dos EUA. Ao darem dinheiro, em alguns casos através de pagamentos semanais regulares, como para Manoel, ou sendo capazes de contratar Zezé, uma mãe de santo, como babá por vários meses, certamente estabeleceram uma relação de poder, bem como a comercialização das informações coletadas. Como mostra o livro *The root of roots*, de Richard e Sally Price,[61] que aborda o trabalho de campo dos Herskovits no Suriname nos anos anteriores à viagem ao Brasil, pagar por suas informações e manter uma lista cuidadosa de todos os pagamentos desde o momento em que deixaram Nova York até o momento em que voltaram) não era uma prática incomum em seu trabalho de campo. Turner também reservou parte do orçamento para remunerar seus informantes – novamente, algo não incomum entre os linguistas –, enquanto, até onde sabemos, Frazier não ofereceu dinheiro a seus entrevistados.

Havia algumas outras diferenças no relacionamento desses pesquisadores com seus informantes e sujeitos de pesquisa. Nos documentos de Frazier e Turner, não há vestígios de qualquer correspondência relacionada ao Brasil após seu trabalho de campo no país.[XXX] Os Herskovits mantiveram contato com alguns de seus principais informantes na Bahia ao longo de muitos anos. Os documentos dos Herskovits no Schomburg Center contêm várias cartas de mães de santo do candomblé pedindo doações financeiras para suas casas.

Temos a impressão de que Turner e Frazier foram bem aceitos por seus informantes por razões diferentes das que fizeram com que os Herskovits o fossem: eram pesquisadores competentes, eram americanos e eram negros, mostrando interesse pelos negros brasileiros. Outra diferença é que Turner e Frazier, embora bastante interessados e respeitosos em relação a hierarquia, disciplina e missão do Gantois e do candomblé em geral, nunca assumiram a posição formal de ogã que havia sido oferecida a Melville Herskovits e a outros pesquisadores antes dele. Essa posição foi dada a artistas conhecidos como Jorge Amado, a políticos e a pesquisadores realizando seu estudo no Gantois e em outras prestigiosas casas de candomblé. Alguns deles foram Nina Rodrigues e Arthur Ramos em anos anteriores e Roger Bastide, Alfred Métraux e Pierre Verger posteriormente. É possível que, devido à política racial e à discriminação que prevaleciam na época, os estrangeiros negros,

[61] Price & Price, 2003.

mesmo que cidadãos americanos e acadêmicos conhecidos, simplesmente não fossem facilmente convidados a se tornar "ogãs". Outra possibilidade é que Turner e Frazier, por serem negros, não precisavam tomar tais posições formais para obter aceitação na comunidade do candomblé.

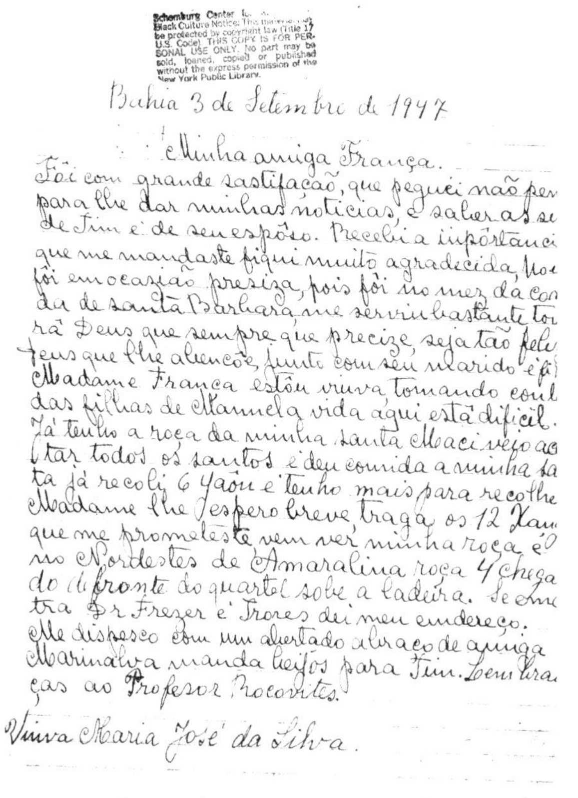

Bahia 3 de Setembro de 1947

Minha amiga França.
Fôi com grande sastifação, que peguei não pen
para lhe dar minhas noticias, e saber as se
de Jim e de seu espôso. Recebi a impôrtanci
que me mandaste fiqui muito agradecida, Voc
fôi em ocazião presiza, pois fôi no mez da con
da de santa Barbara me serviu bastante to
rã Deus que sempre que precize, seja tão feli
Jeus que lhe aliencõe, junto com seu marido e fi
Madame Franca estôu viuva tomando con
das filhas de Manuela vida aqui está dificil.
Já tenho a roça da minha santa Maci vejo ao
tar todos os santos e deu comida a minha sa
ta já recoli 6 Yaôu e tenho mais para recolhe
Madame lhe espero breve traga os 12 Xan
que me prometeste vem ver minha roça é
no Nordestes de Amaralina roça 4 chega
do defronte do quartel sobe a ladeira. Se encontra
Dr Frezer e Trores dei meu endereço.
Me dispesco com um apertado abraço de amiga
Marinalva manda beijos para Jim. Lembran
ças ao Profesor Rocovites.

Viuva Maria José da Silva.

Carta de Zezé a Frances. Zezé foi uma das mais importantes informantes do casal e cuidou da filha dos Herskovits, Jean, na viagem ao Brasil de 1941-1942. Fonte: MJH & FSH Papers, Schomburg Center for Research in Black Culture, New York Public Library, Harlem, NY, EUA.

Por último, mas não menos importante, os pesquisadores se diferenciavam na forma como fotografavam seus sujeitos. Quando comparamos a composição das fotografias, Herskovits nunca é retratado ao lado de seus informantes. Quando há um retrato seu na Bahia, ele está ao lado de sua família, colegas antropólogos, ou José Valladares, seu principal contato. Herskovits, além disso, tirou muito mais fotografias de objetos, como ofertas aos deuses, árvores mágicas, esculturas de orixás e instrumentos musicais. Fotografou muito poucas pessoas além daquelas da comunidade do candomblé, a menos que se tratasse de fotos de festas e eventos populares, geralmente retratando grandes grupos de pessoas.

O começo da procissão do Senhor do Bonfim, 14 de janeiro de 1942. Fonte: Melville Herskovits Collection, Elliot Elisofon Photographic Archive, National Museum of African Art, Smithsonian Institute, Washington, D.C., EUA.

Festa do Nosso Senhor do Bonfim, 15 de janeiro de 1942. Fonte: Melville Herskovits Collection, Elliot Elisofon Photographic Archive, National Museum of African Art, Smithsonian Institute, Washington, D.C., EUA.

Festa e procissão de Bom Jesus dos Navegantes, 1º de fevereiro de 1942. Os barcos saem do porto em frente ao Mercado Modelo na Cidade Baixa. Fonte: Melville Herskovits Collection, Elliot Elisofon Photographic Archive, National Museum of African Art, Smithsonian Institute, Washington, D.C., EUA.

Fiéis embarcando na procissão, 1º de fevereiro de 1942. Fonte: Melville Herskovits Collection, Elliot Elisofon Photographic Archive, National Museum of African Art, Smithsonian Institute, Washington, D.C., EUA.

Festa de Iemanjá, 2 de fevereiro de 1942. Fonte: Melville Herskovits Collection, Elliot Elisofon Photographic Archive, National Museum of African Art, Smithsonian Institute, Washington, D.C., EUA.

Frazier foi retratado duas vezes ao lado de seus informantes, em uma das fotos até segurando a mão de uma criança pequena.

Frazier em meio às crianças do bairro do Gantois. Fonte: E. Franklin Frazier Papers Collection no Moorland-Spingarn Research Center (MSRC), Howard University, Washington, D.C., EUA.

Frazier escreve no verso deste cartão-postal: "Pescadora, pecadora". Fonte: E. Franklin Frazier Papers Collection no Moorland-Spingarn Research Center (MSRC), Howard University, Washington, D.C., EUA.

Ogãs e alabês do Gantois tocando os famosos atabaques. O motorista de Frazier é o homem branco de gravata-borboleta. Fonte: E. Franklin Frazier Papers Collection no Moorland-Spingarn Research Center (MSRC), Howard University, Washington, D.C., EUA.

Turner tirou fotos de afro-brasileiros comuns, além de seus informantes. Ele anexou uma pequena descrição a cada foto, muitas vezes se referindo à capacidade do sujeito de falar iorubá ou outra língua africana. Todas as gravações de Turner e muitas das fotos que ele tirou também têm nomes e descrições que facilitam o reconhecimento dos informantes. Nisso, ele se parecia com o estilo de trabalho de campo de Frazier. Turner e Frazier certamente estavam interessados em fenômenos sociais e culturais, mas também estavam inclinados a nomear e humanizar seus informantes melhor do que os Herskovits. Eles viram pessoas antes e por trás desses fenômenos. Além disso, é óbvio que, naqueles dias, as fotos que eles tiravam eram possivelmente os primeiros e únicos retratos que essas pessoas, muitas vezes muito pobres, tinham de si mesmas. Isso ajuda a explicar por que todos os informantes aparecem bem-vestidos nas fotos tiradas por Frazier e Turner na Bahia.[XXXI]

Mulher carregando um bebê à moda africana. Fonte: Lorenzo Dow Turner Papers, Anacostia Community Museum Archives, Smithsonian Institution, Washington, D.C., EUA, cedida por Lois Turner Williams.

Músicos da Bahia. Fonte: Lorenzo Dow Turner Papers, Anacostia Community Museum Archives, Smithsonian Institution, Washington, D.C., EUA, cedida por Lois Turner Williams.

Jovens no cortejo de Carnaval de 1941 em Salvador. Fonte: Lorenzo Dow Turner Papers, Anacostia Community Museum Archives, Smithsonian Institution, Washington, D.C., EUA, cedida por Lois Turner Williams.

*

Mulher vestida de Iansã. Fonte: Lorenzo Dow Turner Papers, Anacostia Community Museum Archives, Smithsonian Institution, Washington, D.C., EUA, cedidas por Lois Turner Williams.

Turner fez gravações como fazem os linguistas: canções de ninar, músicas, provérbios, modos de falar, pronúncia e entrevistas. Ele tinha um equipamento moderno e a qualidade sonora da gravação era excelente para a época. Ele não possuía as conexões sociais que os Herskovits tinham, sobretudo, com a gravadora Folkways, do Smithsonian Institute, e o American Folklife Center, da Library of Congress. De fato, ele nem sequer tentou levá-los a público através de um disco porque os via como documentos para seus planos futuros. As gravações de Turner foram praticamente esquecidas após sua morte, com exceção, é claro, do interesse de sua biógrafa, a falecida Margaret Wade-Lewis, e do simpósio dedicado a Turner, organizado por Alcione Amos para o Museu Anacostia, em 2011, que resultou em uma edição especial da revista *Black*

* Turner anota: "Esposa de Xangô, a divindade iorubana do trovão". (N. da T.)

Scholar, intitulada "The living legacy of Lorenzo Dow Turner: The first African-American linguist" e na exposição itinerante "Gullah, Bahia, África", organizada pelo Anacostia Museum em cooperação com a Fundação Pedro Calmon do estado da Bahia, em 2016.

As gravações de Herskovits têm uma história bastante diferente. Elas foram feitas como parte de um programa do Archives of American Folk Song, Divisão de Música, Library of Congress (LOC):

> A Fundação de Folclore da Library of Congress fará cópias de meia dúzia das melhores gravações. De acordo com o costume, haverá um honorário adicional para os cantores cujas gravações forem usadas, e eu lhe escreverei em um futuro próximo para pedir que verifique se esse dinheiro está sendo distribuído. Tenho certeza de que não será indesejável. Estou, aliás, tendo cuidado para que os nomes dos cantores não sejam incluídos nos discos.[62]

Por que é que os nomes deveriam ser deixados de fora? Seria devido aos *royalties* ou porque o disco deveria resultar em uma obra coletiva, centrada no gênero musical e não nos músicos?[XXXII] Como indicado no relatório final à Rockefeller Foundation, as gravações de Herskovits foram feitas no Museu da Bahia, gentilmente disponibilizadas para tal fim por seu diretor José Valladares. Essas gravações serão utilizadas pelos Herskovits em suas pesquisas futuras. Por exemplo, eles as levaram em sua viagem à África em 1953:

> Levamos algumas de nossas gravações brasileiras para tocar na África Ocidental, no Congo e em Angola, e em todos os lugares onde elas criariam uma sensação e tanto. Foi particularmente interessante no Congo e em Angola, onde tocamos canções para divindades, todas reconhecidas pelos africanos. Há certamente um campo magnífico para trabalhar aqui. Por que você não arranja uma bolsa e vai para Angola?[63]

Deve-se notar que as gravações foram feitas principalmente nas casas de ketu, o que deve ser bem diferente dos sons familiares às pessoas do Congo e de Angola. As importantes fotos de Franklin Frazier no Brasil ficaram em seu arquivo até o momento dessa pesquisa, uma vez que ninguém parece ter demonstrado interesse nelas depois de 1941.

[62] MJH para Valladares, 4 de fevereiro de 1943. *MJH Papers*, NU, Box 31, Folder 7.

[63] MJH para R. Ribeiro, 19 de outubro de 1953. *MJH Papers*, NU, Box 65, Folder 14.

Publicações

Como foi dito, nenhum de nossos pesquisadores publicou o livro sobre o Brasil que tinha em mente. No entanto, cada um deles produziu vários artigos sobre o país que merecem ser examinados: Frazier publicou seis artigos, resenhas ou capítulos, Turner, cinco e Herskovits, dez. Ao analisar os escritos de Frazier sobre o Brasil, David Hellwig chegou à conclusão de que a pesquisa de Frazier era, de fato, um pouco superficial.[64] Como mostrarei abaixo, eu tendo a discordar.

A disputa entre Frazier e Herskovits sobre as causas e a origem dos arranjos da família negra com base na interpretação dos dados de campo coletados entre o mesmo grupo de pessoas se tornou internacional e determinou o debate sobre a família negra até pelo menos os anos 1970.[XXXIII] Tínhamos tomado ciência desse debate durante nossa pesquisa de doutorado nos anos 1980, que também tratou da questão da família negra tanto no Caribe como nas comunidades de origem caribenha na Europa. Naqueles anos, basicamente todo debate sobre arranjos familiares matrifocais, então organizado com base em uma opinião polarizada sobre suas causas e origens – seja pobreza e desigualdades duráveis ou sobrevivências africanas —, começava com Frazier *versus* Herskovits.[65] No entanto, esse debate e os artigos acadêmicos pelos quais tudo começou tiveram muito pouco impacto no Brasil. Esta é a história desses artigos: os de Melville foram publicados e republicados, mas nos anos 1990 estavam quase esquecidos. Os de Frazier eram simplesmente desconhecidos no Brasil.

De todos os artigos e capítulos acima mencionados sobre cultura negra e relações raciais no Brasil, os que tiveram um impacto maior são os de Frazier e Herskovits no *American Journal of Sociology* e o texto de Turner sobre as conexões entre as famílias baianas e nigerianas.[66] Herskovits escreveu artigos sobre a estrutura social do candomblé,[67] sobre a percussão no candomblé,[68] e sobre Porto Alegre,[69] o "posto mais ao sul dos africanismos" – resultado de uma "pesquisa relâmpago". Entretanto, para os pesquisadores, a maioria dos artigos ou capítulos de livros sobre o Brasil é resultante de seu envolvimento

[64] Hellwig, 1991.

[65] MacDonald & MacDonald, 1978.

[66] Cf. Frazier, 1942d; Herskovits, 1943d; Turner, 1942.

[67] Herskovits, 1954a, 1956.

[68] Herskovits, 1944a.

[69] Herskovits, 1943b.

com a Política de Boa Vizinhança como parte do esforço de guerra e termina por celebrar a suposta tolerância racial relativa dos brasileiros.[XXXIV]

A disputa sobre a estrutura e a origem do arranjo familiar, geralmente definida como "família negra", resultou da interpretação divergente da vida familiar no bairro da Federação e, mais especificamente, da comunidade em torno de uma casa de candomblé, o Gantois,[XXXV] um dos cinco principais terreiros de candomblé chamados "tradicionais" em Salvador e possivelmente o que historicamente recebeu a maior cota de cientistas sociais entre seus visitantes.

Herskovits apresentou um artigo na Faculdade de Filosofia da Bahia em 6 de maio de 1942, poucos dias antes de partir para Recife.[XXXVI] Esse artigo, intitulado "Pesquisas etnológicas na Bahia", escrito em inglês e traduzido por José Valladares, foi logo publicado em português,[70] reimpresso na revista *Afro-Ásia*,[71] e publicado novamente pelo Museu da Bahia com a adição do discurso do reitor da Faculdade, Isaías Alves, e do texto original em inglês.[72/XXXVII]

Herskovits lê "Pesquisas etnológicas na Bahia" para a Congregação da Faculdade de Filosofia da Bahia, 6 de maio de 1942. Sentados logo à sua direita, em primeiro plano, Thales de Azevedo, a esposa de Herskovits, Frances Herskovits, e o secretário de Educação da Bahia e reitor da Faculdade, Isaías Alves. Fonte: Arquivo do Museu de Antropologia e Etnologia (MAE), UFBA, Salvador, Bahia.

[70] *Idem.*

[71] Herskovits, 1967.

[72] Herskovits, 2008.

É, com certeza, o texto de Melville Herskovits mais conhecido no Brasil. Ele contém a essência do que seria proposto nos artigos publicados posteriormente. Herskovits elogia a Bahia de muitas maneiras, por ser o local ideal para uma instituição de ensino superior, por seu "espírito cordial natural" e pela riqueza do material etnográfico que oferece – especialmente em termos de sobrevivências culturais de diferentes regiões da África. Ele e Frances estavam convencidos de que tinham estudado apenas uma pequena parte dos temas e aspectos que poderiam ser investigados, tal era a riqueza de dados. Em muitos aspectos, a Bahia era o local ideal para o estudo da "aculturação", conceito que ele promoveu internacionalmente com Ralph Linton.[73] Diz Herskovits:

> Aqui se encontra uma das maiores concentrações de descendentes de africanos no Novo Mundo. Aqui, além disso, devido à tradicional tolerância com que, no Brasil, todas as formas de vida foram e ainda são consideradas, muitas instituições e costumes africanos são preservados. O contato entre a Bahia e a África Ocidental, por outro lado, foi mais estável e durou mais do que em qualquer outra parte do Novo Mundo [...]. Menos conhecida é a preservação do artesanato tradicional africano na escultura de madeira e nos trabalhos em ferro [...]. Enquanto, nos EUA, temos que passar por um esforço doloroso para descobrir a origem das tribos, no Brasil, isso é evidente por si mesmo.[74]/[XXXVIII]

Herskovits sugeriu como método a etnologia comparativa que estabelece conexões entre diferentes locais na África e no Novo Mundo com base em nomes de pessoas, objetos, animais, lugares e fenômenos.[75] Na Bahia, africanismos, diz Herskovits, podem ser encontrados em uma série de aspectos da vida, mas é possível argumentar que os quatro principais são os seguintes: 1. Cooperação no mercado e no mundo do trabalho, como na preparação dos alimentos a serem vendidos, colaboração entre pescadores e a função dos "cantos" (grupos de homens nascidos africanos ou seus descendentes que se encontram em uma determinada esquina e que são organizados com base em uma certo ofício e/ou proveniência de uma nação africana específica);[XXXIX] 2. No campo da vida familiar, através do sistema de "amasiado" e do cuidado coletivo da mãe por filhos nascidos de diferentes esposas ou parceiras de um mesmo homem – o que deve explicar a continuação da poligamia africana

[73] Cf. Herskovits, 1938b.

[74] Herskovits, 1967, pp. 92-98.

[75] *Idem*, p. 99.

entre os negros no Brasil (ver mais adiante); 3. Os rituais fúnebres e enterros; e 4. O candomblé, que, apesar do óbvio sincretismo e da adaptação ao contexto brasileiro, é o momento e o local mais importantes para a preservação das sobrevivências africanas.[76] Os descendentes de africanos na Bahia estavam muito mais interessados em falar sobre teologia e liturgia do que a respeito de qualquer outro aspecto da vida. Também por essa razão, ele argumentou, dão bastante atenção a elas. O culto ao candomblé faz sentido para a vida. Ele dá ao indivíduo a sensação de ter raízes profundas, oferece posições baseadas no prestígio, satisfaz a necessidade de uma ordem tanto social quanto espiritual. A obediência às normas é uma característica africana, diz Herskovits: na casa do candomblé, o recém-chegado conhece seu lugar. Ele não fala ou fica de pé; ele se curva e beija a mão dos que estão numa posição superior. Para concluir, Herskovits argumenta contra considerar a posse como uma psicopatologia – embora reconheça que tal visão tem sua causa na origem médica da maioria dos primeiros pesquisadores de cultos afro-brasileiros no Brasil.[77]

O artigo de Frazier é muito mais rico em termos etnográficos do que o que esperaríamos de um sociólogo de sua época.[78] Como dito, seu argumento é baseado em 55 informantes, cada um deles entrevistado entre duas e três vezes, sempre em português. Quarenta deles são representantes de famílias, em sua maioria mulheres, que vivem ao redor da casa do Gantois. Quinze pessoas de diferentes origens, geralmente de classes médias e altas, foram entrevistadas em diferentes bairros como um grupo controlado. O autor começa o artigo com uma declaração: "A designação 'família negra' tem certas conotações para os americanos que são enganosas no que diz respeito às relações raciais no Brasil".[79] Mais adiante, Frazier se coloca em relação às sobrevivências africanas de uma forma que muitos de seus críticos posteriores não esperariam, mostrando que ele não é cego nem desinteressado naquilo que Herskovits definiu como "africanismos". Frazier diz que, ao contrário dos EUA, no Brasil, os escravizados negros foram capazes de restabelecer, até certo ponto, sua organização social tradicional e suas práticas religiosas. "Muitos elementos da cultura africana sobreviveram, especialmente práticas religiosas que são perpetuadas no Candomblé".[80] Ele estava convencido de

[76] *Idem*, pp. 93-97.

[77] *Idem*, p. 102.

[78] Frazier, *op. cit.*

[79] *Idem*, p. 463.

[80] *Idem*, p. 466.

que o alto grau de miscigenação tivera sua principal causa na ausência de preconceito racial como o praticado nos EUA.[81] Isso teria levado a uma fraca consciência racial: nenhuma das pessoas entrevistadas se considerava negra, mas simplesmente brasileira: "Usavam o termo negro como um meio de se identificar com referência à cor, mas não como raça".[82] A maioria era limitada pela escassa informação sobre sua ascendência – diríamos que isso ainda é algo que qualquer pesquisador que faça trabalho de campo entre as classes mais baixas no Brasil reconheceria. O ponto principal da análise de Frazier é que a cultura africana sobreviveu apenas no folclore. As práticas religiosas africanas e as palavras africanas não foram transmitidas através da família, mas adquiridas no candomblé. Em muitas famílias (mas também nos hotéis frequentados por intelectuais e empresários brasileiros), os alimentos africanos eram consumidos como um costume, não como uma tradição ou em associação com qualquer rito africano.

Frazier descreve no artigo a comunidade ao redor da casa do Gantois como muito unida e a mãe de santo (Mãe Menininha) como a chefe da comunidade. Os padrões africanos de vida familiar se desintegram ou se perdem, e agora se assemelham aos padrões católicos convencionais para as classes mais baixas. Viver "maritalmente" goza de um *status* semelhante ao casamento real, e a união de direito comum pode ser bastante estável e duradoura: "Não encontramos um padrão cultural consistente, mas sim uma acomodação às condições brasileiras [...] os arranjos familiares parecem ser semelhantes à comunidade negra na parte sul dos EUA".[83] O *continuum* folclórico-urbano de Robert Redfield é citado como uma fonte de inspiração:[84] as famílias entrevistadas exibiam as mesmas características das sociedades populares e camponesas de outras partes do mundo,[85] em que as famílias se desenvolvem como uma organização natural, com algumas incorporando órfãos ou crianças abandonadas como adotadas. Frazier viu sua pesquisa como um estudo-piloto que precisava de mais testes, porque ele estava trabalhando em um campo virgem, "já que os investigadores que se interessaram pelas sobrevivências africanas no Brasil se preocuparam com o estudo das práticas e crenças religiosas, música, dança e folclore".[86]/[XL]

81 *Idem*, p. 467.

82 *Idem*, p. 469.

83 *Idem*, p. 475.

84 Redfield, 1940.

85 Frazier, *op. cit.*, p. 476.

86 *Idem*, p. 470.

Mesmo assim, ele chegou a uma conclusão forte, talvez generalista:

> Entre as classes mais pobres agrupadas sobre os candomblés, a família, muitas vezes baseada em uniões estáveis, tende a assumir o caráter de uma organização natural. O que quer que tenha sido preservado da cultura africana no Candomblé se tornou parte do folclore do povo e, no que diz respeito às relações familiares, não existem padrões rígidos e consistentes de comportamento que possam ser ligados à cultura africana. Conforme o Brasil se urbaniza e se industrializa e a mobilidade do povo aumenta, os negros continuarão a se fundir com a população em geral.[87]

A ambição de Frazier era detectar padrões familiares similares na população negra em diferentes locais do Novo Mundo. Tal população pertencia, de modo geral, às classes mais pobres, e esse contexto social determinou sua organização muito mais do que as sobrevivências africanas.

Herskovits reagiu rapidamente na mesma revista *American Sociological Review*.[88] Seus principais argumentos se baseiam em seu livro mais recente na época, *The Myth of the Negro past*,[89] no qual o passado africano é muito mais relevante do que o que é comumente analisado pelos pesquisadores do negro. Ele acusou Frazier de reproduzir os vícios desses pesquisadores norte-americanos para o estudo de seu problema:

> Ao fazer isso, porém, ele importou o ponto cego metodológico que marca a pesquisa sobre o negro neste país. Em seu trabalho não é feita nenhuma referência a nenhum trabalho que descreva as culturas africanas e apenas referências oblíquas às formas de estrutura social africana são encontradas.[90]

Ele, então, esboçou o que considerava um padrão da família da África Ocidental e sugeriu que o caso baiano deveria ser estudado à luz desse padrão. Herskovits se ressentia do que Frazier acreditava ser um quadro de desorganização quase completa da família afro-baiana. Ele argumentou que "o que buscamos são africanismos, sem referência a seu grau de pureza; que nos preocupamos com a acomodação a um novo cenário; que nosso objetivo não é a prescrição nem a previsão, mas a compreensão do processo de aculturação".[91]

[87] *Idem*, p. 478.

[88] Herskovits, 1943d.

[89] Herskovits, 1941b.

[90] *Idem*, p. 395.

[91] *Idem*, p. 397.

De acordo com Herskovits, na verdade, os pais mais escuros exerciam ainda mais vigilância sobre suas filhas, porém "as sobrevivências de tipos de famílias africanas em formas institucionalizadas não poderiam ser discernidas".[92] Africanismos poderiam ser detectados em vários pontos essenciais da estrutura social da África Ocidental: tolerância e proximidade de um pai com a descendência de antigas uniões e mesmo com sua ex-parceira, padrões de poligamia, de independência sexual das mulheres e das relações entre mães e filhos. A relação de "amasiado" que seu aluno René Ribeiro pesquisaria mais tarde para seu mestrado em Antropologia também poderia ser interpretada como um aspecto do africanismo: "Os padrões africanos de poligamia não desapareceram de forma alguma. O casamento plural não é chamado por esse nome [...]. O relacionamento de 'amásia' proporciona os mecanismos que permitem que as tradições permaneçam vivas".[93] Melville também sustentou que a técnica de entrevista utilizada por Frazier foi inadequada para o objetivo de sua pesquisa e continuou a fazer uma leitura diferente dos dados apresentados por Frazier em seu artigo. Ele chegou a uma interpretação totalmente diferente sobre o mesmo informante de Frazier: ele não estava desligado da tradição africana e ainda forneceu uma lista de mais de cem palavras e frases na língua iorubá, além de saber de ouvido dezenas de canções africanas.[94] Em conclusão:

> Estamos lidando com uma situação de aculturação, e sendo o passado afro-baiano o que ele é, é preciso buscar maior variação em qualquer fase do costume do que nas culturas matrizes, seja na África ou na Europa. Mas, ao estudar essa situação, nunca se deve esquecer que a variação não significa desmoralização, e que a acomodação, institucional não menos que psicológica, não é impedida pelo fato da sincretização cultural.[95]

Em sua réplica, Frazier parece quase ofendido por Herskovits.[96] Afinal, em seu artigo, ele não se expressara negativamente sobre a noção de família como uma organização natural nem jamais usara a expressão "desmoralização":

> Esta réplica das críticas do professor Herskovits ao meu artigo foi escrita simplesmente porque os fatos que eu reuni no Brasil não apoiam suas conclusões. Não está escrito

[92] *Idem*, p. 399.

[93] R. Ribeiro, 1949, p. 399.

[94] *Idem*, p. 401.

[95] *Idem*, p. 402.

[96] Frazier, 1943c.

porque, como ele declarou em seu recém-lançado *The myth of the negro past* (p. 31), eu pertenço àqueles negros que "aceitam como um elogio a teoria de uma ruptura completa com a África". Pessoalmente, é indiferente para mim se há sobrevivências africanas nos Estados Unidos ou no Brasil. Portanto, se houve um ponto cego metodológico importado dos Estados Unidos, foi devido à minha ignorância sobre a cultura africana ou à minha falta de habilidade em observá-la. No entanto, deve-se ressaltar que [...] o professor Herskovits estava interessado em descobrir "africanismos" e que eu só estava interessado nas sobrevivências africanas na medida em que elas afetavam a organização e a adaptação da família negra ao ambiente brasileiro.[97]

Obviamente, Frazier se ressentiu da maneira como Herskovits usou seu conhecimento da África para apoiar seu argumento e desqualificar de alguma forma o dele, e acrescentou que Herskovits

[...] não encontrou provas de que seu comportamento [das famílias que entrevistou] fosse devido aos costumes africanos. Os homens e mulheres brancos da classe baixa formam exatamente o mesmo tipo de união [...]. O tamanho da vigilância [moral, sobre o relacionamento das filhas] é uma questão de classe.[98]

Além disso, ele argumenta que o "amasiado" é uma união muito mais casual do que "viver maritalmente" – e, ao corrigir isso, entra em uma discussão iniciada por Herskovits sobre o uso adequado e o conhecimento do português brasileiro e sua gramática. Ao analisar o caso de Martiniano do Bonfim, que Herskovits conhecia, mas não havia entrevistado, Frazier concordou que ele tinha sido criado de acordo com os costumes africanos, mas que, uma vez que Martiniano se estabelecera no Brasil pela segunda vez, comportara-se de acordo com os padrões brasileiros em termos de relacionamentos e vida familiar. Frazier acrescentou que seus dados tinham sido verificados com as descobertas da Dra. Ruth Landes, "que passou mais de um ano no Brasil e conhecia intimamente essa família".[99] Ele afirmou que, se, no caso do candomblé, era fácil observar e registrar as sobrevivências africanas, as observações de Herskovits a respeito das sobrevivências da família africana tratava-se, sobretudo, de inferências baseadas em especulações. O que temos aqui é uma luta pela autoridade etnográfica na qual elementos como o conhecimento prévio da África, o estilo etnográfico e mesmo a cor desempenham um papel relevante. É uma luta que começou alguns anos antes e continuaria por muitos

97 *Idem*, p. 402.

98 *Idem*, pp. 403-404.

99 *Idem*, *ibidem*.

outros, sem, no entanto, que os dois pesquisadores, então adversários, se tornassem realmente desafetos.

Quase simultaneamente, Melville e Frances Herskovits publicaram juntos um artigo na prestigiosa *Yale Review*, a mais antiga revista literária dos EUA, escrito em um estilo diferente, menos acadêmico e mais jornalístico. Ele contém uma descrição muito bem-feita de uma festa em uma das casas de candomblé mais "ortodoxas".[100] Eles enfatizaram o brilho das cores usadas e que, na Bahia, a África não era uma terra mítica como no Haiti ou na Guiana, mas uma realidade viva.[101]/[XLI] Surpreendentemente, argumentaram, nada distinguia os negros brasileiros em seu discurso – não havia nenhuma forma de "português negro" falado.[102] No entanto, os africanismos podiam ser encontrados no português que todos os brasileiros falavam, independentemente da cor. Eles concluíram escrevendo que o candomblé "de fascinante implicação psicológica, [...] pode ser considerado como uma expressão suprema desse ajuste aos padrões de vida mais amplos que, em seus modos de vida seculares como religiosos, foram alcançados pelos afro-brasileiros".[103]

A visita intensiva de quatro dias a Porto Alegre permitiu a Herskovits reunir material suficiente para produzir um artigo na prestigiosa revista *American Anthropologist*.[104] O fato de tal revista se disponibilizar a publicar um artigo baseado em apenas quatro dias de pesquisa – um estudo piloto – testemunha a alta reputação que Herskovits tinha na antropologia americana. Um pesquisador menos renomado não teria recebido uma oportunidade tão boa. Vale ressaltar que, de qualquer forma, o artigo abriu caminho para o desenvolvimento de Estudos Afro-americanos não apenas no Sul do Brasil, mas também em toda a região do Rio da Prata. Nesse sentido, o trabalho exploratório de Herskovits pôde deixar sua marca também ali.[XLII] Ele observa que, em 1941, Porto Alegre possuía 41 "Centros de Religião Africana" registrados, nenhum deles caboclo. Certas canções que ouvira ali eram impressionantemente semelhantes às que escutara no Daomé. Os terreiros tinham o nome de santos católicos (por exemplo, Sociedade Santa Bárbara), eram muito menores do que na Bahia ou em Pernambuco e seus santuários eram menos elaborados. Além do nome público, as casas também tinham

[100] Herskovits, 1943f, pp. 275-277.

[101] *Idem*, p. 266.

[102] *Idem*, p. 268.

[103] *Idem*, p. 279.

[104] Herskovits, 1943b.

um nome africano. A iniciação também era mais curta e a cabeça dos iniciados não era completamente raspada. O artigo terminava com uma mensagem familiar na escrita de Herskovits: "Os dados de Porto Alegre ensinam quão tenaz o costume africano pode ser sob contato [...]. No entanto, a cultura africana, é importante frisar – talvez todas as culturas –, não cede tão prontamente quanto se supõe".[105]

Em 1944, na revista *Music Quarterly*, Herskovits publicou "Drums and drummers in Afrobrazilian cult life", a primeira descrição detalhada tanto dos instrumentos como dos tocadores de atabaque, os alabês:

> Nos tambores, seus modos irradiam confiança, em si mesmo e no poder de seus instrumentos. Relaxado, o tambor entre suas pernas, ele permite que os ritmos completos fluam de seus dedos seguros e ágeis. É ele quem traz a posse através de sua manipulação destas complexidades rítmicas, mas ele mesmo nunca se torna possuído [...] embora muitas vezes pareça estar à beira da posse. À medida que a música se torna "mais quente", ele se dobra ao seu instrumento e ao inflado volume do coro, os movimentos dos dançarinos respondem às notas profundas do grande tambor, cuja voz comanda o próprio santo. Os espectadores podem dar sua atenção aos dançarinos e ouvir o canto; contudo, o tocador sabe que, sem ele, os deuses não viriam e a adoração não poderia continuar.[106]

O autor descreveu em detalhes a posição dos alabês na cerimônia do candomblé, a forma como os dançarinos sempre se voltavam aos atabaques e a maneira como atabaques e alabês eram reverenciados por todos os participantes. Herskovits, então, abordou o jeito como os tambores eram feitos, como eram conservados e como eram "alimentados" anualmente. O atabaque possuía poderes mágicos e seu acesso a pessoas de fora tinha de ser impedido. O alabê, ou tocador, e o alabê-huntor, o tocador-cantor, constituíam funções fundamentais na casa. Da observação, bem como de uma série de conversas com residentes africanos nos EUA que haviam deixado claro como o tambor era importante na África Ocidental, Herskovits concluiu que, na Bahia, o atabaque representava a sobrevivência de um padrão da África Ocidental.[107] A complexidade do processo e da própria música inspirou uma boa conclusão antirracista, que foi especialmente importante dados o prestígio e o caráter da revista em questão:

[105] *Idem*, p. 215.

[106] Herskovits, 1944a, p. 477.

[107] *Idem*, p. 490.

> A familiaridade com esses padrões de musicalidade disciplinada destrói completamente qualquer ideia que se possa ter sobre a natureza fortuita ou casual da música primitiva, ou qualquer concepção de ritmos africanos como improvisação espontânea.[108]

Rum, Rumpi e Le: o conjunto de tambores do candomblé. Os tambores eram frequentemente datados e até recebiam nomes especiais. Fonte: E. Franklin Frazier Papers, Moorland-Spingarn Research Center, Howard University, Washington, D.C., EUA.

O encarte que acompanha o disco editado pela Library of Congress, intitulado "Afro-Bahian Cult Songs", começa com uma declaração firme: "A música dos grupos de culto negro da Bahia segue o padrão fundamental da música negra da África Ocidental e do Novo Mundo em todos os lugares".[109] Acrescenta que em nenhum lugar do Novo Mundo onde a música africana tenha sido mantida, ela preservou uma veia tão rica como no Nordeste do Brasil. Tal música tem um padrão, e

> [...] as frases melódicas são geralmente curtas. A música deve ser considerada como polirrítmica em vez de polifônica. As percussões assumem tal importância, de fato, que o canto deve ser pensado mais como um acompanhamento da percussão do que o contrário, o que é naturalizado pelos ouvintes treinados para ouvir a música euro-americana. Tambores e gongos de ferro tocam o ritmo para os ritos

[108] *Idem*, p. 492.

[109] Herskovits, 1947, p. 1.

da África Ocidental e Congo-Angola, enquanto os grupos Caboclo empregam a grande cabaça e o guizo.[110]

O texto é escrito para os leigos e mostra o autêntico entusiasmo de Herskovits com a qualidade da música, assim como com a beleza da dança e das vestes rituais dos orixás.[XLIII] Ele ressalta várias vezes a beleza e a pureza da música africana tocada na Bahia, assim como a música jeje para *Gbesen*, que se apresenta no melhor estilo daomeano. Ela foi tão soberbamente apresentada que suscitou admiração no próprio Daomé.[111] A música Congo--Angola, por sua vez, é "jazzística", sendo possível ver por que se trata da influência regional que mais inspirou a música negra no Novo Mundo.[112] O texto mostra que em 1941-1942, apesar das reivindicações da maioria das casas "ortodoxas" em favor da pureza africana e de um desdém geral por algumas casas – como Angola e caboclo – que eram vistas como menos autênticas, o mundo do candomblé era bastante dinâmico e criativo. O texto dá dois bons exemplos disso. O número de casas de caboclo estava crescendo, mas elas tendiam a se tornar mais estabelecidas, menos fluidas e a importar muitas características de treinamento dos cultos mais "ortodoxos". Outro ponto em relação à criatividade diz respeito ao uso público das línguas africanas. Embora tal uso estivesse geralmente restrito a um número limitado de pessoas mais velhas, certa dose de adaptação criativa, de aproximação entre palavras de origens diferentes e até mesmo a possível invenção de línguas e vocabulário africanos pareciam ser relativamente normais também nas casas mais "ortodoxas": "Alguns dos chefes de culto poderiam dar uma tradução mais detalhada, mas eles não mostram nenhuma pressa em fazer isso, preferindo explicar a coreografia que está relacionada à canção em vez da palavra em si".[113]

O artigo "The Panan, an Afrobahian religious rite of transition" começa com a afirmação de que a mais ortodoxa de todas as casas de candomblé é a jeje, na época minoritária. No momento de sua escrita, as casas ketu representavam a grande maioria das casas mantidas como ortodoxas. Os grupos Congo-Angola, diz Herskovits, fornecem a ligação com os cultos caboclos menos "ortodoxos"

[110] *Idem, ibidem.*

[111] *Idem*, p. 3.

[112] *Idem*, p. 4.

[113] *Idem*, p. 8.

> [...] onde abundam nomes de divindades indígenas e portuguesas, períodos iniciáticos são truncados para alguns dias ou semanas, e onde as mais diversas inovações africanas e não africanas estão presentes. Finalmente, o *continuum* move-se para os grupos "Espiritualistas" e para as crenças e práticas europeias, muitas das quais são sincretizadas até mesmo nos agregados mais "ortodoxos".[114]

É esse *continuum*, de ritos puros a menos puros (ou completamente impuros), que já havia sido estabelecido por Nina e seus discípulos, que Herskovits restabeleceria, incorporaria em sua escrita e comunicaria à sua rede internacional. Mais adiante, o artigo passa para uma descrição detalhada do *panan*, "uma série de rituais de primeira ordem, cada um dos quais reproduz simbolicamente algum ato que o recém-iniciado realizará na vida cotidiana",[115] como cozinhar, casar-se, ter relações sexuais e gerar um filho. De certa forma, o *panan* era a *performance* ritualizada de cenas e momentos da vida cotidiana. Era um rito tranquilo, quase íntimo, realizado para um grupo relativamente pequeno de espectadores, geralmente não mais do que duas dúzias de pessoas compostas dos parentes do iniciado e do círculo interno da casa.

Em 1954, Herskovits escreveu seu trabalho mais completo sobre o candomblé, intitulado "The social organization of the Afrobrazilian Candomble", para ser lido no XXXI Congresso de Americanistas realizado em São Paulo no mesmo ano. Ele seria posteriormente publicado na revista *Phylon*.[116] O texto é uma síntese de suas pesquisas em 1941-1942 com alguns acréscimos de trabalhos posteriores realizados por seus orientandos Octavio Eduardo e René Ribeiro,[117] além do trabalho de Bastide[118] e do resultado do projeto Columbia-Unesco na Bahia.[119] O artigo começa afirmando que não há parte do Novo Mundo onde a pesquisa sobre a cultura afro-americana tenha sido realizada com maior intensidade ou maior continuidade do que no Brasil. A religião é o aspecto central dessas culturas e, portanto, é cientificamente válido focalizar esse aspecto.[120/XLIV] Entretanto, sua abordagem holística da cultura torna imperativo focalizar também a estrutura social e a base econômica da subcultura afro-brasileira. Por essa razão, é preciso analisar

[114] Herskovits, 1953, p. 219.

[115] *Idem, ibidem.*

[116] Herskovits, 1956.

[117] Eduardo, 1948; R. Ribeiro [1952], 1978.

[118] Bastide, 1948.

[119] Wagley (ed.), 1952

[120] Herskovits, 1956, p. 148.

que proporção dos membros vive a um ou dois quilômetros do terreiro, ou até que ponto tal casa é também o foco da comunidade social ao seu redor. Esses são temas que Edison Caneiro, Nunes Pereira, René Ribeiro e Octavio Eduardo tinham começado a pesquisar,[121] mas agora era preciso ter dados mais detalhados. O texto descreve, então, a organização da casa, com o "babalorixá" (homem) ou a "ialorixá" (mulher) como sacerdotes, depois viriam os iniciados, entre os quais as mulheres seriam a maioria esmagadora. Tal predominância feminina, argumenta ele, remontaria ao costume africano.[122]

O iniciado começa como "abiã" e mais tarde pode tornar-se "iaô" e até "vodunsi" – a etapa final da iniciação, que é um agente livre capaz de criar seu próprio e novo terreiro. A "vodunsi", além de dar conselhos aos mais novos, também funciona como uma fonte de recrutamento para os grupos de culto.[123] A segunda maior categoria é a dos "ogã", que são homens. Eles podem ser "ogã do ramo" ("suspenso", na terminologia atual), quando não são iniciados, atuando, basicamente, como protetores e patrocinadores da casa, ou "ogã confirmado", quando já são iniciados e aptos a exercer essa função sênior na casa. Entre o corpo dos iniciados e o sacerdote ou a sacerdotisa, há um sistema de ofícios, muitas vezes designados a funcionários gerais, para quem, naquela época e nas casas ortodoxas onde os Herskovits faziam pesquisas na língua iorubá, havia termos diferentes, cinco para os homens e sete para as mulheres. Herskovits salienta que tal tipo de candomblé possivelmente só existia nas cidades como uma transposição do tipo presente nas casas que havia/há nos centros urbanos do Daomé e da Nigéria, e que mais pesquisas precisariam ser feitas na Bahia rural.[124] A iniciação pode ser patrocinada por "agibonã", uma pessoa do mesmo terreiro ou de outro, que manterá um relacionamento durante muitos anos com a pessoa iniciada, como uma espécie de padrinho ou madrinha sagrado(a). A iniciação pode ser feita em grupo, com os noviços formado um "barco" e estabelecendoa uma irmandade dentro dele.

As casas mantêm relações complexas umas com as outras – que vão de respeito e aliança até desprezo e animosidade. Como Herskovits diz em uma de suas frases mais apropriadas: "[no candomblé] há linhas dentro das linhas".[125] São necessários tempo e paciência para aprender a se comportar de acordo

121 Cf. Carneiro, 1948; N. Pereira, 1947; R. Ribeiro [1952], 1978; Eduardo, 1948.

122 Herskovits, 1956, p. 152.

123 *Idem*, p. 155.

124 *Idem*, p. 159.

125 *Idem*, p. 164.

com as linhas e regras adequadas. O núcleo de sua abordagem pode ser resumido da seguinte forma:

> Para entender a natureza do candomblé como uma entidade social coesa, devemos olhar em duas direções. Devemos considerar agora como ele se estabelece entre os outros elementos da sociedade da qual faz parte, e também indicar aqueles mecanismos de relações interpessoais que são operativos dentro dele.[126]

Há motivações dentro e fora do grupo. O candomblé pode ser tão poderoso que sua influência chega muito além dos círculos afro-brasileiros. A participação não está apenas relacionada ao poder da sanção espiritual, mas tem importantes consequências psicológicas:

> A satisfação estética e emocional proporcionada pelos ritos também entra em termos da liberação das tensões que eles carregam, além da excitação e do suspense dramático que lhes competem [...] a expansão da estrutura do ego que resulta da identificação com as conquistas do candomblé não deve ser negligenciada.[127]

Para concluir, Herskovits reitera seu principal princípio: "Uma análise adequada da cultura afro-americana não pode ser alcançada sem a devida consideração pelo papel do componente tradicional africano na definição de suas atuais configurações".[128]

O artigo "Some economic aspects of the Afrobahian Candomble" é o último texto publicado por Herskovits sobre o Brasil. Pela primeira vez, a economia e o mercado em torno do candomblé foram descritos. Para ele, o candomblé

> [...] deve ser pensado não apenas como uma unidade socialmente integrada, organizada para o culto das forças que governam o Universo, mas em termos econômicos como uma instituição que funciona pragmaticamente para proteger o melhor interesse de seus membros e afiliados, com suas atividades compreendendo um setor significativo da economia total da comunidade.[129]

Herskovits descreveu a importância da proteção mágica para as mulheres que vendiam alimentos na rua, que, naquela época, eram quase todas iniciadas no candomblé: "Vendendo na rua, onde há tantos concorrentes e ciúmes, é

[126] *Idem*, p. 161.

[127] *Idem*, p. 165.

[128] *Idem*, p. 166.

[129] Herskovits, 1958c, p. 254.

preciso a proteção dos deuses". Segue-se, então, uma descrição cuidadosa do tipo de mercadoria com seus preços que cada ritual e função específica exigiam.[130] Nada é de graça no candomblé, diz um famoso e popular provérbio. A iniciação vem com uma lista de bens que precisam ser comprados. O homem que é confirmado como um "ogã" arca com altos custos de iniciação, um prelúdio para o fluxo recorrente de contribuições que ele virá a ser chamado a fazer com o passar do tempo. Há toda uma seção do mercado que atende a ele:[XLV] animais de duas e quatro patas de diferentes cores podem ser comprados para sacrifícios rituais, óleo de dendê, búzios, colares, contas, nozes de cola, pano da costa e vários outros produtos da África Ocidental, imagens de santos de barro e madeira e de Exus feitas de ferro.

Um mercado de rua em Salvador perto do porto. Fonte: Photographs and Prints Division, Schomburg Center for Research in Black Culture, The New York Public Library, Harlem, NY, EUA.

Para concluir, Herskovits diz que, embora tal economia também exista em torno de rituais religiosos na África Ocidental, as avaliações financeiras se tornaram mais pronunciadas no Brasil devido às "orientações euro-americanas para o papel dos recursos econômicos na ordenação da posição social".[131] O poder da casa e do "zelador", portanto, também reside em seu

[130] *Idem*, pp. 256-259.

[131] *Idem*, p. 264.

poder econômico e em sua capacidade de reunir recursos que são tornados públicos, às vezes de forma ostensiva, durante os rituais: "A teoria econômica do candomblé, portanto, tem implícito o conceito de uma espécie de interação equilibrada entre o comando dos recursos e a ação do sobrenatural".[132]/[XLVI]

As publicações de Frazier sobre o Brasil têm um estilo muito diferente. Seu artigo intitulado "Some aspects of race relations in Brazil", na prestigiosa revista *Phylon*, que tinha sido criada por Du Bois em 1940, mostra dois aspectos importantes: Frazier estava a par da literatura mais recente sobre relações raciais no Brasil e usou sua viagem ao Brasil também para socializar e entrevistar líderes políticos negros, especialmente em São Paulo, onde presumivelmente socializou com os ativistas da Frente Negra Brasileira. Na primeira parte, Frazier enfatiza a relevância da comunidade negra e sua herança cultural na civilização brasileira. Ele o faz com abundantes citações a Freyre e Arthur Ramos, mas também a Manuel Querino.

Além disso, argumenta que, "ao contrário dos escravos nos Estados Unidos, estes negros foram capazes de restabelecer, até certo ponto, no Novo Mundo, sua tradicional organização social e prática religiosa".[133] De muitas maneiras, Frazier concorda que no Brasil há muito mais africanismos – um termo que ele não usa – do que nos EUA: "Após a emancipação, os negros de sangue puro tornaram-se mais móveis socialmente e perderam muito de sua cultura africana. Na ausência de preconceito racial como o dos Estados Unidos, a crescente mobilidade dos negros acelerou a mistura das raças".[134] Em seguida, faz uma afirmação muito interessante: "É extremamente difícil discutir e tornar inteligível para os americanos as relações raciais, envolvendo brancos e negros no Brasil".[135] Ele ainda argumenta que "existe uma certa quantidade de preconceito de cor no Brasil, já que as distâncias sociais baseadas na cor são mantidas por um sistema sutil de etiqueta, mas a cor da pele não determina o lugar de cada um na organização social".[136]

A Bahia, em muitos aspectos, diz Frazier, é comparável a Charleston e Nova Orleans nos anos 1890: existe uma forte comunidade mulata. Nas massas trabalhadoras, a mistura de raças ocorre em grande escala. Nas elites, no entanto, há sinais de discriminação, não havendo negros frequentando o

[132] *Idem*, p. 265.

[133] Frazier, 1942b, p. 290.

[134] *Idem*, p. 291.

[135] *Idem, ibidem*.

[136] *Idem*, p. 292.

clube de tênis, o clube de iate ou os grandes hotéis mais internacionais. O fato de americanos e britânicos muitas vezes não gostarem de ver negros em tais lugares influencia a atitude dos brasileiros brancos em relação aos negros. Ao fazer tal consideração, Frazier se baseia fortemente na tese de Donald Pierson – que havia sido orientada por Robert Park, um dos mentores de Frazier, possivelmente o mais importante. No final do artigo, Frazier relata suas reuniões com alguns dos líderes da comunidade negra. Estes eram (ex-) membros da Frente Negra Brasileira, o mais importante movimento político negro que estava ativo desde o início dos anos 1930, assim como associados de outras associações negras (culturais) no Rio e em São Paulo:

> As organizações do Sul são fortemente diferenciadas daquelas do Norte. No Sul (onde sofrem com a competição econômica dos imigrantes europeus, especialmente os italianos), elas estão combatendo a discriminação e estão procurando se integrar às organizações sociais e econômicas. Por outro lado, no Norte, elas têm cooperado com os brancos no estudo da contribuição cultural dos negros e têm lutado pela liberdade religiosa para os cultos negros, bem como pela melhoria da condição social dos negros. Parece que a organização negra no Brasil carece do impulso e da motivação de uma organização similar nos Estados Unidos. Isso se deve, sem dúvida, ao fato de que a discriminação racial não é tão forte mesmo no Sul do Brasil quanto nos Estados Unidos.[137]

No mesmo ano, Frazier publicou um artigo altamente polêmico na revista *Common Sense*, chamado "Brazil has no racial problem". É um artigo escrito inteiramente como parte do espírito do esforço de guerra. Nele, o Brasil é, de fato, um pano de fundo, um sistema de oposição ao contexto racial norte-americano. O objetivo do texto é mostrar que no Brasil, contra todas as probabilidades, o sistema racial não tem preterido a humanidade do negro. O oposto pode ser dito dos EUA. O texto antecipa uma série de questões desenvolvidas posteriormente em sua obra clássica, *Black Bourgeoisie*:[138] nos EUA, os negros não são levados e julgados a sério, mas sim tomados como pessoas infantis e menos maduras.

Vejamos as próprias palavras de Frazier:

> De fato, o negro nunca foi levado a sério ou tratado como um ser humano maduro e inteligente [...]. Desde que a maioria dos líderes negros foi forçada a ganhar a vida atrás dos muros da segregação, a ameaça da fome tem sido suficiente para

[137] *Idem*, p. 294.

[138] Frazier, 1957d.

> trazer submissão [...]. O caráter só se desenvolve quando os homens estão acostumados às responsabilidades e os negros nunca foram requeridos ou permitidos a adquirir responsabilidades sérias [...]. Todo o sistema de relações raciais na América tendeu a roubar a massa de negros de um senso de valor pessoal e dignidade e a roubar seus líderes de caráter [...]. Como que para compensar a negação da liberdade e da justiça, a América, através de seus filantropos, gastou milhões de dólares para elevar o negro. Mas não conseguiu resolver o problema fundamental da integração do negro na vida econômica e social americana [...]. Enquanto no Brasil, negros, pardos e brancos se reconhecem como um ser humano individual, nos Estados Unidos só conhecem o negro como símbolo de estereótipo [...]. Tudo isso aponta para uma conclusão: casta e democracia não podem existir na mesma sociedade sem conflito perpétuo.[139]

Frazier continua argumentando que só através da luta e fazendo uso dos momentos de crise, como durante a Segunda Guerra Mundial, é que o negro será capaz de se emancipar:

> Nossa atitude em relação à questão da raça se deve à nossa visão provinciana. Nosso provincianismo em relação às relações raciais pode ser quebrado quando formos forçados a dialogar com o povo de cor da Ásia e nos tornarmos mais estreitamente ligados à América Latina. Por outro lado, é possível que tentemos impor nossas atitudes a essas pessoas. Se isso acontecer, não poderemos assumir a liderança moral no mundo do pós-guerra e alienaremos os países da América Latina. Embora possamos fornecer ao Brasil competências técnicas e o capital, o Brasil tem algo a nos ensinar no que diz respeito às relações raciais.[140]

É possível observar a postura muito internacional e não ufanista de Frazier quando comparada à de outros líderes negros muito mais nacionalistas e autocentrados em suas missões políticas em toda a América Latina – testemunhamos, por exemplo, as visitas de John Hope Franklin, Jesse Jackson e Spike Lee nos anos 1990.

Em 1944, Frazier publicou seu último artigo inteiramente dedicado ao Brasil chamado "A comparison of negro-white relations in Brazil and in the United States". Seu viés seguiu, em grande medida, a mesma linha que o artigo da *Phylon*. A abolição da escravidão, argumentou ele, não foi acompanhada de uma violenta guerra civil, como nos Estados Unidos. Não havia uma fronteira nítida entre território livre e território escravo, nem um conflito

[139] Frazier, 1942a, pp. 125-128.

[140] *Idem*, p. 129.

bem definido entre uma economia agrária e uma economia industrial.[141] Além disso, a dependência dos portugueses do trabalho dos negros era maior, e muitos dos escravizados eram qualificados e mais alfabetizados do que os portugueses.[142] Quando comparado ao Sul dos EUA, o menor *status* da mulher no Brasil e os hábitos menos puritanos criavam menos obstáculos ao concubinato, e as crianças fora do casamento eram mais frequentemente reconhecidas como descendentes legais. Isso levou a uma situação na qual toda a estrutura da sociedade brasileira, do ponto de vista tanto racial quanto econômico, era tal que excluía a possibilidade de uma organização birracial. Por sua vez, e em uma referência indireta ao enfoque de Herskovits para com os africanismos, a cultura africana sobreviveu muito mais entre os escravizados brasileiros, não se fazendo necessário questionar a presença das sobrevivências africanas.[143]

As influências africanas são aparentes na língua, na dieta e na música dos brasileiros. As influências não são consideradas como excrescências exóticas ou pitorescas, mas como parte integrante da cultura da sociedade brasileira.[144] Frazier cita Nina Rodrigues, Manuel Querino, Edison Carneiro e Arthur Ramos para apoiar sua afirmação. Ele comenta, então, a trajetória do famoso escritor Machado de Assis e do engenheiro-chefe do Império do Brasil, André Rebouças,[XLVII] ambos mulatos, que, em vez de serem o que Robert Park teria chamado de "homens marginais" ou de serem forçados a entrar numa comunidade de cor segregada, não foram considerados um "escritor negro" ou um "engenheiro negro", mas sim especialistas brasileiros em suas áreas: "Isso é bem diferente da situação nos Estados Unidos, onde há escritores negros, jornalistas e até mesmo biólogos e químicos e um padrão diferente para avaliar suas realizações".[145] É óbvio que Frazier, ao tirar tal conclusão, estava expressando sua insatisfação com a rotulação e a guetificação do intelectual negro nos Estados Unidos – um tema presente em muitos de seus ensaios e, com mais força, de seu último ensaio, "The failure of the negro intellectual".[146] O sistema de relações raciais do Brasil parecia lhe oferecer a esperança de um futuro melhor também para os EUA. É por isso que ele conclui o ensaio com um ponto forte:

[141] Frazier, 1944b, p. 87.

[142] *Idem*, p. 91.

[143] *Idem*, p. 94.

[144] *Idem*, p. 96.

[145] *Idem*, p. 98.

[146] Frazier, 1962.

> À medida que a tentativa de manter um sistema de castas se torna menos eficaz devido à urbanização e ao desenvolvimento educacional e cultural geral do negro, é provável que a situação racial [dos EUA] se aproxime da situação no Brasil.[147]

Só conseguimos detectar um artigo escrito por Frazier a respeito de seus cinco meses de estada e pesquisa no Haiti e na Jamaica no caminho de volta para os EUA depois de sua pesquisa de campo na Bahia. Trata-se de um breve panorama das relações raciais no Caribe que mistura fontes secundárias e impressões de primeira mão e, tanto quanto a maioria de seus escritos sobre o Brasil, fez parte de um plano geral para, por assim dizer, desuniversalizar as relações raciais nos EUA, mostrando a singularidade de sua polarização e de sua violência. Em vez de norma, como muitos observadores americanos gostavam de pensar, essa divisão tão acentuada entre negros e não negros era única para os EUA. O texto "Race relations in the Caribbean" é o terceiro capítulo da importante compilação *The economic future of the Caribbean* que Frazier organiza com ninguém menos que Eric Williams (1911-1981), o historiador marxista que em 1956 se tornaria o primeiro primeiro-ministro de Trinidad e Tobago independente. Estas são as principais conclusões:

> Não estou convencido de que se estas áreas forem colocadas sob o controle econômico dos EUA, isso significará uma melhoria no padrão de vida econômico. Não estou convencido de que será uma melhoria ou mesmo a preservação dos valores sociais ou humanos que existem hoje nas ilhas. Refiro-me especialmente à questão das relações raciais e ao efeito da influência dos norte-americanos sobre as relações raciais nestas ilhas. Mesmo nas Índias Ocidentais britânicas, onde existem ideias anglo-saxônicas sobre o branco e as raças de cor, os negros, assim como os mestiços, nunca foram objeto de ilegalidade, violência e desprezo, que são exibidas contra pessoas de ascendência negra nos Estados Unidos. Uma minoria branca nas Índias Ocidentais britânicas conseguiu manter a "supremacia branca" e a cultura europeia sem fazer de seus tribunais uma farsa e recorrer periodicamente a atos de violência. Nas colônias espanholas e, mais especialmente, francesas, o respeito que é demonstrado aos negros e às pessoas de ascendência mista é considerado pelo cidadão branco médio dos Estados Unidos como um sinal de fraqueza ou mesmo de depravação [...]. Isso só mostra que a atitude tradicional norte-americana de casta tem um efeito desfavorável sobre o valor humano na esfera das relações raciais nessas regiões.[148]

[147] Frazier, 1944b, p. 102.

[148] Frazier, 1944a, p. 30.

Esse breve, mas radical artigo é mais uma prova do projeto internacional e comparativo sobre relações raciais que Frazier tinha em mente, assim como do tipo de rede que ele estava estabelecendo com pesquisadores radicais de diferentes países. Frazier escreveria novamente sobre o Caribe e, de modo mais geral, sobre as *plantations* da América, incluindo o Brasil nessa análise em sua introdução a uma prestigiosa compilação organizada por Vera Rubin.[149]/[XLVIII] Frazier estava muito bem acompanhado, entre outros, de George E. Simpson, Charles Wagley, M. G. Smith, Eric Williams, Frank Tannenbaum, Raymond Smith. Ele começou, muito no seu estilo, com uma provocação: "Por que a América da *plantation* não foi designada como América negra, já que nessa área o negro tem sido o principal grupo étnico ou racial?".[150] Frazier faz, então, uma conexão com a parte sul dos EUA e a sociedade da *plantation* como descrita por Freyre: a principal diferença entre o Brasil ou o Caribe e os Estados Unidos foi que nos EUA uma classe visível de brancos pobres estava presente.[151] Prossegue mostrando que, em termos de sobrevivências africanas, ele finalmente chegou a uma posição mais complexa:

> O problema das sobrevivências africanas entre os negros nos Estados Unidos já foi objeto de muita controvérsia por parte de antropólogos e sociólogos. Parece justo dizer que como resultado dessa controvérsia os sociólogos adquiriram um conhecimento mais profundo da persistência de certas fases das características culturais africanas entre os negros, e os antropólogos adquiriram conhecimento da história social dos negros, o que restringiu suas especulações sobre as sobrevivências africanas. [...]. Provavelmente, há um consenso geral de que há mais sobrevivências africanas na América do Sul e no Caribe do que entre os negros americanos [...], mas o verdadeiro problema é mais difícil [...] até que ponto as sobrevivências africanas estão influenciando o caráter dessas novas sociedades que estão surgindo? Sua estagnação ou desenvolvimento podem ser explicados em termos de sobrevivências africanas? [...]. O verdadeiro problema não é, entretanto, a descoberta das sobrevivências africanas, mas sim o estudo da organização e do papel da família negra numa sociedade em transição ou em uma nova sociedade que está surgindo. [...]. Além disso, estas tradições familiares foram reforçadas pelas expectativas e tradições da posição de classe da família na comunidade.[152]

[149] Frazier, 1957b.

[150] *Idem*, p. v.

[151] *Idem*, p. vi

[152] *Idem*, p. viii.

Vemos que, na terminologia de Frazier, duas palavras que não estavam em uso na literatura da época sobre hierarquias raciais nos EUA são bastante predominantes: "desenvolvimento" e "classe". Aparentemente, tanto seu passado socialista radical quanto seus anos em Paris na Unesco, quando o termo desenvolvimento estava em plena discussão, afirmaram-se consideravelmente em seus anos de maturidade.

No que foi definido como um "artigo adstringente",[153] intitulado "What can the American Negro contribute to the social development of Africa?",[154] Frazier viu as coisas de um ângulo completamente diferente, como é mostrado em suas críticas virulentas sobre as condições do intelectual negro da época nos EUA. Apesar do fato de a herança africana não ter sido apagada da mente de muitos negros americanos, "muito do discurso sobre a contribuição dos negros americanos para o desenvolvimento da África repousa sobre bases sentimentais ou representa um tipo de pensamento fantasioso".[155/XLIX] "Negros [americanos], como um grupo, são carentes e incapazes de fornecer à África o capital que é necessário lá."[156] Frazier argumenta que "os negros americanos também carecem da educação industrial, técnica e política que a África exige".[157] A razão para isso, ele enfatiza mais uma vez, é que os negros americanos têm sido segregados na vida americana e têm carecido de poder político real. Os poucos negros americanos com competência profissional, como Hildrus Pondexter, prestaram distintos serviços na África, mas o número de tais cientistas é pequeno.

Frazier é bastante positivo sobre o *Harlem Renaissance* e poetas como Langston Hughes e Richard Wright, mas argumenta que muito do espírito desse Renascimento com sua aceitação de uma "identificação racial sem reservas" é abandonado por ser absorvido pela classe média negra "adormecida". Seu julgamento furioso sobre os EUA prossegue:

> É preciso levar em conta a forma pela qual o fator de sua origem africana foi comunicado aos negros. Para as grandes massas de negros, o fato de sua origem africana tem sido considerado como uma maldição [...]. Essa atitude foi enfatizada quando Marcus Garvey tentou organizar o que era o único movimento realmente nacionalista a surgir entre os negros americanos. O movimento foi apoiado em

[153] Shepperson, 1961.

[154] Frazier, 1958.

[155] *Idem*, p. 264.

[156] *Idem*, p. 265.

[157] *Idem*, p. 269.

grande parte por negros do Caribe, e os intelectuais negros americanos denunciaram Garvey em grande parte com base no fato de que ele ressuscitou e enfatizou a questão de sua origem africana.[L] Portanto, começaremos mostrando como o tratamento dos negros tem prejudicado sua utilidade como líderes espirituais ou morais dos africanos.[158]

Sua avaliação da organização da comunidade negra e de seus dois principais pilares, a Igreja e a escola, é devastadora: "A verdade é que os negros americanos nunca foram livres, física e psicologicamente";[159] em vez disso, eles foram diminuídos para seres humanos infantis, abobalhados e manhosos. Frazier também insiste que algum tipo de autoestima e identidade racial é importante no combate a essa condição racial. Em vez disso, a maioria deles, "ao insistir em ser apenas americanos, não se tornam ninguém".[160] Em conclusão, ele veio em favor de dois radicais negros: "Há raras exceções como W. E. B. Du Bois e Paul Robeson [o mais destacado membro negro do partido comunista americano], mas eles são considerados perigosos pelos brancos. Portanto, os negros de classe média os consideram perigosos". Ao defender publicamente Du Bois e Robeson, Frazier não só se destacará como um dos poucos intelectuais negros conhecidos por fazê-lo, mas também será essa uma das razões pelas quais ele seria posteriormente acusado de atividades antiamericanas pelo macarthismo.[161]

A última parte do artigo foi ainda mais longe na crítica devastadora do *status quo* das relações raciais americanas. Aos negros americanos faltariam capital, habilidades técnicas e políticas para contribuir com os africanos "que têm uma longa experiência de luta política e estão assumindo uma posição de responsabilidade que não está aberta aos negros nos EUA".[162] O principal problema, diz Frazier, seria que

> [...] a visão geral dos negros americanos é dominada por valores provincianos e espúrios da nova classe média negra. Eles vivem em um mundo de faz de conta e rejeitam a identificação com a tradição cultural dos negros americanos, bem como com sua origem africana. [...]. A sua atitude em relação ao futuro é a dos gladiadores e escravos na arena romana, que gritavam: "Ave César, nós que estamos prestes a

[158] *Idem*, p. 273.

[159] *Idem*, p. 274.

[160] *Idem*, p. 275.

[161] Hellwig, 1991.

[162] Frazier, 1958, p. 278.

> morrer, te saudamos". Por outro lado, o africano tem um futuro neste mundo e tem um lugar na construção de um novo mundo como africano.[163]

É evidente que Frazier observou as relações raciais nos EUA tanto de dentro como de fora – seu trabalho de campo no Brasil, sua viagem à Jamaica e ao Haiti, sua estada na Unesco em Paris, e de lá suas missões em vários países africanos o tornaram ainda menos provinciano e mais insatisfeito com o *status quo* do que nunca.[LI] Não é de admirar, depois de tanta acidez radical, que Alioune Diop, em sua apresentação do número especial da revista *Presence Africaine* em que o artigo foi publicado, tenha achado difícil conciliar as opiniões de Frazier com a avaliação muito mais suave sobre as relações raciais e a celebração da identidade negra nos EUA apresentada nas outras contribuições de negros americanos sobre o assunto (St. Clair Drake, Lorenzo Turner, e muitos outros). Afinal de contas, a edição especial foi destinada a aproximar os negros americanos e os líderes africanos com o intuito de criar oportunidades para o apoio dos EUA às independências africanas.[LII]

Quanto a Turner, nenhum de seus textos publicados contém uma referência detalhada à sua pesquisa como linguista no Brasil. Um artigo, possivelmente o mais interessante, trata da conexão entre as famílias de Salvador e Lagos, enquanto os outros dois sobre o Brasil parecem estar escritos no espírito da Política de Boa Vizinhança e, basicamente, celebram o sistema brasileiro de relações raciais como mais brando e muito menos segregado do que os EUA. Um deles é "The negro in Brazil", publicado no popular *Chicago Jewish Forum*. Nele, Turner afirma que os escravizados no Brasil desfrutavam muitas vantagens que foram negadas a seus irmãos nos EUA ou no Caribe,[164] a exemplo da muito maior facilidade de conseguir a alforria. A África e o Brasil, além disso, eram mantidos mais próximos por um constante intercâmbio de escravizados, ex-escravizados, retornados e migrantes, especialmente entre Lagos e Bahia. As práticas religiosas africanas nunca haviam sofrido interferências sérias no Brasil, e, nas comunidades religiosas, ainda se podia ver a autêntica dança africana. O artigo termina com uma declaração que resume o sentimento de Turner:

> Desde a emancipação dos escravos, o negro tem participado plenamente da vida social e familiar do Brasil. Não existe nenhuma lei que proíba tal participação ou

[163] *Idem, ibidem.*

[164] Turner, 1957, p. 232.

o exercício de qualquer função legítima do cidadão. O atrito racial no Brasil está no ponto mínimo. Na verdade, mal se tem consciência da própria cor.[165]

Logo após voltar do Brasil, Turner apresentou o artigo "Some contacts of Brazilian ex-slaves with Nigeria, West Africa" na Reunião Anual da Associação para o Estudo da Vida e História do Negro em Columbus, Ohio, 1º de novembro de 1941. O artigo viria a ser publicado no *Journal of Negro History*, em 1942. Seu principal argumento era o de que "os estudantes das sobrevivências culturais africanas no Novo Mundo não devem esperar fazer grandes progressos em suas investigações sem antes aprender algo sobre a cultura das tribos africanas trazidas aqui como escravos".[166] No Brasil, tal genealogia, argumentava Turner, seria dificultada pela destruição de documentos relacionados à escravidão em 1890 como resultado de um decreto assinado pelo ministro da Fazenda, Ruy Barbosa.[LIII] Entretanto, no Brasil, existiria uma fonte importante e confiável de informações sobre o contato dos negros brasileiros com a África Ocidental: os ex-escravizados brasileiros e seus descendentes. A seguir, Turner mencionava exclusivamente os iorubás e descrevia a família binacional que fora criada, especialmente, entre Lagos e Salvador. Uma prática para manter contato com a África, antes da abolição da escravidão, seria um escravizado comprar sua liberdade, a de sua esposa e a de seus filhos e levar sua família de volta para a África: "Muitas famílias que fizeram isso permaneceram na África até depois da abolição da escravidão no Brasil e depois retornaram ao Brasil".[167] Algumas vezes, parte da família teria permanecido na África, mantendo, contudo, contato estreito com o seu lado baiano.

Turner fazia, então, uma descrição detalhada dessas ligações a partir do caso de um casal – dois de seus principais informantes na Bahia: o conhecido "babalaô" Martiniano do Bonfim, descrito como "uma das figuras mais coloridas da Bahia de hoje [...] muitas pessoas procuram seus conselhos e os seguem religiosamente",[168] e sua esposa, Sra. Anna Cardoso Santos.[LIV] Ambos haviam viajado duas vezes de Lagos de volta para a Bahia. O jornal apresentava cópias dos documentos de viagem dos ex-escravizados à África, suas certidões de casamento e de óbito. A qualidade das informações coletadas e o simples fato de ter recebido os originais de documentos pessoais e fotos testemunham

[165] *Idem*, p. 235.

[166] Turner, 1942, p. 55.

[167] *Idem*, p. 59.

[168] *Idem*, p. 62.

o apoio e o entusiasmo que seu trabalho de campo despertou entre essas famílias afro-brasileiras. A pesquisa pioneira de Turner sobre essas famílias binacionais seria, de fato, redescoberta nos últimos anos como um importante começo para o que agora já é uma tradição de pesquisa sobre retornados do Brasil e de Cuba para a África Ocidental (ver autores como Manuela Carneiro da Cunha, Alcione Amos, Felix Omidire, Milton Guran, Lisa Earl Castillo, Luis Nicolau Parés, Rodolfo Sarracino). O texto termina celebrando um compromisso com a preservação da cultura e da língua iorubá (especialmente seus contos folclóricos, histórias de ninar e culinária) entre essas famílias, não apenas em Salvador, mas também nas cidades menores de Cachoeira, São Félix e Muritiba. Eles não só falavam iorubá fluentemente, mas "como líderes dos cultos de feitiço, eles usam sua influência para manter a forma de culto tão genuinamente africana quanto possível".[169] O que realmente impressionou Turner é que a maioria dos ex-escravizados brasileiros da Bahia e seus descendentes eram verdadeiramente orgulhosos de sua herança africana.

Em dezembro de 1950, Turner publicou no *The Journal of American Folklore* uma longa resenha do trabalho de Octavio da Costa Eduardo intitulado *The Negro in Northern Brazil: A Study in Acculturation*.[170] Apesar de bastante minuciosa e severa, ela fornece um relato extremamente positivo do livro. Enfatiza que a cultura dos negros atuais do estado do Maranhão ocorre num contexto de contato sustentado com a cultura africana trazida ao Maranhão pelos escravizados, e que, no geral, a comunidade rural tem sido menos propícia às sobrevivências das práticas religiosas africanas do que o cenário urbano. Apesar de definir o livro como um excelente modelo para futuras pesquisas no Novo Mundo, Turner faz duas críticas, por assim dizer, uma na linha de Herskovits e outra na linha de Frazier, e nisso ele mostra seu grau de autonomia intelectual. Ressente-se, como possivelmente o fez Herskovits – que havia sido o orientador de Eduardo –, de que "a maneira com que o contato entre as culturas africana e brasileira afetou outras esferas das culturas dos negros no Maranhão, como a música, a literatura popular, a língua, a arte etc., é revelada muito brevemente na discussão do autor sobre religião".[171] A outra crítica, reminiscente das ideias de Frazier, diz respeito ao fenômeno do "amasiado" e à organização das famílias negras de modo mais geral:

[169] *Idem*, p. 66.

[170] Eduardo, 1948.

[171] Turner, 1950, p. 490.

Esses tipos de relações são mais prevalentes entre outros grupos de *status* socioeconômico semelhante? Se estão difundidos entre esses outros, isso é o resultado de empréstimos dos africanos, ou os não africanos trouxeram formas familiares semelhantes a eles do Velho Mundo?[172]

Em outras palavras, generalizações sobre a organização da família negra exigem uma análise comparativa de todos os grupos raciais ou grupos de cor na população de uma comunidade específica, não apenas da população negra.

Turner, com sua ligação simbólica com o espírito do *Harlem Renaissance*, e Frazier, com seu foco na relação entre cor e classe e no dano psicológico da segregação para a consciência negra, representam duas variantes importantes no pensamento político negro dos EUA de seu tempo, possivelmente das mais relevantes e radicais. Uma oportunidade de observá-las está na diferente ênfase sobre o passado e o futuro dos negros nas contribuições de Turner e Frazier para a edição especial da revista parisiense *Presence Africaine* dedicada à "África do ponto de vista dos pesquisadores negros americanos".[173] Num artigo intitulado "African survivals in the new world with special emphasis on the Arts", Turner alega que a preservação da diversidade cultural foi tanto um motivo de emancipação dos estereótipos quanto uma ferramenta para combater o racismo:

Um estudo sobre a influência da cultura africana no Hemisfério Ocidental revela que os escravos, ao alcançarem o Novo Mundo, não abandonaram totalmente sua cultura nativa, mas retiveram a maior parte dela com uma mudança surpreendentemente pequena. [...]. Aqueles aspectos da cultura africana que têm sido mais tenazes em todo o Novo Mundo são as sobrevivências da língua, da literatura popular, da religião, da arte, da dança e da música; mas algumas sobrevivências da vida econômica e social dos africanos também podem ser encontradas no Novo Mundo.[174]/[LV]

Ele amplia, então, sua análise com base em suas pesquisas e publicações sobre o Brasil e acrescenta:

As sobrevivências linguísticas africanas são mais numerosas no Brasil do que em qualquer outro lugar do Hemisfério Ocidental [...]. Na Bahia, encontrei iorubás

[172] *Idem*, p. 491.

[173] Davis (ed.), 1958.

[174] Turner, 1958, pp. 102-103.

falados tanto quanto o português [...]. Dentro e ao redor dos terreiros nagô ou iorubá na Bahia, por exemplo, a atmosfera é tão inequivocamente africana que se tem dificuldade de perceber que se está no Novo Mundo.[175]

Turner aborda detalhadamente a música, a dança, os contos folclóricos e a escultura em madeira – traços que na Bahia têm mantido sua origem africana. A mensagem política de Turner pode ser resumida na conclusão de seu artigo:

> [...] muito pouca atenção está sendo dada aos estudos objetivos daqueles aspectos da cultura nativa da África negra – especialmente as artes – que são e vêm exercendo, há mais de quatro séculos, uma influência significativa sobre a civilização ocidental. Mais estudos desse tipo contribuiriam muito para destruir na mente de outros povos do mundo que muitos estereótipos profundamente enraizados em relação aos africanos se devem, em grande parte, mas não totalmente, ao desconhecimento da cultura nativa da África negra.[176/LVI]

Em 1966, foram publicadas duas compilações *post mortem* do trabalho de Frazier e Herskovits, organizadas, respectivamente, por G. Franklin Edwards e Frances Herskovits.[177] Apenas um dos 20 capítulos que compõem a compilação de Frazier trata do Brasil, enquanto, na compilação de Herskovits, cinco dos 30 textos tratam do país – um sexto do total. Nenhuma compilação desse tipo foi publicada postumamente no caso de Turner, mas a biografia relativamente recente e muito abrangente de Margaret Wade--Lewis sobre Turner fez um balanço geral hábil de seu trabalho.[178] O capítulo sobre o Brasil tem cerca de 19 páginas, incluindo as notas, de um total de 325 páginas. Esses números dão uma ideia do impacto do Brasil em sua carreira.

Em termos de seu impacto nas Ciências Sociais brasileiras, para os três pesquisadores, é possível aplicar uma característica do Brasil: os autores ou são hipercitados ou ignorados. Sem depreciar o seu mérito, Melville Herskovits foi hipercitado. Frazier e Turner foram quase ignorados. Outra conclusão a ser tirada das publicações acima é que o Brasil representou para eles um pano de fundo para encenar e corroborar seus principais argumentos. Estes eram,

[175] *Idem*, pp. 107, 112.

[176] *Idem*, p. 116.

[177] Cf. Edwards (ed), 1968; F. Herskovits (ed.), 1966.

[178] Wade-Lewis, 2007.

respectivamente, para Frazier, que a divisão de classes é uma condição universal, que não há análise das relações raciais independente da estrutura de classes e que as relações raciais no Brasil foram menos desumanizantes e tornaram os negros menos infantis do que nos EUA; para Turner, que a sobrevivência africana na linguagem revelou a complexidade das expressões culturais negras no Novo Mundo; e, para Herskovits, que os africanismos foram predominantes não apenas na vida religiosa e nas expressões culturais, mas também como um fator explicativo na organização social e na estrutura familiar da população negra. Ou seja, mais do que qualquer "Brasil real", importavam para eles as representações do Brasil e suas relações raciais, que poderiam ser úteis em sua própria luta político-acadêmica nos Estados Unidos.

Perspectivas sobre as desigualdades raciais

É evidente que os quatro pesquisadores tinham agendas políticas e pessoais diferentes. Desde o início dos anos 1930, o ponto central dos Herskovits lembrava a observação que Arthur Schomburg havia feito na antologia *The new negro*: "O negro foi um homem sem história porque tinha sido considerado um homem sem uma cultura digna".[179] Ao utilizar a noção de "foco cultural", Herskovits argumentou que a religião era um foco para os africanos ocidentais, enquanto as relações econômicas eram um foco para os proprietários de escravizados. O maior número de sobrevivências africanas era, portanto, em práticas relativas ao sobrenatural.[180] Turner argumentaria de forma semelhante, exceto que, segundo ele, para os africanos ocidentais, a música era ainda mais importante do que a religião. Frazier, em vez disso, não estava convencido de que a religião e a música, mesmo que de inegável origem africana, eram por si sós forças libertadoras do racismo no Novo Mundo.

Assim, os antropólogos (Herskovits) e o linguista (Turner) enfatizaram as diferenças culturais, considerando a tenacidade da cultura e sua capacidade de resistência à mudança, contra o sociólogo (Frazier), que enfatizou a universalidade da condição humana e o caráter mutável intrínseco de todas as formas culturais e sociais. O negro merece respeito porque sua cultura e sua personalidade são intrinsecamente diferentes ou, ao contrário, porque

[179] Schomburg, 1925, p. 237.

[180] Jackson, 1986, p. 112.

ele é um ser humano como qualquer outro? O ponto de diferença é a maneira como a libertação do racismo é vista, seja como resultado da luta dos indivíduos contra ele, ou como resultado do reconhecimento das diferenças e da distinção da cultura da comunidade negra – que na época era vista principalmente como um coletivo sem individualidade.

A trajetória incomum e rebelde de Frazier é reveladora da dinâmica entre os intelectuais negros nos EUA e é reminiscente de certas linhas de pensamento sociológico negro contemporâneas nos EUA, como, por exemplo, a de Julius Wilson.[181] A biografia de Turner é uma prova do quanto a questão das sobrevivências africanas dizia respeito aos intelectuais e artistas negros, pelo menos a partir do *Harlem Renaissance* no início dos anos 1920.[182] O compromisso dos Herskovits com a questão das sobrevivências africanas e com a igualdade racial teve uma origem diferente e estava de acordo com as ideias liberais entre os não negros americanos de seu tempo, especialmente os intelectuais judeus.[183]

O Brasil teve um lugar importante, se não central, em suas próprias experiências de pesquisa de campo, e essas experiências iriam marcar seus escritos, atividades e redes pelo resto de suas carreiras. Ainda assim, dificilmente há menção a isso nas três destacadas biografias que citei acima – nem na recente avaliação crítica do trabalho de Herskovits, como o documentário *Herskovits at the Heart of Blackness* (2009) e na palestra de Jean Allman para a African Studies Association intitulada "Herskovits Must Fall" (2018).

Os quatro pesquisadores também diferiram em termos das agendas antirracistas. Turner e Frazier não eram apenas pesquisadores negros com uma agenda antirracista; eles também estavam interessados em conhecer pessoas negras importantes, a elite negra. Os Herskovits tinham uma agenda própria antirracista, mas estavam muito menos interessados na agência negra e ainda menos na elite negra – de fato, Melville, como sabemos, era bastante desconfiado dos intelectuais negros. De acordo com a antropologia dominante da época, pode-se imaginar que ele desse preferência à "autenticidade" dos africanismos em vez da comunidade negra no Novo Mundo, que, segundo ele, se comportava de muitas maneiras como os intelectuais brancos ou a classe alta branca.

[181] Platt, 2000, 2001.

[182] Wade-Lewis, 2007.

[183] Yelvington, 2006; Gershenhorn, 2007.

Por trás dessas diferentes abordagens em seus métodos de pesquisa, existiam posições bastante divergentes em relação à herança africana de seus sujeitos de pesquisa. Turner e Herskovits estavam convencidos de que o passado africano oferecia o tipo de grandeza cultural que viam como necessária para a comunidade negra lutar por emancipação nos Estados Unidos. Frazier não estava nada convencido de que o passado ou a herança cultural fossem aliados potenciais da libertação negra, numa posição que surpreendentemente lembra a interpretação de Frantz Fanon do passado como um grilhão com o qual os oprimidos, vítimas do terror colonial, têm de se reconciliar através de uma ruptura simbolicamente violenta.[184]/[LVII] Frazier estava bem mais interessado no futuro, no lugar da negritude na modernidade. Essa atitude era em grande parte uma postura política contra o que Frazier via como generalizações estereotipadas da reconstrução da grandeza negra com base no passado.[LVIII]

Nossos pesquisadores tinham uma perspectiva internacional comparativa relativamente semelhante e planejavam desenvolver isso ainda mais, fazendo pesquisas em outros países da América e no continente africano. No entanto, eles não tinham as mesmas oportunidades para pôr em prática tais planos. Para começar, suas universidades tinham posições bem diferentes. Northwestern foi o lugar onde, formalmente falando, os Estudos Africanos se estabeleceram pela primeira vez com financiamento substancial; Howard era uma universidade negra (a principal, mas ainda uma universidade negra), assim como a Fisk; e o Roosevelt College era um centro interessante, liberal e racialmente integrado, mas, ainda assim, apenas uma pequena faculdade que pagava salários relativamente baixos.[185]

Eles concebiam a África e a Afro-América como uma única área,[186] especialmente Turner e Melville, que a consideravam um todo cultural (e, em muitos aspectos, também social): esse era, possivelmente, o seu principal mérito. Frazier era um universalista, mas com alguma diferença: a análise de classe e as consequências da industrialização, tanto para os negros quanto para o povo das sociedades pós-coloniais, faziam parte de sua agenda.

Nesse contexto, Herskovits tinha vantagem. Ele havia passado mais tempo fazendo trabalho de campo e sua abordagem da cultura africana no Brasil convinha perfeitamente com a tentativa renovada de vários intelectuais

[184] Fanon, 1961.

[185] Turner, 1946; *Chicago Defender*, 3 de maio de 1947, p. 13.

[186] F. Herskovits, *op. cit.*, p. x.

brasileiros de redefinir a cultura nacional-popular. Além disso, também tinha melhores e mais poderosas conexões com a crescente comunidade antropológica brasileira, na Bahia, assim como em São Paulo, na Escola Livre de Sociologia e na Universidade de São Paulo; e no Rio de Janeiro, no Museu Nacional (naquela época, o centro mais importante da antropologia brasileira). Herskovits também tinha melhor acesso a financiamento para pesquisa no exterior e estava em melhor posição para convidar pesquisadores brasileiros a visitar os Estados Unidos.[LIX]

Como sabemos, Herskovits deixou sua marca na antropologia das expressões culturais afro-americanas na América. Ele também era atraente para a academia brasileira, tanto que, como descrito, em maio de 1942, foi convidado a fazer o discurso de abertura da Faculdade de Filosofia da Bahia (hoje Faculdade de Filosofia e Ciências Humanas da UFBA, onde trabalho).[LX] Ele também apelou para o cânone da antropologia de seu tempo, especialmente em face das aspirações românticas da Escola de Cultura e Personalidade, com sua paixão pelos grupos e formas culturais "apolíneos".[187] Isso se encaixava bem tanto na reivindicação iorubá/ketu de singularidade, pureza e autenticidade na religião, quanto no processo de incorporação seletiva das expressões culturais afro-brasileiras na representação pública da nação – um processo que significava a seleção das expressões que mereciam ser incorporadas e a marginalização de outras formas consideradas menos autênticas, menos puramente africanas ou simplesmente menos sofisticadas. Ao fazer isso, Herskovits consolidou uma agenda de pesquisa estabelecida prematuramente por Nina e desenvolvida, a partir de meados dos anos 1930, por Arthur Ramos e José Honório Rodrigues.[188] Sua ideia central de africanismos, de retenção cultural e da cultura derivando sua tenacidade de sua autenticidade e de sua lógica e estrutura interna coesa atraiu a maioria dos antropólogos de seu tempo, especialmente na América Latina – como foi dito, essa perspectiva de alguma forma se enquadrou no processo de integração cultural do negro à narrativa da nação.

"Sempre guardo a possibilidade de voltar ao Brasil como um pensamento reconfortante e, naturalmente, transformarei o pensamento em ação eventualmente."[189] Mesmo que, até o final de sua vida, Herskovits pretendesse retornar à sua "estação etnográfica" Bahia, ele nunca voltou aos seus informantes

[187] Stocking Jr. (ed.), 1989.

[188] Cf. H. Rodrigues, 1961.

[189] MJH para Bastide, 20 de setembro de 1950. *MJH Papers*, NU, Box 51, Folder 19.

do Gantois para uma segunda temporada de trabalho de campo. Na verdade, como dito, a única vez que Melville voltaria ao Brasil seria em 1954 para o Congresso Internacional de Americanistas.[LXI]

Entre 1941 e 1943, Frazier publicou seis artigos sobre as relações raciais no Brasil e a família negra na Bahia. O Brasil se tornou fundamental para apoiar seu argumento de que tanto a família negra quanto a raça eram o verdadeiro dilema norte-americano. Esses foram os anos que levaram à preparação do histórico livro de Gunnar Myrdal, *An American Dilemma*.[190] Frazier contribuiu para esse livro, mas a extensão da sua contribuição tem sido objeto de debate.[191] O trabalho de Frazier sobre o Brasil, no entanto, não entrou na história das Ciências Sociais de forma tão poderosa como o de Herskovits. Mesmo em biografias recentes sobre esse grande sociólogo, que gostava de se definir como um "homem de raça", há pouca ou nenhuma menção a seu trabalho sobre o Brasil ou sobre o Caribe. Ele é geralmente descrito como mais nacional do que Herskovits. Eu defendo que Frazier era um pesquisador cosmopolita, poliglota e orientado internacionalmente que, em muitos aspectos, queria fazer o mesmo tipo de grandes comparações internacionais que Herskovits tinha desenvolvido. Frazier não deixou uma influência duradoura nas Ciências Sociais brasileiras, embora certamente tenha dialogado com a política cultural da Frente Negra. Esse grupo, nos anos 1930, foi a principal vertente do pensamento negro brasileiro. Ele também enfatizou a universalidade da condição humana em vez das diferenças culturais e reivindicou um lugar valioso para os negros dentro da modernidade. Em 1940, Frazier se reuniu com vários líderes da Frente Negra em São Paulo, embora não haja nenhum detalhe de tal evento nos jornais. Frazier nunca mais voltou ao Brasil.

Apesar dessas importantes diferenças, esses pesquisadores também tinham uma série de semelhanças importantes. Primeiro, todos eles celebraram o estilo relativamente aberto e descontraído das relações raciais brasileiras, especialmente na Bahia, mais determinado pela classe do que pela casta racial. Tal celebração era mais evidente durante o esforço de guerra e no auge da Política de Boa Vizinhança. Nisso, eles eram bastante canônicos: a maioria dos intelectuais brasileiros e americanos da época afirmava basicamente o mesmo. Por exemplo, a longa entrevista de primeira página com o escritor Vianna Moog no *Herald Tribune* traz a seguinte manchete enfática: "Os

[190] Myrdal (ed.), 1944.

[191] Jackson, 1994.

problemas raciais estão "em falta" na vida do Brasil. O preconceito não encontra eco lá, pois a nação rejeita a ideia de superioridade racial".[192] / [LXII]

Em segundo lugar, eles usaram sua experiência e suas descobertas na Bahia, e no Brasil em geral, como um ponto de partida para a fundação dos Estudos Africanos nos Estados Unidos. Turner e Frazier desempenharam um papel--chave e pioneiro na criação de departamentos de Estudos Africanos na Fisk University (Turner, em 1943) e mais tarde na Roosevelt (1951), e na Howard University (Frazier, em meados dos anos 1940). Herskovits estabeleceu o primeiro programa interdisciplinar de Estudos Africanos nos Estados Unidos, na Northwestern University, em 1948. Embora o programa de Herskovits crescesse e logo se tornasse o líder nos Estados Unidos (não é por acaso que a biblioteca especializada em Estudos Africanos na Northwestern tem seu nome), não se deve subestimar o papel pioneiro de Fisk, Roosevelt e Howard na criação de Estudos Africanos e na atração de pesquisadores africanos para os Estados Unidos.[193] Turner e Frazier também ajudaram a desenvolver Estudos Africanos através do ativismo em associações de apoio aos países africanos e à sua independência, atividades extracurriculares na comunidade, associações profissionais (African Studies Association etc.) e em instituições internacionais sediadas nos EUA, como as fundações Fulbright, Ford, o Peace Corps e a Unesco. Os esforços de Frazier e Turner foram – e seus legados ainda são – especialmente importantes na internacionalização de universidades tradicionalmente negras.

Em terceiro lugar, Turner, Frazier e Herskovits vieram à Bahia para testar os resultados de pesquisas realizadas em outros lugares, bem como para corroborar suas hipóteses sobre a origem africana da cultura negra e de estratégias de sobrevivência. A casa do Gantois foi o caso de teste comum e local do principal grupo de informantes, formado por porta-vozes influentes da comunidade do candomblé e, para Frazier, das famílias que viviam perto do terreiro. Como se vê, todos eles encontraram no Gantois a causalidade do que procuravam, respectivamente, escravidão e adaptação à pobreza (Frazier) e africanismos (Turner para a língua e Herskovits para a estrutura familiar).

Em outras palavras, a Bahia foi para eles um caso de teste de hipóteses geradas dentro do contexto político, moral e racial americano. Em relação à

[192] *Herald Tribune*, 12 de setembro de 1943.

[193] Sansone, 2019.

questão da família negra, já em 1939, antes de qualquer conhecimento pessoal do Brasil, Herskovits, em carta a Bastide, insistiu:

> Precisamos muito de informações sobre os aspectos menos espetaculares, mas igualmente importantes da vida social e econômica negra brasileira. A organização da família e, particularmente, a relação entre uma mãe e seus filhos em comparação com a relação entre um pai e seus filhos, a possível sobrevivência em qualquer organização de clã como sociedades cooperativas.[194]

Uma sugestão bastante arrojada e orientadora de Herskovits para um colega contemporâneo como Bastide. Vale lembrar que Bastide realmente a segue quando se preocupa em se aproximar da obra de Freyre e de aspectos de seu trabalho, quando problemas dessa natureza estão praticamente intocados. Em 11 de outubro de 1939, Herskovits escreve novamente a Bastide, que havia pedido informações sobre o movimento *New Negro* nos EUA, e volta a insistir na centralidade da família negra, sugerindo que Bastide leia o recém-lançado *The NegroFamily in the United States*[195] de Frazier:

> Frazier discorda inteiramente, posso dizer, de minha própria posição a respeito da retenção de elementos africanos na cultura negra dos Estados Unidos, e faz isso de forma tão enfática, que suspeito que haja algo como um vínculo emocional. Entretanto, o livro discute muito adequadamente a atual condição da família negra e seus antecedentes nos tempos da escravidão e é o mais abrangente que foi escrito até hoje.[196]

Assim, apesar de desqualificar de alguma forma a posição de Frazier como "emocional", em um contexto em que se considerava que o pesquisador adequado controlava suas emoções, Herskovits reconheceu o valor do trabalho de Frazier sobre a família negra e a solidez de seu conhecimento de forma mais geral. O fato é que, naquela época, o discurso negro e a estrutura da família negra eram preocupações americanas, não brasileiras. Naquela época e agora, pesquisadores e leigos concordam que não existe "português negro", mas sim o uso de uma língua geralmente definida como iorubá nas cerimônias de candomblé e de uma infinidade de termos de origem bantu no português falado no Brasil. Quanto à "família negra", o termo ainda não está em uso no Brasil, onde a matrifocalidade está associada à pobreza ou a costumes sociais, não a africanismos ou sobrevivências africanas.[197] Suas pesquisas naqueles

[194] MJH para Bastide, 13 de março de 1939. *MJH Papers*, NU, Box 3, Folder 20.

[195] Frazier [1939], 1966.

[196] MJH para Bastide, 11 de outubro de 1939. *MJH Papers*, NU, Box 3, Folder 20.

[197] Woortmann, 1987; Marcellin, 1999.

dias diziam respeito a uma batalha americana que estava sendo travada em solo brasileiro e que nunca retornou ao Brasil como deveria.[LXIII]

Se, na biografia de Wade-Lewis de Turner, seu ano no Brasil recebe atenção,[198] de alguma forma surpreendentemente, há pouca ou nenhuma menção ao trabalho de campo no país em muitas reconstruções biográficas detalhadas e excelentes de Frazier e Herskovits,[199] apesar da importância do Brasil em sua futura carreira e bibliografia.[LXIV] No entanto, o trabalho de campo de Frazier no Brasil aparece em várias de suas publicações posteriores, como na sua resenha de *Social theory of swing and rhythm* de Howard Odum,[200] e no seu livro *Race and culture contacts in the modern world*,[201] no qual ele expõe, com sua perspectiva internacional sobre relações raciais, sua análise comparativa, segundo a qual o Brasil e a América Latina em geral representam uma das seis variantes de relações raciais. O Brasil surge como um caso positivo de relações raciais quando comparado aos EUA em sua participação na mesa-redonda sobre tensões raciais da Universidade de Chicago, em cooperação com a National Broadcasting Company, em 4 de julho de 1943, na qual Frazier debateu com Robert Redfield, Carey McWilliams e Howard Odum sobre como combater a segregação racial nos EUA.[LXV] O mesmo pode ser dito sobre Turner: antes de tudo, um quadro positivo das relações raciais no Brasil foi um instrumento político durante o esforço de guerra, porque poderia ser usado para forçar melhores condições para os afro-americanos nos EUA.

Em seu livro *Brazil's living museum*, Anadelia Romo produz amplas evidências de que pesquisadores como Frazier, que defendiam que pouquíssimo de uma tradição africana permanecia, foram colocados fora da discussão e pouco credenciados na Bahia. Mesmo pesquisadores como Ruth Landes, que argumentaram que o passado precisava ser compreendido ao lado de um processo igualmente dinâmico de mudança contemporânea, foram controversos. A cultura afro-brasileira foi um elemento sólido e significativo no passado da Bahia, mas se tornou uma questão desconfortável e não resolvida para o presente e o futuro da Bahia.[202] Acrescento que tal uso do passado foi do interesse dos que estavam no poder e penalizou as vozes subalternas e desviantes até hoje. Além disso, Herskovits ganhou um público receptivo para com suas

[198] Wade-Lewis, 2007.

[199] Saint-Arnaud, 2009; Simpson, 1973; Gershenhorn, 2004.

[200] Frazier, 1950b, p. 167.

[201] Frazier, 1957c.

[202] Romo, 2010, p. 11.

ideias na Bahia, não só pela inegável grandeza de sua pesquisa, mas também porque se concentrou em temas e tópicos caros à elite intelectual baiana e suas tendências. Não foi por acaso que Herskovits se tornou a figura paterna da antropologia brasileira, e, assim, Isaías Alves insistiu que fosse ele a inaugurar a Faculdade de Filosofia. Não concordo inteiramente, porém, que Frazier e Landes sejam dois pesquisadores fracassados, como argumenta Romo.[203] Em muitos aspectos, ambos resistiram melhor ao passar do tempo do que Herskovits. Landes foi recentemente redescoberta por antropólogas feministas e pesquisadores críticos da autoridade antropológica canônica em etnografia.[204] Frazier pode ter deixado pouca influência no Brasil quando comparado a Herskovits, mas, assim que voltou do Brasil, conseguiu uma posição de destaque no projeto de Gunnar Myrdal, e, em 1948, foi a primeira pessoa negra a se tornar presidente da American Sociological Association (ASA). Em 1949, foi convidado por Arthur Ramos para integrar o comitê de preparação da Declaração sobre Raça da Unesco, com Montagu, Costa Pinto, Comas e Lévi Strauss, e, entre 1951-1953, trabalhou como diretor da Divisão de Ciências Sociais Aplicadas da Unesco.

Observadores sendo observados

Observar a trajetória de nossos quatro pesquisadores revela uma dupla tensão: a Bahia, a partir de sua cultura popular exótica e tropical, teve um impacto considerável sobre eles, enquanto sua presença, seus recursos e sua rede tiveram impacto sobre a Bahia. Também é importante detalhar como sua experiência e sua pesquisa no Brasil impactaram suas carreiras. Turner tinha viajado para Londres e outras cidades no hemisfério Norte antes de vir para o Brasil, e Frazier também havia estado no exterior antes, especialmente na Dinamarca, mas a viagem para o Brasil deve ter sido marcante para ambos. Não acredito que o estilo laudatório de seus textos sobre o Brasil tenha sido apenas o resultado de uma escolha politicamente motivada. O Brasil era atraente como um (grande) país com o qual sonhar e vislumbrar um contexto pós-racial nos EUA. Richard Pattee, que tinham traduzido *O negro brasileiro* de Arthur Ramos para o inglês,[205] conheceu o país no fim dos anos 1920 e se interessava

[203] *Idem*, p. 114.

[204] Cole, 1994.

[205] Ramos, 1939.

pelo tema. Na verdade, Turner e Frazier não eram os únicos afro-americanos de renome a investir política e emocionalmente no Brasil. Antes deles, nos anos 1930, Ralph Bunch queria conduzir sua pesquisa de doutorado comparativa entre as relações raciais dos EUA e do Brasil, mas foi vetado pelo Fundo Rosenwald que acreditava que os negros americanos poderiam ter ideias "perigosas" no Brasil. Ele foi mandado para a África do Sul em vez disso.[206]

Talvez devêssemos nos perguntar que tipo de emoções o Brasil e suas relações raciais estavam despertando em Frazier, Turner e nos Herskovits. Essas emoções foram distribuídas de forma diferente para cada um e simbolicamente organizadas com a polaridade entre exotismo (ou celebração exótica dos trópicos) e uma sensação de liberdade. Os trópicos brasileiros foram emocionantes para todos eles, especialmente para Frazier e Turner, para quem o Brasil foi o primeiro país tropical pesquisado. Os Herskovits vieram ao Brasil depois de outras experiências tropicais no Suriname, no Daomé, no Haiti e em Trinidad. Frazier e Herskovits viajaram com suas esposas. Turner, cuja esposa não o acompanhou durante um ano, parece ter se divertido mais, contudo acredito que o sentimento de liberdade e talvez de relativa transgressão tenha sido bastante pronunciado tanto para Frazier quanto para Turner, que, às vezes, se sentiam aliviados das tensões raciais na vida cotidiana – eles podiam saborear, imaginar ou sonhar com o que seria uma vida menos racista.

Herskovits, assim como Turner e Frazier, veio a Salvador para testar os resultados de pesquisas que havia realizado em outro lugar. Previsivelmente, Herskovits chegou a conclusões opostas às de Frazier e inferiu que os africanismos explicavam os arranjos familiares matrifocais dos negros e pobres baianos. Os arranjos matrifocais eram algo que as pessoas escravizadas tinham tirado da África Ocidental, um "traço cultural", para usar um conceito popular daqueles dias. Como é bem conhecido, esse contexto sociológico (Frazier) *versus* antropológico (Herskovits) teria um impacto significativo no debate sobre as causas da matrifocalidade de muitas famílias negras e a relação entre pobreza e cultura da população negra nos Estados Unidos.[207] Isso ficou especialmente evidente durante a política de "Guerra contra a pobreza" do presidente Lyndon Johnson. Nesse contexto, a família, e especialmente a "família (negra) desestruturada", era um conceito muito carregado politicamente. Apesar de suas conotações vagas e moralizadoras, ainda é um conceito que povoa o contexto eleitoral nos EUA de muitas maneiras.

[206] Hellwig, 1991.

[207] Sansone, 2011.

Em termos de abordagem teórica, o trabalho de Turner ficou em algum ponto intermediário entre Herskovits e Frazier, apesar de tender mais para a noção de "africanismos" de Herskovits. Ele acreditava que a força da cultura negra e sua linguagem repousavam em sua capacidade de reter elementos de seu passado africano no presente. Em comparação com Frazier, Turner estava menos preocupado com a estrutura e mais com a cultura. Ele estava convencido de que a dignidade dos negros havia de ser baseada em sua capacidade de experimentar e ter orgulho de sua cultura. Para ele, as expressões culturais negras no Novo Mundo eram um bem essencial para as populações de descendência africana, e a integração social dependia em grande parte da capacidade de experimentar e exibir sua cultura em público.

Frazier e Turner nunca mais voltaram ao Brasil. Eles ficaram muito ocupados com outros projetos pelo resto de suas vidas. Mel nunca retornou ao campo, exceto por uma breve visita ao Brasil em 1954. Em parte, isso foi resultado de seu amplo interesse em muitos outros países. No entanto, a começar por seu tamanho continental, o Brasil, bem diferente dos outros países tropicais que os Herskovits haviam pesquisado, tinha um cenário intelectual e acadêmico local, embora muito mais fraco do que nos EUA, com o qual o casal manteve contatos pelo menos até o final dos anos 1960. Todos eles planejavam publicar um livro sobre o Brasil, como foi dito, mas nenhum o fez. Ainda assim, em 6 de setembro de 1951, Herskovits escreveu a Verger dizendo que "gostaria de saber quando poderemos chegar ao nosso material de campo. No entanto, pelo jeito, ainda vai demorar um pouco até que possamos ser liberados de outras tarefas mais urgentes".[208] Como vimos, houve várias especulações sobre o porquê de tais livros nunca terem saído. Em muitos aspectos, a razão pela qual Melville nunca publicou o livro sobre o Brasil que havia prometido a si mesmo e a fundações que o tinham apoiado é que, como disse seu ex-aluno James Fernandez a respeito do livro sobre o relativismo cultural que ele também acabou não escrevendo:

> Isso teria sido algo para seus anos de aposentadoria [Melville morreu de um derrame e presumivelmente tinha planos de viver mais tempo]. Em plena carreira até o dia em que morreu aos 68 anos de idade, ele era demasiadamente um homem do mundo para encontrar tempo para fazê-lo.[209]

[208] MJH para Verger, 6 de setembro de 1951. *MJH Papers*, NU, Box 54, Folder 41.

[209] Fernandez, 1990, p. 141.

Uma questão crucial deste livro é como a presença desses pesquisadores estrangeiros em tão poucos terreiros afetou a vida, a autoridade e a autoimagem tanto dos pais ou mães de santo quanto do povo de santo. Como a coleta de informações e a imagem que esses informantes-chave deram do Brasil foram influenciadas pela base desigual dessa troca intelectual?[210] Em muitos aspectos, essa é uma questão com a qual também lutamos quando se trata de cientistas sociais no Brasil atualmente, pois há a impressão de que a maioria dos principais intelectuais brasileiros, antes e agora, tende a dizer aos visitantes americanos – brancos e negros – exatamente o que estes últimos estão dispostos a saber ou "descobrir". Os forasteiros, especialmente os antropólogos, que visitaram as casas de candomblé também foram afetados: esse foi (e é) um encontro bastante tocante. Tanto o forasteiro quanto os pais e mães de santo estão cientes do tanto de emoções envolvidas, e isso dá à comunidade do terreiro uma sensação de poder relativo que se estende além dos de dentro da comunidade e engloba os forasteiros. Além disso, de acordo com muitos observadores, esses antropólogos eram bem treinados e podiam distinguir as casas autênticas, genuínas e tradicionais das casas menos ortodoxas.

As razões para o sucesso duradouro da viagem de campo dos Herskovits no Brasil, embora nunca tenham publicado o livro que haviam planejado, são múltiplas. Primeiro, seu método de trabalho de campo foi meticuloso, detalhado e focado, e eles se beneficiaram da experiência, da reputação, das imagens e das gravações que construíram e reuniram em outras partes das Américas e da África. Além disso, o tipo de descobertas que Melville encontrou e o respeito pelas autoridades locais o tornaram muito mais aceitável. A noção de sobrevivências africanas ou de africanismos era politicamente conveniente e se encaixava perfeitamente nas prioridades das elites modernistas locais. Segundo, a ênfase dos Herskovits na autenticidade, na simplicidade e na elegância, bem como sua predileção pelas coisas iorubanas ou daomeanas, se encaixava bem no projeto estético de empresários culturais baianos como Odorico Tavares e, em um plano diferente, Jorge Amado, Valladares, Caribé e Verger.[211] Esses ativistas-artistas-intelectuais culturais demonstraram algumas das sensibilidades modernistas que Vivian von Schelling caracterizou como típicas daquela etapa da modernização latino-americana.[212] Tal projeto estético não se sustentava por si só, mas estava relacionado a uma espécie de contrato

210 Palmié, 2002.

211 Ickes, 2013a, pp. 99-142.

212 Von Schelling & Rowe, 1991.

sociocultural que as elites tentavam criar com os desfavorecidos.[213] Terceiro, sua presença e seu interesse eram convenientes à comunidade do candomblé – se Frances e Melville precisavam ter acesso aos terreiros, os terreiros usavam os Herskovits como alavanca para obter apoio político local. É possível dizer que Frances e Melville, em vez de Frazier e Turner, eram as pessoas certas, com as ideias certas, no momento e no lugar certos. Meu último ponto diz respeito ao emaranhamento dos Herskovits com cientistas sociais e intelectuais no Brasil. Esse foi um dos principais motivos para sua conclusão sobre a sobrevivência dos africanismos na Bahia e estava em sintonia com as prioridades do componente modernista das elites intelectuais e políticas locais, além da agenda relacionada com o nascimento da antropologia como disciplina no Brasil. Veremos, em seguida, como o relacionamento duradouro com intelectuais e políticos brasileiros não apenas colocou os Herskovits na dianteira da patronagem para o desenvolvimento das Ciências Sociais no Brasil, mas também ajudou a estabelecer internacionalmente sua ideia dos africanismos a partir do nível político-institucional.

A comparação do estilo, da metodologia e da sensibilidade etnográfica dos quatro pesquisadores suscita um conjunto de diferenças e nuances importantes. Neste segundo capítulo, vimos que o trabalho de campo na Bahia exacerbou as diferenças entre os quatro pesquisadores em termos de metodologia, perspectivas sobre hierarquias raciais e combate ao racismo. Eles voltaram aos Estados Unidos convencidos de que haviam conseguido corroborar suas hipóteses iniciais na Bahia. Ao mesmo tempo, o fato de terem passado pelo Brasil e pela Bahia aproximadamente no mesmo período e compartilhado as mesmas emoções, os mesmos lugares, as mesmas situações etnográficas e até mesmo os mesmos informantes criaria um vínculo único e duradouro entre os quatro. A Bahia permaneceria para sempre em suas lembranças.

[213] Teles dos Santos, 2004.

Notas - Capítulo II

I A partir de 16 de outubro de 1940, Turner alugou a sala no número 11 da rua Alfredo de Britto, no bairro do Pelourinho, pelo preço de 120.000 réis por mês.

II Esse quadro de mobilidade sociocultural na classe média não quer dizer que, naqueles anos, a elite baiana não fosse segregada. De fato, mesmo Gilberto Freyre, em sua revisão positiva do ensaio de Pierson na *American Sociological Review* (cf. Pierson, 1939), afirmou que "Pierson deve ter certamente encontrado preconceito racial na Bahia. Na sociedade baiana permanece, escondida e às vezes diluída na burguesia, uma das aristocracias mais endógenas e cheias de autoproteção que se tem visto na América" (cf. Freyre, 1940).

III "Estou muito curioso de ver a conferência de Frazier impressa. Ele é sem dúvida o que se chama um 'mulato frajola' e essa gente é capaz de grandes surpresas" (Valladares para MJH, 1 de dezembro de 1944. *MJH Papers*, NU, Box 31, Folder 7).

IV A contribuição de Frances para a qualidade da pesquisa de Melville não deve ser subestimada. De fato, no Brasil, grande parte do trabalho de campo e toda a (muito cansativa) transcrição das notas foram feitas por ela. Além disso, como Parés notou, ela mostrou mais preocupação com o contexto social dos terreiros do que seu marido (Parés, 2016, p. 141). Frances nasceu em Minsk, na Rússia, e migrou para os EUA aos oito anos de idade. Na sua juventude, ela quis ser escritora, e, nos anos 1920, frequentou aulas e seminários de pós-graduação na New School of Social Research e Columbia University, onde conheceu Margaret Mead, Ruth Benedict, Elsie Clews Parsons, além de seu futuro marido, Melville J. Herskovits. Ela não concluiu a sua formação profissional como antropóloga, mas acompanhou Melville na maioria de suas viagens – ao Haiti, a Trinidad, ao Daomé, ao Suriname e a outros países africanos. Frances foi coautora com Melville de vários artigos e cinco volumes (entre eles, os livros *Rebel Destiny,* sobre os *maroons* surinameses, e *Dahomean Narratives*). Uma indicação de seu compromisso desde muito cedo com a antropologia é que ela solicitou uma bolsa da Guggenheim Foundation em 1936 para fazer pesquisas durante 12 meses entre os Mandinga da África Ocidental, indicando ninguém menos que Franz Boas e Edward Sapir como referências. Aparentemente, ela não recebeu essa bolsa (*MJH Papers*, Box 8, Folder 17), mas, de qualquer forma, em 1941, Frances tinha mais experiência de trabalho de campo do que a maioria dos antropólogos famosos da época. Melville é coautor com ela de um artigo sobre o Brasil na *Yale Review* e seu nome é destacado no relatório final, na imprensa e nos comentários da maioria dos colegas brasileiros. Melville reconheceu a importância de Frances na realização do trabalho de campo também porque ela facilitou o contato com as mulheres: "Ela também é uma antropóloga boa pra caramba – não uma antropóloga formal, mas boa pra caramba" (Entrevista com Herskovits no jornal *Daily Northwestern*, 13 de março de 1940; cf. Gershenhorn, 2004, p. 255). Para a única nota biográfica sobre Frances de que tenho conhecimento, cf. Ashbaugh, 2001. Agradeço a Kevin Yelvington por ter fornecido tais informações.

V Aqui está a lista dos nomes das pessoas entrevistadas entre as famílias que viviam ao redor da casa do Gantois, Federação, entre dezembro de 1940 e janeiro de 1941 (*Frazier Papers*, MS, Howard, Box 131-133, Folder 11). Frazier utiliza para elas o termo "casos": 1. Maria, 2. sem nome, 3. Simpliciano dos Santos, 4. sem nome, 5. Ilaria Maria Brandão, 6. Juliette da Silva, 7. Jorgina Alcântara, 8. Julia Maria da Conceição, 9. Martulio Gonçalves Frances, 10. Agricara Rocha Souza, 11. Mãe, 12. Lydia, 13. Luciana Andrade, 14. Filha 4 da nº 7, 15. Edithe Pessoa, 16. sem nome, 17. Rocha Par..., 18. Adalaiza Pim..., 19. Aldelice Alvez

Vieira, 20. ... Dias dos Santos, 21. Maimada, 22. Julia, 23. Mateus, filho da nº 19, 24. Maria José, 25. Juliette Francisco, 26. sem nome, 27. Albertina, 28. parteira?..., 29. Luisa Faria dos Santos, 30. Aninha Amelia Soares, 31. Osvaldina M. Muricy, 32. Paulina Andrade P..., 33. Regina de L..., 34. Maria de Ferreira, 35. sem nome, 36. Mariana do Amor Divino, 37. Maria de Missões [...], 38. Maria Justina, 39. Mathilda, 40. Guilmar Feliz (viúva), 41. Maria Francisca, mãe de Zezé, 42. Minha de Santos Lima.

VI Esse viés, é possível argumentar, poderia tê-lo levado a subestimar a presença e a importância do homem no lar.

VII Esta é a lista: 1. O tecelão – Alexandre Geraldes da Conceição, Av. Oceânica, 559, 2. Mãe de santo do Gantois – Escolástica Maria da Conceição Nazaré (Menininha), 3. Pai de santo – Gonçalo Alpiniano de Mello, 4. Martiniano do Bonfim, 5. Viagem para Cachoeira, 6. Engenho Velho – Mãe de santo Maximiana, 6a. Engenho Velho, Velha senhora, 6b. Engenho Velho, Outra velha senhora, 7. Estivador da Liberdade, 8. Estivador com consciência racial e de classe, 9. Advogado negro graduado, 10. Médico negro, 11. Médico negro Luz, 12. Médica negra mulher – [filha de] Maxwell, 13. Maria Isabel Conceição, 111 anos (*Frazier Papers*, MS, Howard, Box 131-133, Folder 8).

VIII Entre os pobres brasileiros – e, naqueles anos, apenas uma minoria tinha documentos de identidade ou qualquer outro documento –, a dificuldade em lembrar o nome de qualquer parente acima dos avós era bastante comum.

IX Esta é a lista das pessoas que Turner gravou: Povo de santo: Martiniano Eliseu do Bonfim (1859-1943), Sr. Falefá, Manoel Vitorino da Costa, Mãe Menininha, Sra. Escolástica (1894-1986), Manoel da Silva, Manoelzinho, Joãozinho da Gomeia (1914-1971), José Bispo Mario Pereira, Artur (Cu de Touro) Silva, Manoel Menezes, José Luis, Esmeraldo, Sra. Conceição, Maria Vitória Lopes, Candida Feliz Nascimento, Gonçalo Aupiniano Melo, Idalice Santos, Mizael Santos, Nelson Flaviano Trindade. Capoeiristas: Luciano Jose Silva, Juvenal Cruz, Manoel Oliveira, mestre Bimba, Fernando Cassiano, Cabecinha. Músicos: Nestor de Nascimento, Bob Silva, Moreno, Eduardo e Geraldo Perez, Euclides Mascarenhas, Jamile Mucarzel, Pedro Caldas, Valdimar Portela, Walter Daumerie Tourinho, Claudio Britto, Raimundo Nonato, Antonio Starteri, Eladyr Porto, Antonio Morales, Maria Roustaing, anônimos do Carnaval. Informantes linguísticos: Sra. Morokendzi – esposa de Martiniano, Manoel da Silva, Cecinho Melo Costa (de Sergipe), Francisco (Cachoeira, Bahia), Beatriz Bettancourt (do Rio Grande do Sul), Julieta de Figueiredo (de Cuiabá), Fonseca (do Rio de Janeiro), Lourdes Moreira, Nair Passo Cunha (estórias animais), Piragipe Pinto (da Paraíba), Daltro Holanda (do Ceará), João Lejoein (estórias de Minas Gerais), Tabua Reis (do Maranhão), Amorilda Amorim (do Espírito Santo), Olinda Salgach (do Rio de Janeiro), Lauriston Pessoa Monteiro (de Pernambuco), Mário de Andrade (falando e cantando, gravado no Rio em 3 de outubro de 1940). Aparentemente essa é a única gravação disponível de Mário de Andrade.

X Agradeço a ajuda sobre esse tema que recebi do acadêmico francês independente Pol Briand (comunicação pessoal em 25 de agosto de 2005).

XI Eis a tratativa da documentação de Lorenzo Turner disponibilizada na Herskovits Library, Northwestern University, Chicago, USA, mas até então jamais pesquisada. Trata-se de cerca de 415 documentos, encontrados de forma pouco sistematizada, em 15 pastas, que foram divididos em nove temáticas (autores/fontes; localização; canções; provérbios; histórias; charadas; lições/aulas; traduções e textos em iorubá). Encontram-se quatro sumários sugeridos pelo autor, que apresentam a organização de capítulos de uma provável sistematização dele para publicação, divididos em "histórias teleológicas" (New Folder 01); "história com moral/iorubá" (New Folder 02); "histórias satíricas" (New Folder 03); "histórias envolvendo música" (New Folder 04). Ao serem examinados, verificamos que não se encontram completos, apresentando a necessidade de uma pesquisa em outras bases de dados da documentação em falta. No que diz respeito às fontes de informação, são mencionadas 40, divididas entre fontes africanas (34) e brasileiras (5). Constata-se a referência à recolha de informação em sete cidades africanas (Ibadan, Ijebu-Remo, Ilesha, Igebu-Ode, Ogbomosho, Oshogbo e Ado-Ekiti) e no Brasil, em Salvador, nas pessoas de Manoel da Silva, Martiniano Bonfim, Anna M. Santos e Manoelzinho. Em relação à informação recolhida em Salvador, são datados de julho e agosto de 1940 variados documentos, encontrando-se um dicionário "africano e português", exposições relativas aos iorubás da Bahia em histórias e cantigas, reportagens, biografia de Julieta Aurelina Nascimento. Existem 17 documentos relativos a "Canções", entre salmos bíblicos e cantigas em iorubá, 20 "Provérbios", 173 "Histórias", quatro "Charadas", sete "lições/aulas", dez "traduções" e dez "textos em iorubá". O material está, em sua maioria, escrito em inglês, com traduções em português e iorubá. A contextualização da produção desses documentos na produção de Lorenzo Turner é um desafio a ser encarado no desenvolvimento deste trabalho que requer contato com a cultura local, o reconhecimento dos informantes contemporâneos e a análise contextual da capacidade de acesso às fontes pelo autor. Durante esta escrita, estamos planejando colocar a maioria desses documentos em uma coleção especial dedicada a Turner no Museu Afro-Digital. Nosso objetivo é induzir a curadoria coletiva desses documentos através da *web* e de aplicativos como o Wiki, por exemplo, que por meio de falantes de línguas africanas, localizados em vários lugares, possam identificar termos e a forma como são usados tanto nos iorubás da Bahia dos anos 1940 como no idioma "africano", que é tão proeminente nas notas de Turner. Agradeço à doutoranda Diana Catarino pelo exame preliminar desses documentos.

XII Sou muito agradecido a David Brookshaw, bibliotecário da Melville Herskovits Library da Northwestern University, por ter me levado a conhecer um registro tão precioso que se encontrava na biblioteca e permanecia inexplorado desde a entrada da doação dos papéis de Turner, e por ter tido a amabilidade de me enviar uma grande caixa com uma cópia deles para a Bahia. É um material tão rico que esperamos poder analisar com a ajuda de um pesquisador falante nativo de iorubá num futuro próximo.

XIII Tal processo de reconhecimento e recordação estava muito de acordo com o que Olivia Gomes da Cunha havia feito em 2003 com as fotos de Ruth Landes (cf. Cunha, 2020). Em nosso caso, devido ao nosso acordo com o National Anthropological Archives (NAA) do Smithsonian Institute, pudemos deixar cópias das fotos em DVD com as casas do Gantois e Opô Afonjá, e disponibilizamos as fotos e pequenos trechos das gravações de Turner *on-line* – nosso acordo com os Archives of Traditional Music (ATM) da Universidade de Indiana só permitiu pequenos trechos de três a cinco minutos.

XIV O livro recente e muito abrangente de Olivia Gomes da Cunha (cf. Cunha, 2020) sugere que a análise das notas manuscritas originais pode revelar diferenças com as notas transcritas, que também são mais organizadas e, às vezes, com uma narrativa mais linear.

XV Lista de informantes: Manoel da Silva (o caderno A consiste quase completamente de informações oriundas das entrevistas com Manoel), Raimundo, Monteiro, Leonardo (ketu), Mocinha; caderno B: Bernardino da Paixão (Bate Folha), Joãozinho da Gomeia, Vidal Alves de Assis, Menininha (B21), falam de trabalhos, "ebós", enterros (como aqueles de

Cyriaco e Maria Francisca), sociedades de mútuos socorros, igrejas que o pessoal do candomblé gosta (S. Domingo, Rosário dos Pretos, Conceição da Praia, Nossa Senhora Auxiliadora, Nosso Senhor do Bonfim ("para peregrinação – eles gostam de rezar lá, mas se o padre os vê, ele chama a polícia" (B37)). No caderno C, há muitas páginas ainda com Manoel, Waldemar, Didi (lavadeira), dona Zezé, Amansio (Ogã do Bogum), Pedro, que (nas páginas C55-58) explica a quais divindades Nagô ("africano") correspondem as divindades Angola e Guarani ("caboclo"). No caderno D: Zezé (D1-21), Manoel (D21-26), Akadie de Oxum (ogã do Engenho Velho) (D27-33), Zezé (D34-56), Selina, Lavadeira de Valladares, Ilare (pai de santo "alvoré" – alguém que se diz pai de santo), Archange (do terreiro de Neve Branco). Caderno E: Zezé e Manoel (entrevistados na nova casa do casal) (E1-11), Eduardo Ijeshá, Pedro (E12-18), Joãozinho, lista de palavras africanas com tradução por Zezé (E24-26), Mocinha, Maria Paixão, Sabina (mãe de santo caboclo). Caderno F: Zezé (F1-8), Didi (F8-15), Pedro, Zezé (F18-26), Sessão Espírita no Grêmio Espírita dos Navegantes no bairro do Canela, Maria Julia dos Santos (parteira, "feita" por Xangô) (F27-32), Pedro (F32-33) "tem opiniões claras sobre o valor da cor e a discriminação à qual os pretos estão sujeitos. O termo negro é um insulto"; Caboclo (F44-52), Dudu, Flaviana, Visita de FSH a Tia Masi (F59-60).

XVI Segundo Jeferson Bacelar, em uma conversa pessoal em 29 de setembro de 2020, Joãozinho, na verdade, nunca se tornou ketu.

XVII Nenhum dos pesquisadores parecia estar preocupado em conceder um grau de anonimato aos informantes, mesmo quando se tratava de questões sensíveis. Perguntamo-nos se, naquela época, isso era o padrão nas Ciências Sociais quando se fazia pesquisa com "outros" ou com populações e grupos estrangeiros.

XVIII Recolhidas por Frances em sua segunda visita à Bahia, em 1967.

XIX Herskovits, 1938a.

XX Herskovits, 1936b.

XXI Hoje, essas estátuas metálicas ainda podem ser adquiridas na mesma Feira de São Joaquim. Durante sua última visita à Bahia em 2010, meu pai também comprou várias dessas imagens de metal de Exu e as empilhou em um canto de minha casa. Quando os visitantes veem a pilha de Exus ficam sempre impressionados. Alguns ficam assustados, outros perguntam por que os Exus estão lá.

XXII De acordo com Jeferson Bacelar, em uma comunicação pessoal em 29 de setembro de 2020, em tempos recentes essa função é chamada de "ogã suspenso".

XXIII Nas últimas três décadas, com a crescente interação e interconexão entre a antropologia e o candomblé, as coisas mudaram, no sentido de que algumas pessoas iniciadas começaram a receber treinamento formal e até mesmo têm diplomas em antropologia, enquanto alguns antropólogos se iniciaram no candomblé.

XXIV Sobre essa polaridade, ver o ensaio "Da África ao afro" (Sansone, 2004, pp. 89-138).

XXV Isso faz lembrar a descrição de Stephan Palmié de Cuba em seu ensaio "Fernando Ortiz and the Cooking of History" (cf. Palmié, 2013).

XXVI Infelizmente, não encontrei tais listas nos arquivos.

XXVII Essa família foi e ainda é bem-sucedida tanto no Brasil quanto na Nigéria. O irmão do senhor Maxwell radicado na Nigéria foi Adeyemo Alakija. Ele estudou em Oxford, foi membro do conselho legislativo da Nigéria, o primeiro negro a integrar o conselho executivo (colonial) da Nigéria e nomeado Cavaleiro do Império Britânico. Sua trajetória foi abordada em diversos artigos do periódico que ele fundou em Lagos, o pioneiro *Daily*

Times. Babatunde Alakija, conhecido como "Ali" (filho de Adeyemo e sobrinho de Maxwell), foi o primeiro piloto africano negro da Royal Air Force durante a Segunda Guerra Mundial – um caso extraordinário que chamou a atenção de George Padmore em um artigo sobre a transgressão da barreira de cor no Exército inglês (cf. Padmore, 1941). Devo a Julio Simões essas informações tão interessantes. É possível ver as fotos de "Ali" *on-line*. Disponível em <https://www.iwm.org.uk/collections/item/object/205210040>; <https://www.gettyimages.com.br/detail/foto-jornal%C3%ADstica/babatunde-alakija-trains-at-the-receiving-wing-in-foto-jornal%C3%ADstica/3365618>. Acesso em 4/4/2021.

XXVIII Também chamado de "aterramento", trata-se da construção de um altar que simboliza a relação entre o orixá e a pessoa, onde são ofertadas as velas, os pedidos e as comidas.

XXIX Uma experiência bastante comum entre os visitantes estrangeiros a casas de candomblé e que, no início de minha estada na Bahia, eu mesmo achei difícil de evitar.

XXX No arquivo do Moorland-Spingarn Research Center, Gomes da Cunha encontrou uma carta enviada em 1942 por Martiniano a Frazier que não consegui localizar (cf. Cunha, 2020).

XXXI Para entender a importância das fotografias feitas por Turner é preciso lembrar que, naqueles dias – e mesmo hoje –, uma expressão popular no Brasil para fotografar uma pessoa era "tirar retrato". Esse é um lembrete de um passado recente no qual a maioria dos brasileiros pobres possuía, durante toda a sua vida, uma ou duas fotos. Uma tirada no casamento e, para os homens, uma para a carteira de trabalho. As fotografias originais feitas por Turner estão no Anacostia Community Museum do Smithsonian Institute, em Washington, D.C. A maioria das fotos tiradas por Turner, Frazier e Herskovits na Bahia pode ser vista no Museu Afro-Digital do Patrimônio Africano e Afro-Brasileiro: <www.museuAfro-Digital.ufba.br>.

XXXII Melville pediu a Valladares que repassasse o dinheiro que ele iria transferir aos seis a oito cantores que aparecerem nos discos editados pelo Archive of American Folk Song da Library of Congress (MJH para Valladares, 12 de junho de 1949. *MJH Papers*, NU, Box 42, Folder 1).

XXXIII Pelo menos para Frazier, esse debate começou antes da pesquisa na Bahia, numa resenha do livro de Herskovits *The Myth of the Negro Past* (1942) em que ele discorda completamente da visão sobre o passado cultural africano dos negros norte-americanos e sua utilidade para combater o racismo. Seu argumento é coerente: "É geralmente reconhecido pelos americanos brancos que os chineses, hindus e japoneses têm um passado cultural, mas esse fato não afeta seu *status* nos Estados Unidos" (Frazier, 1942c, p. 196).

XXXIV Essa postura condescendente com as hierarquias raciais e com o racismo no Brasil apareceu também na resenha que Herskovits publica sobre o livro resultante da tese de Pierson (cf. Herskovits, 1942c).

XXXV Ocorre que vivo ao redor dessa casa e que venho visitando o Gantois pelo menos duas vezes ao ano desde que me estabeleci na Bahia. De fato, nos últimos anos, tornou-se uma "tradição" que a aula final do meu curso sobre a história da antropologia brasileira seja ministrada no salão principal da casa com o auxílio de uma ou duas filhas de santo.

XXXVI Ver artigo "A primeira festa cultural da Faculdade de Filosofia", no diário *A Tarde*, 7 de maio de 1942.

XXXVII Se vários dos artigos de Herskovits foram logo traduzidos para o português, até hoje não há tradução disponível dos artigos de Turner sobre o Brasil. De fato, até muito recentemente, o único artigo de Frazier em português era a tradução do seu "Negro Harlem: an

Ecological Analysis" (cf. Frazier, 1937) – que saiu no Brasil no livro editado por Pierson intitulado *Estudos de Ecologia Humana* (cf. Pierson (ed.), 1970 [1945], pp. 462-479) sob o título "O Harlem dos negros: estudos ecológicos". Contudo, no final de 2020, a jovem revista *Ayé – Revista de Antropologia*, editada pela Unilab, dedicou um número especial muito oportuno à tradução do debate Frazier-Herskovits sobre a família negra, originalmente publicado no *American Journal of Sociology*. A tradução é precedida por um ótimo artigo (cf. Pires & Castro, 2020).

XXXVIII Ainda na década de 1930, o Bureau of American Ethnology gravou as vozes e tirou fotos de ex-escravizados. Nada disso aconteceu no Brasil, apesar do número muito maior de descendentes de africanos e da época mais recente de sua chegada.

XXXIX Herskovits cita o costume dos "cantos" de Manuel Querino em sua compilação publicada postumamente *Costumes africanos no Brasil* (cf. Querino, 1938).

XL Aqui, Frazier cita *O negro brasileiro*, de Arthur Ramos (cf. Ramos, 1934).

XLI Se me é permitido dizer, eu me identifiquei inteiramente com a descrição: é a maneira como eu as experienciei por muito tempo, e mostra que eles iniciaram uma tradição de pesquisa no candomblé que é chamada de "fazer pesquisa de dentro da casa".

XLII Para estudos recentes sobre o Sul do Brasil e a região do Rio da Prata, cf. Oro, 1999; Frigerio, 2000.

XLIII Herskovits publicaria mais dois artigos que tratam da música afro-baiana e merecem melhor exame (cf. Herskovits, 1948a, 1949).

XLIV Essa passagem se relaciona com o seu conceito de "foco cultural", a área de maior preocupação e sensibilidade a inovações de uma determinada cultura (cf. Herskovits, 1947).

XLV Esse ainda é o caso atualmente, embora, obviamente em menor grau – tanto mais não seja porque os mercados de rua não são as únicas ou principais formas de venda. Já em 1938, Pierson afirmava que as formas culturais africanas na Bahia estavam se desintegrando rapidamente (Pierson, 1942, pp. 309-310). No entanto, Herskovits diz, na nota 5, que tal comentário está errado "como era evidente na próspera condição do candomblé encontrado durante uma visita à cidade em 1954" (Herskovits, 1958c, p. 234).

XLVI Além dos artigos e capítulos aqui mencionados, no Brasil, Herskovits publicou, em sua maioria traduzidos para o português, vários ensaios em revistas ou jornais não acadêmicos (cf. Herskovits, 1941a, 1942a, 1942b, 1943a, 1943c, 1944b, 1954a). A lista completa das publicações de Herskovits que tratam do Brasil está, em ordem cronológica, nas referências.

XLVII Aqui, Frazier cita os dois seguintes livros, então muito recentes: Lucia Miguel Pereira, *Machado de Assis* (cf. L. Pereira, 1936) e Ignácio José Veríssimo, *André Rebouças através da sua autobiografia* (cf. Veríssimo, 1939).

XLVIII Em uma indicação que a partir de meados dos anos1950 existiu certa aproximação teórica entre Frazier e Herskovits em torno da questão da família negra, Herskovits se referirá muito favoravelmente à introdução que Frazier escreveu para essa compilação (cf. Herskovits, 1960).

XLIX A acidez de seu comentário o distinguiu no estilo de todas as outras contribuições para a edição especial, a ponto de Alioune Diop pedir desculpas de alguma forma pela dureza de Frazier em sua apresentação da edição. Vale mencionar que Frazier escreveu esse artigo após dois momentos importantes de sua vida, ambos associados ao ano que passou na Unesco, em Paris, entre 1952 e 1953. Primeiro, ele fez contatos como nunca antes com intelectuais e ativistas africanos, bem como com africanistas (principalmente franceses) como Balandier; segundo, ele escreveu e publicou em francês e em Paris, pela editora Plon, seu livro mais polêmico, *Bourgeoisie Noire*, em 1955. Ele traduziria o livro para o inglês e o publicaria como *Black Bourgeoisie* (1958) nos EUA três anos mais tarde (Teele, 2002, p. 3).

L A avaliação positiva de Frazier sobre o garveyismo nos anos 1950 e 1960, ou seja, quando o movimento já não existia mais, contrastava com as críticas incisivas de Du Bois ao mesmo movimento nos anos 1920, quando este estava em seu auge.

LI Ele continuaria a se ocupar do Brasil nos anos 1950, como mostram duas resenhas suas de obras que tratam deste país (cf. Frazier, 1950a, 1952).

LII Para um exame crítico da relação entre o espírito e a tradição do *Harlem Renaissance* com a revista *Présence Africaine*, cf. Mudimbe-Boyi, 1992.

LIII Como os historiadores contemporâneos conhecem muito bem, essa destruição, relatada no primeiro livro de Arthur Ramos traduzido para o inglês (cf. Ramos, 1939), foi menos completa e eficaz do que as pessoas acreditavam na década de 1940.

LIV Martiniano, que morreu em 1943, tinha assumido um papel central na narrativa de uma série de pesquisadores, incluindo Frazier e Turner, mas, por alguma razão, não na dos Herskovits. Talvez a saúde precária de Martiniano, em 1942, seja a explicação.

LV Nesse ponto, para apoiar seu argumento Turner cita *The myth of the negro past* (1941), de Herskovits.

LVI Vale a pena mencionar que, além de Herskovits, Turner cita Donald Pierson. No entanto, na sua primeira nota de rodapé, ele enfatiza que "o Dr. Pierson, pouco familiarizado com a cultura nativa dos africanos, tem subestimado muito sua influência na cultura brasileira" (Turner, 1958, p. 114).

LVII Para uma investigação sobre a recepção da perspectiva fanoniana no Brasil, cf. Guimarães, 2008b.

LVIII Turner e Frazier manteriam sua posição divergente quanto a possíveis africanismos na cultura negra americana e ainda assim se interessariam pelo futuro da África pós-independência para o resto de suas vidas. Ambos contribuiriam para a edição especial da revista *Présence Africaine*, editada em formato de livro e dedicada ao tema da África vista pelos negros americanos (cf. J. Davis (ed.), 1958).

LIX A falta de financiamento prejudicou os planos de Turner e Frazier de fazer pesquisas na África e desenvolver Estudos Africanos em suas instituições (Fisk University e mais tarde Roosevelt College para Turner e Howard University para Frazier). Por exemplo, enquanto Herskovits pôde contar com a colaboração de vários estudantes de doutorado, Turner precisou se utilizar de informantes africanos nos Estados Unidos e teve menos oportunidades de fazer pesquisa na África. Turner finalmente foi para a África em 1951, com uma bolsa Fulbright e, mais tarde, trabalhou na língua krio em Serra Leoa com bolsas do Peace Corps (Wade-Lewis, 2007, pp. 165-188). Frazier teve de esperar os anos 1950, quando trabalhou na Unesco, em Paris, para poder organizar, com africanistas europeus e pesquisadores africanos, a primeira conferência sobre industrialização na África e outros projetos, a maioria deles revelando preocupação com a questão da descolonização.

LX O texto de seu discurso foi apresentado como relatório final de pesquisa ao Museu Nacional do Rio e publicado pela primeira vez no Brasil em 1944 pelo Museu de Arte da Bahia, com prefácio de Isaías Alves, o primeiro diretor da Faculdade de Filosofia da Universidade Federal da Bahia. A revista *Afro-Ásia* o publicou novamente em 1967 (Disponível em <www.afroasia.ufba.br>. Acesso em 4/4/2011), e o Museu de Arte o publicou pela terceira vez em 2008. Por outro lado, nenhuma tradução para o português está disponível para os artigos escritos por Turner e Frazier, exceto a muito recente tradução do debate Herskovits-Frazier da revista *American Sociological Review* publicado pela revista *Ayé* (2019). Naturalmente, é possível perguntar sobre os efeitos dessa política de tradução para a construção da hegemonia do paradigma de Herskovits nos Estudos Afro-brasileiros e Afro-latinos em geral (cf. Yelvington, 2006). Esse paradigma foi fortalecido por vários pesquisadores de prestígio que seguiram seu caminho, como os conhecidos pesquisadores franceses Pierre Verger e Roger Bastide.

LXI Sua filha Jean, que esteve com os pais na Bahia quando criança e mais tarde se tornou uma africanista, me disse que, na ocasião em que Herskovits voltou para a Bahia, não foi à casa do candomblé que fora tão relevante para seu trabalho de campo, o Gantois – casa essa que também havia se tornado tão importante para sua própria vida pessoal.

LXII Após o esforço de guerra e, especialmente, a partir dos anos 1950, Frazier se tornou mais crítico e menos celebrador da chamada "doçura" das relações raciais no Brasil.

LXIII Na verdade, quando assumi meu cargo na Universidade Federal da Bahia, em 1992, poucos ou nenhum dos meus colegas sabiam da existência dos dois famosos artigos de Frazier e Herskovits na *American Sociological Review* até que eu deixasse uma fotocópia desses textos na biblioteca da faculdade.

LXIV Ironicamente, o longo obituário de Herskovits de Allan Merriam deu mais atenção ao envolvimento de Melville com o Brasil do que as biografias mais recentes (cf. Merriam, 1964).

LXV O animado debate ocorreu na véspera dos tumultos dos *zoot suiters* em Los Angeles, no qual grupos organizados de marinheiros atacaram jovens *chicanos* (*Chicano* é o termo empregado para designar os cidadãos norte-americanos de origem mexicana.) e negros muito bem-vestidos e estilosos e os acusaram de não apoiar o esforço de guerra a fim de se esquivar do recrutamento. O debate levantou, então, a questão de por que os negros americanos se sentiam efetivamente marginalizados. O episódio aconteceu em meio a uma série de manifestações nativistas por parte do setor mais conservador da sociedade americana.

CAPÍTULO III

Bahia, um lugar para sonhar (1942-1967)

> Dentro de alguns dias, enviaremos a você uma cópia do plano de investigação para a pesquisa no Brasil, que foi estabelecido por Klineberg e Coelho. Agradecemos seus comentários e especialmente suas críticas. Afinal, você é o "grande ancião" neste campo.[1]

> Terei o maior prazer em analisar o plano para a pesquisa brasileira que você gostaria de me enviar. Estou muito contente por Coelho ter assumido a posição tão bem. Eu tinha certeza de que você ia gostar de conhecê-lo e tê-lo trabalhando com você.[2]

No capítulo anterior, vimos por que e o quão importantes o Brasil e a Bahia foram na vida e na carreira de nossos quatro pesquisadores. Agora, veremos como eles abriram caminho para uma futura geração de pesquisadores – e, mesmo que em menor grau, também de ativistas negros – engajados na construção transnacional dos Estudos Afro-brasileiros a partir do final da década de 1940. Veremos também que muitas ideias, teorias e contatos desenvolvidos pelos quatro pesquisadores na Bahia também fariam parte – e os afetariam – dos Estudos Afro-americanos e até mesmo dos Estudos Africanos desenvolvidos nos EUA, uma vez que todos eles se envolveram com os Estudos Africanos mais tarde em suas carreiras. O impacto de cada um desses pesquisadores sobre os Estudos Afro-brasileiros não foi de modo algum o mesmo.

Uma das principais diferenças entre os nossos acadêmicos é que Melville Herskovits manteve uma intensa correspondência com o Brasil pelo menos até o final dos anos 1950. Ainda que, como vimos, Turner e Frazier continuem interessados no Brasil, eles cessaram a correspondência com os pesquisadores brasileiros após enviar seu (breve) relatório e trabalhos publicados para Dona

1 Métraux para MJH, 21 de setembro de 1950. *MJH Papers*, NU, Box 48, Folder 18.

2 MJH para Métraux, 2 de outubro de 1950. *MJH Papers*, NU, Box 48, Folder 18.

Heloísa Torres, do Museu Nacional. Em contrapartida, há muita correspondência entre Herskovits e pesquisadores brasileiros, que informam sobre as condições para produção intelectual no Brasil nos anos 1940 e 1950, uma das minhas preocupações neste livro. A sua longa lista de correspondências, tanto nos arquivos de Herskovits da Northwestern University como no Schomburg Center, é reveladora. Ela inclui cartas com quase todos os principais nomes das Ciências Sociais de sua época, muitos dos quais estavam de uma forma ou de outra ligados ao Brasil: Alfred Métraux, Roger Bastide, Otto Klineberg, Claude Lévi-Strauss, Ruth Benedict, Margaret Mead, Pierre Verger, Edward Sapir, Michel Leiris.

A correspondência de Herskovits com o Brasil e os brasileiros pode ser dividida em três categorias. Na primeira, há os políticos e os intelectuais-políticos (mencionados anteriormente) com os quais ele havia se correspondido para facilitar sua viagem ao Brasil e especialmente à Bahia. Na segunda categoria, ele mantém correspondência com muitos intelectuais brasileiros de renome – sobretudo Freyre e Ramos, mas também, entre vários outros, Dante de Laytano, Vianna Moog e Thales de Azevedo – e com pesquisadores estrangeiros preocupados com o Brasil, como Bastide, Métraux e Verger. Em terceiro lugar, em suas cartas, Herskovits mostra muito comprometimento com jovens pesquisadores, a quem ele ajudou a conseguir bolsas e, na maioria dos casos, estava orientando, como José e Gizella Valladares, Octávio da Costa Eduardo, Ruy Coelho e René Ribeiro. Ele os aconselha, consegue financiamento (da Rockefeller Foundation para Eduardo, cujas recomendações são de Cyro Berlinck e Donald Pierson, e para José Valladares, cuja recomendação é de Aristides Novis, secretário de Educação do estado da Bahia, e uma combinação de fundos da Northwestern University, ACLS, o IIE, Carnegie Corporation e Rockefeller Foundation para o doutorado de Ruy Coelho),[1] e os coloca em contato um com o outro o tempo todo. É, de fato, uma rede – em muitos aspectos, uma rede familiar na qual também os sentimentos e os afetos desempenham um papel fundamental.

Se o tom e o estilo da primeira categoria de correspondência são educados e respeitosos, as cartas para o segundo grupo, com a possível exceção daquelas para Freyre, são geralmente de cima para baixo, pois revelam uma diferença na posição acadêmica, a começar pelo fato de que os brasileiros ainda careciam de treinamento formal em antropologia. Em muitos aspectos, Herskovits se tornou o patrono da antropologia brasileira no sentido de que criou condições para que os primeiros doutorandos brasileiros recebessem uma bolsa e estudassem antropologia nos EUA. A terceira categoria, da correspondência com seus alunos, é obviamente a que menos os coloca como iguais e é típica do estilo e do tom de (eterno) orientador: amigável, paternal e indagador. A correspondência com esses estudantes brasileiros de pós-graduação mostra que Herskovits foi um orientador muito bom, manteve uma intensa troca de cartas com todos eles – especialmente quando eles estavam no campo ou na parte final da redação de sua dissertação ou tese – e, de modo mais ou menos sutil, insistiu que cada um deles desenvolvesse sua tese sobre as sobrevivências africanas no Novo Mundo. Se você fosse orientando de Herskovits – especialmente se tivesse recebido uma bolsa por causa da interferência dele –, você teria de acreditar firmemente em tal tese.[II]

Além disso, como Ramassote indica, em seu estudo da correspondência entre Herskovits e Eduardo, sua supervisão também significou que seus alunos tiveram de trabalhar através do "arsenal de conceitos por ele forjados ou burilados: 'aculturação', 'foco cultural', 'tenacidade cultural', 'reinterpretação'".[3] No Rockefeller Archive Center, existem documentos importantes relacionados a Octávio da Costa Eduardo, possivelmente o primeiro brasileiro a realmente obter um doutorado em Antropologia, assim como inúmeras referências a outros intelectuais brasileiros (entre eles, Gizella e José Valladares em Salvador, Ruy Coelho, René Ribeiro em Recife, Curt Nimuendajú e a poderosa Dona Heloísa Torres, diretora do Museu Nacional do Rio) que se candidataram a bolsas de estudo com assistência de Herskovits ou cuja candidatura foi avaliada por ele. Essas descobertas resultantes de pesquisas no RAC, no arquivo da CCNY, na Rare Book and Manuscript Library da Columbia University e no Schomburg Center complementam bem nossas pesquisas em outros arquivos nos EUA, na França (especialmente nos Arquivos da Unesco) e no Brasil. A correspondência com Arthur Ramos e Octavio da Costa Eduardo foi cuidadosamente analisada por outros colegas, respectivamente Antônio Sérgio Guimarães, Sergio Ferretti e Rodrigo Ramassote.[4] A seguir, abordaremos brevemente Arthur Ramos e Eduardo, e nos concentraremos nos outros.

"O baiano profissional":[III] *Herskovits e a internacionalização dos pesquisadores brasileiros*

Herskovits e Ramos começaram a se corresponder em dezembro de 1935. Herskovits reagiu com entusiasmo às publicações que recebera de Ramos:

[3] Ramassote, 2017, p. 237.

[4] Cf. Guimarães, 2008a; Ferretti, 2017; Ramassote, 2017.

ele pôde reconhecer nas fotos dos altares do candomblé vários objetos quase idênticos aos que tinha visto no Haiti. Em seguida, ocorreu uma troca quase frenética de livros. Por sua vez, Mel citou amplamente Ramos e Carneiro em seu trabalho para o Segundo Congresso Afro-Brasileiro. Já em 1936, Herskovits tentou extrair de Ramos o que seria o núcleo de seu futuro trabalho de campo no Brasil:

> Tenho me perguntado se não valeria a pena prestar alguma atenção a outros aspectos além dos religiosos na cultura negra brasileira. Percebo que é mais difícil isolar elementos africanos em tais esferas do comportamento negro do Novo Mundo do que na vida religiosa. Entretanto, eu mesmo descobri, tanto no Haiti quanto na Guiana, como estudantes meus descobriram recentemente nas Ilhas Virgens, na Martinica e na Jamaica, que há muitas esferas da vida econômica e social que são tão africanas quanto suas crenças religiosas.[5]

Mais tarde, em 1936, Ramos apresentou a obra de Edison Carneiro a Herskovits como sendo o trabalho de um discípulo. Livros eram trocados regularmente. Do lado de Herskovits foram enviados o artigo "The Significance of West Africa for Negro Research" e os livros *Suriname Folklore*, *Life in a Haitian Valley*, *Acculturation*, *Dahomey*, *Economic Life of Primitive People*.[6] Ramos enviou *O negro brasileiro*, *Estudos Afro-brasileiros*, *Novos Estudos Afro-brasileiros* e *As culturas negras no Novo Mundo*.[7] Os dois pesquisadores se comprometeram a promover um ao outro nos EUA e no Brasil. Ramos cedeu a Herskovits várias imagens de seu *O negro brasileiro* para uma nova publicação deste último em francês.[8] Herskovits também solicitou a Ramos que fornecesse perguntas relevantes para os brasileiros a seu aluno William Bascom, que estava indo a campo em Oyo e Ifé, regiões iorubanas na Nigéria.[9] Em resposta, Ramos enviou a Herskovits uma lista de dez perguntas sobre os iorubás para Bascom, chamando-o de "seu discípulo". As perguntas são reveladoras da curiosidade e da preferência de Ramos pelos elementos iorubás em detrimento dos bantu, em relação ao que era então chamado de sobrevivências culturais:

[5] MJH para Ramos, 26 de março de 1936. *MJH Papers*, NU, Box 19, Folder 14.

[6] Herskovits, 1936a, 1936b, 1937, 1938a, 1938b, 1940a.

[7] Freyre (org.), 1935, 1937. Ramos, 1937.

[8] Ramos para MJH, 11 de maio de 1937. *MJH Papers*, NU, Box 19, Folder 14.

[9] MJH para Ramos, 8 de maio de 1937. *MJH Papers*, NU, Box 19, Folder 14.

> 1. Qual é a porcentagem de pessoas que falam iorubá na Nigéria?
> 2. O iorubá permaneceu puro ou foi deformado pelo contato cultural (com outros idiomas vizinhos)?
> 3. Qual é a extensão da literatura escrita (por exemplo, em Lagos)? Existe algum livro de leitura na língua nagô?
> 4. Até que ponto as culturas religiosas permaneceram puras até os dias de hoje?
> 5. Os mitos dos iorubás foram preservados na tradição oral até os dias de hoje?
> 6. É possível avaliar se houve contaminação secundária, em religião e folclore, devido a atividades comerciais?
> 7. Os contos populares do ciclo da tartaruga (*awon*) têm uma origem totêmica?
> 8. O Brasil ainda está nas recordações do povo negro na Nigéria?
> 9. Em caso afirmativo, ela sobrevive na tradição oral?
> 10. Gostaria de ter informações sobre coleções de contos, provérbios, epigramas que sobrevivem hoje entre os negros da Nigéria.[10]

Logo Ramos começaria a pedir apoio a Herskovits: "Gostaria de passar um ano próximo ao seu trabalho, mas, infelizmente, nossa instituição cultural não fornece fundos para longas viagens".[11] Herskovits tentaria organizar isso para Ramos e, por fim, teria sucesso. Em contrapartida, em 11 de abril de 1939, Herskovits escreveu a Ramos sobre um de seus alunos, Joseph Greenberg, que se encontrava no Norte da Nigéria, que tinha planos de fazer pesquisas sobre o grupo étnico malê ou sobre o que restava dele na Bahia, e, já em janeiro de 1940, perguntou a Ramos sobre Ruth Landes.[12] Em março de 1940, Ramos e Herskovits compartilharam as mesmas más impressões a respeito do trabalho de Landes na Bahia e de seu relatório para o projeto da Carnegie, dirigido por Gunnar Myrdal. De fato, Ramos fora convidado pela Carnegie para revisar o relatório de Landes, intitulado "The ethos of the Negro in the New World". Ele encaminhara esse parecer a Herskovits. Após apontar uma longa lista de (grandes) erros e interpretações equivocadas, a revisão de Ramos fora cáustica:

> O trabalho da Dra. Ruth Landes se ressente de erros de observação, de generalizações e de conclusões falsas no que diz respeito à vida religiosa e mágica do negro no Brasil. É lamentável que algumas conclusões, como, por exemplo, do matriarcado negro e do controle da religião pelas mulheres na Bahia, e do homossexualismo no ritual dos negros brasileiros, já estejam correndo os meios científicos e até sendo

[10] Ramos para MJH, 17 de agosto de 1937. *MJH Papers*, NU, Box 19, Folder 14.

[11] Ramos para MJH, 30 de maio de 1938. *MJH Papers*, NU, Box 19, Folder 14.

[12] MJH para Ramos, 16 de janeiro de 1940. *MJH Papers*, NU, Box 19, Folder 14.

> anunciadas para publicação em revistas técnicas. Essas afirmações, se publicadas com a aparência de que foram baseadas em observação prolongada de "trabalho de campo", irão trazer confusões lastimáveis aos estudos honestos e cuidadosamente controlados de personalidade do negro no Novo Mundo.[13]

Herskovits ajudou Ramos a conseguir uma bolsa Rockefeller para passar quase um ano nos EUA: "Acho que tenho o homem certo para você tentar iniciar o programa de bolsas brasileiro. Seu nome é Arthur Ramos".[14/IV] Em 24 de agosto de 1940, Ramos e sua esposa viajaram a Nova Orleans para estada de um ano nos EUA, até 31 de janeiro. Eles permaneceriam lecionando na Louisiana State University. Para isso, ele recebeu US$ 4 mil, um alto pagamento para qualquer padrão, de acordo com Moe.[15] O restante da estada foi coberto por uma bolsa relativamente pequena da Guggenheim Foundation. Um bom negócio, de acordo com Herskovits, mas, em duas cartas, Ramos pediu a ele mais suporte para poder passar três meses na Northwestern University e comparecer ao encontro da American Anthropological Association (AAA), no final de 1940. Aparentemente incomodado com tal atitude de Ramos, que tentou conseguir fundos adicionais para viajar para o Norte dos EUA com a Universidade de Louisiana, Herskovits escreveu a Moe: "Parece que ou Ramos tem o estereótipo do tio Sam, o milionário, bem firme em sua mente, ou ele entrou um pouco em pânico pelo custo de vida nesse país – mesmo na Louisiana – em comparação com o que ele conhece no Rio".[16] Em 1941, Herskovits finalmente apresentaria Ramos a AAA e este se tornaria membro. Herskovits, apesar de ter sido bastante solidário, em algum momento, em uma carta para o diretor da revista *Time*, Francis DeWitt Pratt, também se queixa de ter ficado sobrecarregado com eventos de palestrantes e diz: "Não sou uma agência de palestras que trata de oradores sobre a América Latina".[17]

Em 1941, no entanto, antes de ir para o Brasil, Mel ajudou a organizar uma turnê de palestras de Ramos pelos EUA, para onde Ramos viajaria com sua esposa após passar um semestre no estado da Louisiana. Ralph Linton fez com que Ramos desse uma palestra em Columbia. Lá, Mel o apresentou, entre outros, a Klineberg, Boas, Du Bois, Mead, Benedict, Elsie Clews Parsons, Ralph Linton, Carter Woodson e Kardiner (nada mal!). Richard Pattee, do

[13] Ramos para MJH, 14 de março de 1940. *MJH Papers*, NU, Box 19, Folder 14.

[14] MJH para Moe, 20 de junho de 1938. *MJH Papers*, NU, Box 8, Folder 17.

[15] Moe para MJH, 22 de outubro de 1940. *MJH Papers*, NU, Box 8, Folder 17.

[16] MJH para Moe, 25 de outubro de 1940. *MJH Papers*, NU, Box 8, Folder 17.

[17] MJH para Pratt, 21 de março de 1941. *MJH Papers*, NU, Box 8, Folder 17.

Departamento de Estado, que Ramos já conhecia e que tinha acabado de traduzir seu *O negro no Brasil* para o inglês, também o ajudou.[V] Ramos também daria uma palestra na Howard, onde conheceu o historiador Carter Woodson. Os Ramos reconheceram tanta atenção e escreveram do Brasil dizendo que acolheriam os Herskovits na sua chegada ao Rio em 10 de setembro.[18]

Herskovits continuaria se correspondendo com Ramos até a morte súbita deste último em 1949. O exame de Antônio Sérgio Guimarães sobre essa correspondência acrescenta alguns detalhes interessantes, por exemplo, sobre a mudança de foco das culturas africanas nas Américas para as culturas na África na última parte da carreira de Herskovits.[19] Será que isso estava relacionado a uma certa falta de interesse em prosseguir seus estudos sobre a cultura negra na Bahia, provocada por alguma idiossincrasia inexplicável? Jerry Gershenhorn sugere essa hipótese com base nas informações dadas pela filha de Herskovits, Jean.[VI] Minha própria entrevista com Jean se aproxima dessa interpretação (ver Anexo III).

A estada de Ramos nos Estados Unidos teve um efeito duradouro sobre sua identidade profissional. Foi depois que ele participou do seminário de Herskovits e que se familiarizou com o cenário antropológico norte-americano que se sentiu como um verdadeiro antropólogo. Por sua vez, o encontro de Herskovits com Ramos abriu portas para a cena intelectual brasileira e para o mundo "africano" da Bahia.[20] Guimarães sustenta que, apesar da igualdade estabelecida através da expertise de cada um, tratava-se de uma troca entre um médico, que escrevia (principalmente em português) de seu endereço pessoal usando uma máquina de escrever, e um professor estabelecido, que respondia (sempre em inglês) de seu escritório universitário também usando uma máquina de escrever, mas mantendo cópias em carbono em seus arquivos.[VII] Olhando para essa troca, a correspondência entre esses dois cientistas revela um Herskovits interessado em obter dados, informações e conhecimentos sobre os negros no Brasil, principalmente através dos livros que Ramos lhe enviava, enquanto este último, a princípio motivado por um interesse semelhante sobre os negros norte-americanos, rapidamente se interessou em aprofundar seu conhecimento sobre o estudo da antropologia cultural, procurando um estágio temporário com Herskovits na Northwestern University.[21]

[18] Ramos para MJH, 10 de julho de 1941. *MJH Papers*, NU, Box 19, Folder 14.

[19] Guimarães, 2008a.

[20] *Idem*, p. 58.

[21] *Idem*, p. 60.

A relação de Melville com José Valladares era de um tipo diferente. A correspondência entre Herskovits e os Valladares já foi descrita anteriormente. Mencionaremos alguns outros detalhes importantes. Valladares dedicou a Herskovits seu livro *Museus para o povo*,[22] que foi uma versão editada de seu relatório à RF para a concessão de sua bolsa de 13 meses, mas Herskovits, embora apoiasse, não parecia muito interessado em museus: em suas cartas a Valladares, ele estava interessado no candomblé e na comunidade das Ciências Sociais brasileiras. Em seus escritos para a RF em 1943-1944, Herskovits demonstrou muito compromisso com Valladares, mais ainda do que com Octávio Eduardo e Aguirre Beltrán. Valladares e Zezé foram as suas principais conexões com o mundo do candomblé em Salvador.[23] Em sua correspondência nos anos 1943-1954, como já vimos, Valladares repetidamente chamava Herskovits de "o babalorixá Mel" como um elogio de brincadeira. Valladares andava bastante entre as figuras do candomblé e se orgulhava de ter introduzido pessoas de fora aos terreiros.[VIII] Como vários outros intelectuais (não negros) de Salvador, ele estava convencido do poder mágico e da função comunitária dos terreiros, que para ele não eram apenas uma curiosidade ou um aspecto do folclore. Mesmo assim, ele não era, obviamente, um membro do culto.

René Ribeiro se formou médico em 1936, especializando-se em psiquiatria. Ele é um dos primeiros intelectuais que, em Recife, se organizaram em torno de Gilberto Freyre.[24] Sua vida acadêmica foi construída com a ajuda e os limites dados tanto por Freyre quanto por Herskovits. Na década de 1930, Ribeiro se associou à Escola de Psiquiatria Social do Recife, de Ulisses Pernambucano, primo de Gilberto Freyre. Em sua primeira carta a Herskovits em 15 de março de 1944,[25] ele antecipou seu futuro estudo sobre a instituição do "amasiado".[26] Em 15 de abril, Herskovits respondeu,[27] declarando seu grande interesse nas notas da pesquisa e pedindo permissão para que fossem publicadas no *American Sociological Review*.[28] Ribeiro, que lhe escreveu como "amigo" e assinou como "seu discípulo e admirador", contribuiu com

22 Valladares, 1946.

23 Romo, 2010, p. 103.

24 Motta, 2007, p. 39

25 R. Ribeiro para MJH, 15 de março de 1944. *MJH Papers*, NU, Box 30, Folder 14.

26 R. Ribeiro, [s.d.], manuscrito não publicado.

27 MJH para R. Ribeiro, 15 de abril de 1944. *MJH Papers*, NU, Box 30, Folder 14. Cf. R. Ribeiro, 1945.

28 R. Ribeiro, 1945; Herskovits, 1945a.

informações para a tese de Herskovits sobre a organização da família negra: "Eu chequei e a diferença que Frazier vê entre 'amasiado' e 'viver maritalmente' é totalmente falsa".[29] Em 21 de agosto, Herskovits escreveu de volta com satisfação: "Seria interessante ver o que Frazier acharia de suas descobertas".[30]

Em 1949, Ribeiro recebeu, na Northwestern University, o título de mestre em Ciências Sociais, com uma dissertação sobre os "Cultos afro-brasileiros em Recife", a qual foi publicada originalmente em inglês e posteriormente em português em 1952.[31] Foi o primeiro estudo antropológico do "Xangô" em Recife e, de acordo com Roberto Motta,[32] continua sendo o estudo mais completo da área. Em sua dissertação, Ribeiro focalizou o "Xangô" como um momento de aculturação, muito em linha com a abordagem de Herskovits, mas também como parte importante da busca por ordem psicológica e tranquilidade nas classes mais baixas de Recife.[33] Menos focado na identificação de traços supostamente africanos puros do que seu colega psiquiatra Arthur Ramos faria nos mesmos anos na Bahia, o estudo de Ribeiro teria grande influência na análise de George Simpson (1965) sobre o "Xangô" em Trinidad.[34] Depois disso, Ribeiro não se envolveria em um doutorado, sendo a razão mais provável para isso seu forte envolvimento com a criação e o desenvolvimento da Fundação Joaquim Nabuco (Fundaj) e do Instituto de Treinamento em Recife, onde René tentou arduamente, também com o apoio de Herskovits, montar um projeto para o Instituto receber estudantes americanos de doutorado em residência.[35] Em 12 de dezembro de 1954, a Fundaj enviou a Herskovits um projeto de intercâmbio de estudantes e professores para o Instituto de Estudos Africanos na Northwestern, oferecendo aos visitantes hospedagem, uma bolsa e transporte local por até 12 meses. Herskovits reagiu prontamente, acrescentando que seria difícil obter financiamento de seu lado para tais iniciativas. Como será detalhado adiante, parece que as instituições americanas estavam mais interessadas no Brasil como uma "estação etnográfica" do que em estabelecer um intercâmbio sólido com professores e estudantes brasileiros no sentido de empoderar a academia brasileira.[IX]

[29] R. Ribeiro para MJH, sem data exata, 1944. *MJH Papers*, NU, Box 30, Folder 14.

[30] MJH para R. Ribeiro, 21 de agosto de 1944. *MJH Papers*, NU, Box 30, Folder 14. Cf. Motta, 2007; Hutzler (ed.), 2014.

[31] R. Ribeiro, 1949; 1978.

[32] Motta, 1978.

[33] *Idem*, p. xiii

[34] Simpson, 1965.

[35] R. Ribeiro para MJH, 30 de maio de 1951. *MJH Papers*, NU, Box 54, Folder 8.

Em novembro de 1952, como conclusão de sua colaboração com o Projeto Columbia/estado da Bahia/Unesco, René escreveu um relatório sobre religião e relações raciais em Recife.[36] Sua principal conclusão, muito em linha com Freyre, é de que existia preconceito racial no Brasil, mas sua rudeza era domada pela tolerância intrínseca da cultura luso-brasileira e pela variante do cristianismo dominante no Brasil.[37] Nessa publicação aparece pela primeira vez o conceito de etiqueta racial de Ribeiro:[38] um conjunto de códigos, cujo objetivo é enfraquecer o preconceito racial e às vezes transformá-lo em eufemismo.[X] Em correspondência, René deu a Herskovits descrições detalhadas dos contextos acadêmicos brasileiros: encontros da Associação Brasileira de Antropologia (ABA), concursos, trocas de livros e projetos de tradução para o português de Herskovits, como o volume *Antropologia Cultural* – como sugestão de Darcy Ribeiro. Esse fluxo de informações certamente contribuiu para a reputação de Herskovits entre os acadêmicos brasileiros.[XI] Em 19 de novembro de 1953, René relatou positivamente o primeiro congresso da ABA. Herskovits recebeu informações sobre São Paulo, o Museu Nacional e Thales de Azevedo. Ribeiro contou que Thales tirara muito proveito de sua viagem aos EUA, mas era bastante cético quanto aos métodos dos sociólogos e antropólogos (americanos) que trabalhavam na Bahia.

Em 1954, Herskovits foi convidado para o XXXI Congresso Internacional de Americanistas que ocorreria em São Paulo, com despesas isentas. Ele foi então convidado a dar uma ou duas palestras na Fundaj, também com todas as despesas pagas. Nessa ocasião, também ministrou uma palestra na FFCH em Salvador, novamente como convidado da universidade. Naqueles dias, esse era um tratamento bastante excepcional dispensado apenas a pesquisadores muito importantes.

Em outubro de 1954, René Ribeiro enviou seu trabalho "Problemática pessoal e interpretação divinatória dos cultos afro-brasileiros do Recife".[39] Ribeiro estava interessado em testes psicológicos do fenômeno da possessão, especialmente o então popular teste de Rorschach, a fim de classificar as etapas da posse de maior para menor dissociação, libertação e funcionamento. Esse foi um tema recorrente ao longo dos anos. Herskovits ofereceu os dados coletados por Ribeiro aos psiquiatras da região de Chicago que tiveram prazer

[36] R. Ribeiro, 1956b.

[37] Ribeiro para MJH, sem data, novembro de 1952. *MJH Papers*, NU, Box 6, Folder 11.

[38] Motta, 2014, p. 172.

[39] Ribeiro, 1956a

em interpretá-los. Como mostra Roberto Motta,[40] Ribeiro estava muito ligado a Freyre e era um dos principais quadros da Fundaj, expressão da obra de Freyre naqueles dias.[XII] Ribeiro foi, de fato, o único colaborador do projeto de pesquisa da Unesco nos anos 1950-1953 que não aderiu ao novo paradigma, mais conflituoso, que sacramentou aquele projeto.[41] Deve ter sido difícil para Ribeiro ler a dura reação de Freyre à crítica de Herskovits sobre seu livro *Um brasileiro em terras portuguesas* (1953) na revista *Hispanic American Historical Review*[42] – Herskovits a havia escrito logo após voltar da África Oriental portuguesa, onde tivera uma impressão bastante ruim da presença portuguesa no que é hoje Moçambique.[43] Em seu artigo "Um escritor se defende de um crítico talvez injusto",[44] Freyre rotulou Herskovits como um liberal romântico.[45] Uma semana depois, Herskovits escreveu a René dizendo que lamentava que Freyre tivesse ficado tão zangado com ele. Temos a impressão de que Herskovits não gostava de discussões com colegas em público. Ribeiro e Herskovits continuaram amigos até o fim. Em sua última carta registrada a René, em 1960, Melville escreveu: "Invejo que você esteja em Recife na época do Carnaval e gostaria de estar aí também. Um dia desses estou determinado a voltar".[46]

Outro brasileiro que obteve seu doutorado em Antropologia sob a supervisão de Herskovits foi Ruy Coelho, que fez trabalho de campo em Honduras entre os caraíbas negros e foi possivelmente o primeiro brasileiro a passar um ano completo em pesquisa de campo para seu doutorado, como era de certa maneira praxe nos EUA. Coelho já teve sua tese publicada, assim como seu diário de campo.[47] Enquanto estudava para seu doutorado, ele recebeu uma bolsa de assistente de ensino na Universidade de Porto Rico, onde passou um ano, e depois firmou contrato também de um ano com o Departamento de Ciências Sociais da Unesco. Ele demonstrou gostar muito desse cargo ao escrever para Herskovits: "Acho difícil me desenraizar desta excitante e perigosa cidade que é Paris. Em São Paulo é preciso trabalhar, já que não há muito mais a fazer".[48] Melville se esforça para que Ruy possa

40 Motta, 2007.

41 Cf. Maio, 2017.

42 Herskovits, 1954c.

43 *Idem*.

44 Freyre, 1955.

45 Ribeiro para MJH, 15 de junho de 1955. *MJH Papers*, NU, Box 69, Folder 15.

46 MJH para Ribeiro, 25 de março de 1960. *MJH Papers*, NU, Box 90, Folder 9.

47 Cf. Coelho [1955], 2002, 2000.

48 Coelho para MJH, 22 de julho de 1952. *MJH Papers*, NU, Box 55, Folder 25.

defender sua tese em São Paulo, aproveitando sua presença no Congresso Internacional de Americanistas de 1954. Ele convidou Wagley, William Bascom e Fernando de Azevedo, chefe do Departamento de Sociologia da USP, para participar da banca. Como disse em uma carta para Bascom, seria uma reunião de bons colegas e, em alguns casos, amigos.[49]

Embora Pierre Verger nunca tenha sido aluno de Herskovits, ele estabeleceu com este, a partir de Salvador, onde viveu nos anos 1940, uma relação de trabalho semelhante à dos jovens pesquisadores brasileiros mencionados anteriormente. Se Verger não era, portanto, um discípulo de Herskovits, ele compartilhou com ele a mesma preocupação com as sobrevivências africanas no Novo Mundo e uma certa predileção pelas coisas iorubás em tal busca de sobrevivências. Além disso, ambos os pesquisadores estavam convencidos do poder da fotografia. Mostrar imagens africanas ou afro-brasileiras e tocar música africana ou afro-brasileira, gravada para apreciação dos informantes, e pedir-lhes que reconhecessem as imagens e músicas como semelhantes às suas, foi uma ferramenta poderosa usada pelos Herskovits primeiro e depois por Verger. Ambos foram importantes na consolidação da conexão Bahia--ketu-iorubá.

Em 25 de dezembro de 1948, Verger escreveu do Daomé para Herskovits, dizendo que "as lendas e os provérbios que eu recolhi no Brasil são bem conhecidos aqui. Rituais bastante semelhantes em certos casos".[50] São obviamente semelhantes porque Verger os julgava semelhantes. Em 8 de fevereiro de 1949, Verger acrescentou:

> Algumas das canções que trouxe para eles do Brasil, especialmente de Recife, eram bem conhecidas... Recebi em troca um bom estoque de canções para os Babalorixás e Ialorixás do Brasil... Em Ketou, eles ficaram felizes em ver fotos de seus "primos" da Bahia, e a propósito, em Porto Novo, encontrei o descendente da família Gantois de volta da Bahia no século passado.[51]

Aqui, a emoção de ter encontrado no Benim a realidade dos Agudá (os descendentes dos retornados do Brasil) se misturou com o sentimento de uma missão não tão diferente da dos Herskovits. Verger começou a se ver como o mensageiro de ambas as costas do Atlântico Negro – através de suas próprias imagens. Na correspondência, há mais evidências de tal sentimento:

[49] MJH para Bascom, 2 de agosto de 1954. *MJH Papers*, NU, Box 62, Folder 29.

[50] Verger para MJH, 25 de dezembro de 1948. *MJH Papers*, NU, Box 42, Folder 3.

[51] Verger para MJH, 8 de fevereiro de 1949. *MJH Papers*, NU, Box 50, Folder 27.

A abordagem com exposição de fotos de cerimônias africanas no Brasil e no Caribe deu muito bons resultados e ajudou muito a criar um clima de confiança com as pessoas visitadas. Foi, creio, a primeira vez neste país que alguém veio dar-lhes informações sobre seu próprio povo enviado ao exterior no passado, e o pouco conhecimento que adquiri nos terreiros da Bahia foi para eles uma prova de minha boa vontade. [...] recebi presentes para os babalorixás da Bahia.[52]

Em uma nova carta a Herskovits, atualizou as notícias:

Estou de volta à Bahia, dando novas notícias da África por aqui aos nossos amigos do candomblé. Sou bastante bem recebido e admitido entre eles devido ao prestígio da peregrinação pela terra de onde partiram. Espero que isso ajude a obter informações mais precisas e me permita ir mais fundo nas questões da África, onde pretendo voltar dentro de um ano ou dois.[53]

É possível que tanto sua condição de branco e estrangeiro no Brasil quanto sua condição de cidadão francês na África colonial acrescentassem algo especial à sua autoridade etnográfica e em seu olhar fotográfico. Naquela época, essas não eram questões que Verger questionava em seus escritos – na verdade, durante sua longa e criativa vida, Verger conseguiu ficar longe desses, muitas vezes, ácidos debates.[54]

Como vimos, o relacionamento de Herskovits com intelectuais brasileiros perdurou e foi intenso. No Brasil, as influências são mais evidentes no campo dos Estudos Afro-brasileiros, mas não se limitam a ele. Alguns dos livros mais teóricos de Herskovits foram lidos e introduzidos relativamente cedo, caso de *Acculturation: The study of culture contact* e o ensaio "The processes of cultural change".[55] Outros foram logo traduzidos e se tornaram bastante influentes nos anos 1960 e 1970, caso do manual *Antropologia cultural*.[56] Eles estavam entre os livros mais consultados na biblioteca da UFBA, que era e é bastante carente, e costumavam obter livros estrangeiros principalmente quando havia doações estrangeiras disponíveis, em sua maioria pela Rockefeller Foundation e pela Fulbright.

A influência de Herskovits nas Ciências Sociais brasileiras e mesmo em importantes intelectuais comprometidos com o governo, como é o caso de

52 Verger para MJH, 29 de janeiro de 1950. *MJH Papers*, NU, Box 50, Folder 27.

53 Verger para MJH, 22 de julho de 1950. *MJH Papers*, NU, Box 50, Folder 27.

54 Souty, 2007.

55 Herskovits, 1938b; 1945b.

56 Herskovits, 1963.

Darcy Ribeiro e Celso Furtado nos anos 1960 e 1970, se deveu sobretudo à popularidade de dois de seus conceitos entre acadêmicos brasileiros – a exemplo também de Roberto Cardoso de Oliveira e Eduardo Galvão: "aculturação" e "foco cultural".[XIII] É claro que essas duas noções eram bastante flexíveis, bem como abertas à interpretação local, se não à "crioulização". Julio Campos Simões analisou essa reinterpretação e aqui estão alguns trechos.

"Aculturação" para a teoria da dependência de Darcy Ribeiro:

> O intercâmbio cultural produzido pelos contatos e interações entre os povos foi designado na Antropologia pelo conceito de aculturação [...]. Diz Herskovits (1938) que, quando o contato se processa de modo espontâneo, os povos podem intercambiar cultura privilegiados pela liberdade de escolher o que adotar do patrimônio alheio e a capacidade de produzir por si mesmos esses novos elementos adotados. Quando esse contato se dá sob condições de poder ou grau de desenvolvimento técnico diferentes, não se satisfazem as duas condições anteriores, nem da liberdade do que adotar, nem da autonomia no processo criativo. Darcy Ribeiro (1974) define assim a configuração de um processo de dependência.[57]

"Foco cultural" para a crítica de Celso Furtado à teoria do desenvolvimento:

> A aceleração do desenvolvimento da cultura material aproxima Celso Furtado do trabalho de Herskovits (1945), antropólogo que defende a ideia de que as sociedades são movidas por um campo dominante da cultura, um "foco cultural" que tende a ser o cerne dinâmico das mudanças, repercutindo sobre todo o conjunto. Nas palavras de Furtado: "Os estudos de mudança social [...] têm levado quase sempre à mesma conclusão de que a dinâmica cultural decorre basicamente do comportamento particular de determinados setores. Quando examinamos diferentes culturas, diz o Prof. M. J. Herskovits, percebemos que elas diferem não apenas com respeito à sua forma externa, mas também no que respeita às preocupações dominantes de seus portadores. A esse campo dominante, Herskovits chama de *focus* da cultura, para em seguida afirmar que 'existe pouca dúvida de que o *focus* cultural em nossa sociedade moderna reside no campo da tecnologia'" (Furtado, 1964, p. 19).[58]

O encontro deles é registrado por Furtado:

[57] Simões, 2019, pp. 13-14.

[58] *Idem*, p. 21.

Em suas viagens acadêmicas, Furtado conheceu pessoalmente o antropólogo Melville Herskovits, durante uma visita a Northwestern University que o aproximou do estudo da difusão cultural e seria uma influência para essa fase de sua obra. Registrou: "A exemplo de outros antropólogos de sua geração, ele se inclinava a sobrepor uma 'lógica da cultura' à história, o que o levava a ver na inovação (e na descoberta) mais uma resposta do que uma mutação. Estava longe de deslizar para o determinismo cultural, mas dava ênfase à preexistência de uma 'base cultural', sem o que a inovação não seria absorvida e tampouco a mudança cultural se apresentaria ordenada" (Furtado, 1985, p. 92).[59]

A conclusão de Furtado demonstra a importância da conversa:

> Dentro dessa ótica, defendera a tese de que nos povos da África Ocidental a área focal seria a vida religiosa. As culturas extremamente sofisticadas desses povos estariam ordenadas a partir da visão religiosa do mundo. Eu havia imaginado que a intensa religiosidade dos negros no Brasil encontrava explicação no esforço que deviam realizar para sobreviver em uma sociedade que os reprimia e mutilava. Ele redarguiu que, embora isso fosse verdade, não foi por acaso que a criatividade cultural dos negros brasileiros se refugiara na esfera religiosa. Esse diálogo com o professor Herskovits fez-me pensar que a criatividade religiosa das populações brasileiras de origem africana, estimulada em luta secular pela sobrevivência, constitui elemento fundamental na formação de nossa cultura. Por outro lado, a corrente dominante da cultura brasileira teve sua área focal crescentemente deslocada para a inovação tecnológica, principalmente através de empréstimos a outras culturas. Essa dicotomia de orientação na área de percepção mais aguda da cultura não podia ser ignorada. Para pensar o Brasil era necessário começar pela Antropologia.[60]

Projeto Columbia/estado da Bahia/Unesco como início de uma nova etapa

> A Bahia sempre atraiu e continuará atraindo pesquisadores das Ciências Sociais; pois é um laboratório natural para o estudo da sociedade humana... Hoje, com sua sociedade multirracial que coexiste, em relativa harmonia, tem uma lição para ensinar ao mundo [...]. A Bahia deve ser a casa de uma das mais vigorosas escolas e institutos de pesquisa para o estudo do homem no Novo Mundo.[61]

59 *Idem*, p. 26.

60 Furtado, 1985, p. 93.

61 Wagley & Wagley, 1970, pp. 37-38.

A rede social e a teia de emoções, afeto, amizades e inimizades, *saudade* e, para muitos, a devoção ao ritual de candomblé descrita anteriormente abriram caminho para um conjunto de etapas sucessivas na representação e, de muitas maneiras, na construção da Bahia como um dos lugares ideais para realizar pesquisas etnográficas no Novo Mundo, especialmente no campo das sobrevivências africanas, das hierarquias raciais e da religiosidade afro-católica, assim como para a imaginação sobre Salvador como um lugar de algum modo mágico para os antropólogos.

Cada uma dessas etapas sucessivas foi associada a um projeto particular de intercâmbio envolvendo, principalmente, departamentos de Antropologia e Sociologia em um conjunto de universidades americanas de primeira linha. Destaquei duas fases desses projetos: o famoso Projeto Unesco (que, na realidade, foi concebido como resultado da cooperação entre o estado da Bahia e a Columbia University, por iniciativa de Anísio Teixeira e Charles Wagley, e logo foi apoiado e endossado pela Divisão de Ciências Sociais da Unesco, liderada por Alfred Métraux), que durou de 1949 a 1953, e os diversos programas de intercâmbio de graduandos e pós-graduandos de Columbia (e de outras universidades americanas) desenvolvidos entre 1956 e 1969. Todos esses projetos foram importantes não apenas para corroborar o *status* da Bahia como um local ideal para o trabalho de campo, mas também para estabelecer novos limites e oportunidades para a produção de conhecimento entre o pequeno, mas crescente número de cientistas sociais sediados na Bahia.

O primeiro projeto (Unesco) foi analisado por vários pesquisadores,[62] embora parte de sua documentação ainda mereça um exame minucioso. Os dois projetos sucessivos exigiriam uma análise aprofundada adequada, o que pretendo fazer num futuro próximo com base na pesquisa arquivística que realizei em 2019 no Rockefeller Archive Center e na Rare Book and Manuscript Library da Columbia University. A seguir, apresentaremos um quadro geral desses projetos para o propósito deste livro: medir os efeitos da relação desenvolvida pelos Herskovits com o Brasil e com pesquisadores brasileiros para o desenvolvimento das Ciências Sociais no Brasil e principalmente na Bahia.

> O diretor-geral está autorizado a organizar no Brasil uma investigação piloto de contatos entre raças ou grupos étnicos com o objetivo de determinar os fatores

[62] Cf. Maio, 1997, 1999, 2009; Pereira & Sansone (ed.), 2007.

> econômicos, políticos, culturais e psicológicos favoráveis ou desfavoráveis às relações harmoniosas entre raças ou grupos étnicos.[63]

Entre 1947 e 1950, a Unesco desenvolve diversas iniciativas sobre a questão de raça/racismo, intolerância e diversidade cultural, tais como o Comitê sobre Escravatura do Conselho Econômico e Social, o Plano para a História Científica e Cultural da Humanidade e o Comitê para a Declaração sobre Raça. Ela consegue atrair os melhores cientistas sociais para participar desses comitês. Isso mostra tanto o prestígio desfrutado pela Unesco como o momento político, que elevou a motivação cívica dos cientistas sociais. O Brasil e os brasileiros estiveram bastante presentes nesses eventos: Paulo Carneiro, Arthur Ramos, Ruy Coelho, Luiz da Costa Pinto. Outros pesquisadores tinham circulado pelo Brasil: Métraux, Frazier, Herskovits e Bastide. Ou seja, o Brasil desempenhou, direta ou indiretamente, um papel nada secundário nos primeiros anos da Unesco.[XIV]

Anísio Teixeira, secretário de Educação e Saúde do estado da Bahia, que havia feito mestrado em Educação na Columbia nos anos 1920, pediu a Gizella Valladares, que tinha concluído seu mestrado em Antropologia na Columbia a respeito dos contos folclóricos baianos em 1945, para entrar em contato com a Columbia University a fim de identificar professores interessados em aderir ao projeto que ele tinha em mente.[XV] Gizella sugeriu que Charles Wagley, que havia sido seu professor, participasse ativamente do programa. Wagley aceitou prontamente.[64] Gizella, que ocupava um lugar central na preparação do projeto,[65] era uma jovem acadêmica promissora, como René Ribeiro já havia descoberto em 1945. Ela ainda estava aprendendo português, mas tinha grandes planos em termos de pesquisa e ensino e já demonstrara interesse em expandir sua pesquisa sobre folclore e colaborar com René Ribeiro.[66] Herskovits também falara muito bem dela.[67]

O objetivo básico do programa de pesquisa da Columbia University-estado da Bahia, em sua fase inicial, era identificar mudanças culturais além de fatores e oportunidades para a modernização e a industrialização do estado da Bahia. Os objetivos eram os seguintes:

63 "Resolução da 5a Assembleia Geral da ONU, 1950-1951". Arquivos da ONU, General Assembly Official Records, 5th session, Supplement n. 20. Disponível em <https://research.un.org/en/docs/ga/quick/regular/5>. Acesso em 16/9/2020.

64 Wagley & Wagley, 1970.

65 Romo, 2010, p. 137.

66 Ribeiro para MJH, 1º de julho de 1945. *MJH Papers*, NU, Box 35, Folder 25.

67 MJH para Ribeiro, 8 de janeiro de 1946. *MJH Papers*, NU, Box 35, Folder 25.

> 1. adquirir um conhecimento da sociedade e da cultura rurais em três zonas ecológico-culturais do estado da Bahia. 2. Determinar o efeito de três cenários ecológicos diferentes em padrões de cultura luso-brasileira basicamente semelhantes que se desenvolveram dentro desta área do Brasil rural durante os últimos 400 anos. 3. Determinar as mudanças na sociedade e na cultura que ocorreram em cada zona nos últimos anos sob o impacto de novas formas de economia, de novas tecnologias, de novas ideologias e de meios de transporte mais modernos. 4. Determinar a dinâmica de tais mudanças em cada zona e as diferenças e semelhanças no processo de uma zona para outra. 5. Determinar quais aspectos da sociedade e da cultura atuais e das tendências de mudança devem ser considerados, a fim de planejar e administrar eficientemente os programas educacionais e de saúde na região.[68]

A questão das relações raciais estava quase ausente no plano original de pesquisa, com a exceção parcial do projeto de Harris, que tinha a questão racial como uma das centrais desde o início.[69] Essa questão foi acrescentada a cada um dos subprojetos depois que a Unesco aderiu ao programa. Pouco antes de o programa realmente começar, Métraux, que era amigo de Wagley, leu seu esboço e viajou para a Bahia. As duas semanas que passou na Bahia, sendo assistido por Verger, convenceram-no de que era o lugar certo para pesquisas sobre relações raciais.[70] Ele percebeu que seria uma boa oportunidade para a divisão de Ciências Sociais da Unesco aderir ao Projeto Columbia University/estado da Bahia e apoiá-lo. Uma pesquisa de grandes dimensões para apoiar a ação antirracista da própria Unesco era, afinal, parte da missão da resolução da 5ª Assembleia Geral da ONU de 1950-1951[71] (ver citação acima). Seria o início de uma nova etapa no intercâmbio internacional entre os EUA e a Bahia, uma etapa mais avançada e complexa, mas ainda assim desigual.

Assim, várias forças estavam trabalhando na concepção do projeto no Brasil: o projeto modernizador de Anísio Teixeira para o estado da Bahia – em associação com a criação da UFBA,[XVI] o projeto de pesquisa de campo na América Latina do Departamento de Antropologia de Columbia, e, um pouco mais tarde, a agenda de Métraux para a pesquisa sobre as relações raciais no Brasil. Nos planos de Métraux, o projeto deveria apoiar empiricamente a famosa Declaração sobre Raça da Unesco, que surgiu em 1950 como reação ao Holocausto e à declaração do *apartheid* em 1948.[XVII]

68 Wagley; Azevedo & Pinto, 1950, p. 37.

69 Harris, 1952.

70 Métraux, 1978.

71 "Resolução da 5ª Assembleia Geral da ONU, 1950-1951".

Embora, como dito anteriormente, o plano inicial de pesquisa não estivesse focalizado nas relações raciais, mas nos estudos comunitários com ênfase em fatores de continuidade ou mudança,[72] uma das ideias motivadoras desse projeto de pesquisa acabou sendo a produção de evidências de que as relações raciais poderiam ser harmoniosas (pelo menos no Brasil). No centro do projeto estavam as atividades de Alfred Métraux na Unesco, que visavam desenvolver uma agenda global antirracista. Eventualmente, tal esforço da Unesco provou ser um grande impulso para a realização dos Estudos Afro-brasileiros e, de modo mais geral, para o desenvolvimento e a institucionalização das Ciências Sociais no Brasil nos anos 1950,[73]/[XVIII] que tinham apenas começado a se consolidar nos anos 1940. Para Columbia, foi uma oportunidade de ouro para desenvolver a antropologia sustentada pelo trabalho de campo no maior país da América Latina – um movimento na direção da internacionalização estimulado pela CCNY, pela SSRC e, ainda que menos diretamente, pelo Departamento de Estado. Como veremos a seguir, esse movimento será posteriormente ampliado, incorporando estudantes de graduação e pós-graduação em diversos projetos. Para Anísio Teixeira, tal movimento fez parte de uma agenda de modernização no campo da educação e de adaptação às mudanças e inovações sociais.

Para compreender a complexa agenda política tripartite de tal projeto, o longo relatório enviado por Métraux a Alva Myrdal, em 22 de janeiro de 1951, mostra-se útil. A Conferência da Unesco sobre Raça de 1950, que gerou o comitê responsável pela redação da Declaração sobre Raça, sugeriu uma pesquisa sobre as relações raciais no Brasil. Métraux trabalhou arduamente para se juntar ao esforço do projeto de Charles Wagley e Anísio Teixeira. Métraux estabeleceu a necessidade de pesquisa sobre mobilidade social entre pessoas de cor na cidade da Bahia (Salvador), enquanto o restante da pesquisa resultaria de trabalhos de campo no interior da Bahia. O Rio de Janeiro deveria ser incluído, e Luiz da Costa Pinto foi indicado como pesquisador responsável, assim como São Paulo, onde Roger Bastide e Florestan Fernandes foram nomeados. Acrescentar São Paulo ao projeto era necessário, mas levantava tensões, como argumentou Métraux: "Sei que incluir São Paulo, com suas tensões raciais, em um plano de pesquisa pode nos levar a conclusões diferentes daquelas mencionadas [eu diria, desejadas!] na Resolução da Unesco sobre Raça de 1950. Mas seria trair o caráter científico da pesquisa

[72] Wagley, Azevedo & Pinto, 1950.

[73] Maio, 1999.

deixar SP de fora".[74] Recife foi acrescentada como mais um local, principalmente para apaziguar e agradar a Freyre, assim René Ribeiro cuidaria do trabalho de campo e relataria sobre ele em pesquisas com foco nas relações raciais e na religião afro-brasileira.[75]

Pela correspondência, especialmente aquela nos arquivos da Unesco em Paris, é óbvio que a Organização, nos anos 1948-1953, estava num autêntico frenesi em termos de iniciativas, declarações e planos para avançar na promoção da tolerância étnico-racial e cultural. Foi, com certeza, um período de grande esperança e excitação pela onda de descolonização que estava no horizonte. Tal frenesi foi também causa e resultado de uma grande rede transnacional de conexões, camaradagem e até mesmo amizade entre pesquisadores. A maioria deles estava conectada, de uma forma ou de outra, com o Brasil, principalmente com a Bahia, e muitas vezes com os candomblés baianos. Estes são os nomes que formaram tal rede: Paulo Carneiro, Arthur Ramos, Ruy Coelho, René Ribeiro, Otto Klineberg, Roger Bastide, Pierre Verger, Melville Herskovits, Franklin Frazier, Charles Wagley, Thales de Azevedo, Anísio Teixeira e Alfred Métraux. Na Bahia, dois foram os mais importantes pesquisadores, o americano Charles Wagley, que se tornou o coordenador-geral, e o antropólogo baiano Thales de Azevedo, que passou a ser o coordenador e o administrador local. Wagley e Thales trabalhariam juntos, entre idas e vindas, por cerca de 20 anos, de 1950 a 1970.[76] Era para ser uma chamada relação "ganha-ganha", e certamente o era naqueles anos, mas foi, entretanto, uma relação desigual.[XIX]

Aqui está um exemplo de como tal rede funcionava e como os pesquisadores sediados em Nova York e Paris eram centrais e poderosos, quando comparados com os sediados na Bahia:

> Minha viagem ao Brasil foi interessante e bem-sucedida. Passei três semanas na Bahia, durante as quais visitei muitos terreiros, participei de várias cerimônias e até encontrei tempo para visitar, no sertão, jovens antropólogos americanos que, sob a direção de Wagley, estão estudando as comunidades rurais. Ao contrário de meus planos anteriores, a Bahia não será mais o foco de nosso projeto. Estudaremos as relações raciais como elas aparecem em quatro comunidades rurais e nos concentraremos no problema da mobilidade social na cidade de Salvador. Por outro lado, vamos nos concentrar na rápida deterioração da situação racial de São

[74] Métraux para Alva Myrdal, em 22 de janeiro de 1951. Arquivos da Unesco, Box Métraux.

[75] R. Ribeiro, 1956b.

[76] Wagley & Wagley, 1970.

Paulo. O Dr. Costa Pinto realizará um estudo semelhante, mas em menor escala, no Rio de Janeiro. Espero obter, no final do ano, um quadro da situação racial no Brasil, que estará próximo da realidade e cobrirá tanto o lado bom, quanto o lado mau. No Brasil, conheci muitos de seus amigos e, muitas vezes, você foi lembrado em nossas conversas. Eu tinha, em meu amigo Verger, o melhor dos guias. Ele tirou fotografias sensacionais nos últimos meses, em particular da seita secreta do Egun. Ele está tentando agora, por meio de fotografias, mostrar a persistência dos africanismos na Bahia.[XX] [...]. Pobre Verger, ele ainda se depara com a dificuldade de publicar suas fotografias. Talvez você esteja em condições de ajudá-lo.[77]

Em 20 de dezembro de 1951, Métraux atualizou as notícias:

Acabo de voltar do Brasil. Como vocês podem imaginar, foi uma viagem agradável e frutífera. René Ribeiro, que agora trabalha para nós, foi especialmente útil, e, graças a ele, passei três semanas interessantes no campo religioso, e por campo religioso quero dizer, claro, os xangôs... testemunhei algumas cerimônias interessantes e, no meu aniversário, fiz um grande sacrifício a Exu, que está dando frutos.[78]

Em 11 de fevereiro de 1952, Herskovits respondeu:

Estou feliz que você tenha tido uma viagem tão boa ao Brasil. Ribeiro é realmente alto nível, e espero coisas ótimas dele à medida que seu trabalho se desenvolva. Estou feliz que você tenha tido a oportunidade de ver algumas das cerimônias de culto, e estou certo de que Exu cuidará bem de você. Ele tende a retribuir àqueles que cuidam dele![79]

Embora Thales fosse o administrador e o coordenador local,[XXI] ele logo seria também um dos principais pesquisadores quando embarcou em seu projeto sobre as elites de cor em Salvador.[80] Em junho de 1950, Wagley chegou à Bahia com três doutorandos da Columbia University que trabalhariam em cooperação com estudantes brasileiros de Ciências Sociais:[81] William Harry Hutchinson, na região de S. Francisco do Conde (com a ajuda da estudante Carmelita Ayres Junqueira, com quem Hutchinson logo iria se casar), Marvin

77 Métraux para MJH, 29 de janeiro de 1951. *MJH Papers*, NU, Box 58, Folder 32.

78 Métraux para MJH, 20 de dezembro de 1951. *MJH Papers*, NU, Box 58, Folder 32.

79 MJH para Métraux, 11 de fevereiro de 1952. *MJH Papers*, NU, Box 61, Folder 26.

80 Azevedo [1953], 1996.

81 Wagley & Wagley, 1970, p. 30.

Harris, na antiga região mineira ao redor do Rio de Contas (com a ajuda das estudantes Josildeth Gomes e Maria Guerra), e Benjamin Zimmerman, no árido sertão (com a ajuda da professora assistente Gizella Valladares).[XXII]

Os participantes dessa rede eram brilhantes, cosmopolitas, poliglotas, viajados, comprometidos, politicamente liberais, apaixonados pelo Brasil e aficionados pelo candomblé. Com exceção de Frazier, e talvez Thales – que naquela época era quase certamente considerado branco, embora pelo padrão de hoje pudesse ser visto como "moreno" –, todos eles eram brancos. A propósito, Frazier e Thales são os únicos que nunca faziam comentários sobre o poder mágico do candomblé em sua correspondência. Thales era tradicionalmente católico e estreitamente relacionado à Ação Católica;[82] Frazier era ateu e interessado no candomblé como um fenômeno, mas não como uma forma de proteção possível. É evidente que uma parte desses pesquisadores tinha mais recursos, especialmente aqueles sediados nos EUA e em Paris.

Os programas de intercâmbio de graduandos, pós-graduandos e docentes de Columbia

Após uma primeira etapa inaugurada por Pierson e Landes e fortalecida com as visitas de Frazier, Turner e Herskovits (1935-1942), apoiada com bolsas individuais de Rockefeller, SSRC, Rosenwald e Guggenheim, e uma segunda etapa consolidada pelo Projeto Columbia/estado da Bahia/Unesco (1949-1953), chegamos à terceira e mais institucionalizada fase de estudos apoiados por instituições estrangeiras no desenvolvimento das Ciências Sociais no Brasil. O sucesso do Projeto Columbia/estado da Bahia/Unesco nos anos 1950 facilitou a continuação da parceria entre a Columbia University e a Universidade da Bahia, que ocorreu, sobretudo, através de três tipos de programas relativamente grandes na década sucessiva: um para estudantes de graduação, apoiado pela Carnegie Corporation,[83] outro para alunos de pós-graduação, apoiado pela Ford Foundation, e um terceiro tipo para o intercâmbio de docentes visitantes, apoiado por SSRC e Rockefeller. Ou seja, havia um crescente compromisso com o trabalho de campo na América Latina – e especialmente no Brasil – por parte do Departamento de

[82] Sangiovanni, 2018; Guimarães, 2021.

[83] Azevedo, 1984, p. 74.

Antropologia da Columbia University, muitas vezes em associação com um número selecionado de outras universidades americanas.

Ao longo desse período, a linguagem dos "estudos de área" estava presente nos documentos, especialmente nos da Carnegie em Nova York.[XXIII] A corporação, assim como a Columbia University, apoiou o projeto como parte do desenvolvimento de novos estudos de área: familiarizar os alunos de graduação com outras culturas (na América Latina) sob a liderança de antropólogos – assim como outros programas desse tipo em outras regiões do mundo apoiados nesse período pela corporação, por exemplo, em Princeton. Com esses programas de intercâmbio, ocorre a transformação da Bahia em uma verdadeira "estação etnográfica" para estudantes de Ciências Sociais dos EUA. Esse projeto envolveu um número maior de estudantes de pós-graduação ou de graduação em vias de conclusão e conseguiu o suporte que necessitava porque essas fundações decidiram apoiar os esforços para que os jovens americanos conhecessem o mundo. Essa visão englobava algumas "estações etnográficas" em Chiapas (Harvard), Guatemala (Cornell), Equador (Columbia), Peru e Brasil (Columbia, sob liderança de Wagley).

Naturalmente, isso fez parte de uma tendência mais geral. No final dos anos 1950 e início dos anos 1960, houve um grande grau de desenvolvimento institucional do lado americano no que diz respeito ao desenvolvimento dos Estudos Latino-Americanos nas universidades norte-americanas. Em 1958, houve um grande plano para desenvolver uma biblioteca geral da América, e, a partir de 1958, a Ford Foundation investiu na América Latina, migrando para a região parte dos fundos que tinham ido para a África até então. Em 1960, por meio do Institute of International Education (IIE), a Ford Foundation lançou um prêmio mundial de viagens ao exterior. O IIE era uma organização independente financiada (entre outras) pela Ford, criada quase ao mesmo tempo que a Aliança para o Progresso e o Peace Corps, ambos criados em 1961 pelo governo Kennedy como parte de um esforço geral para melhorar e fortalecer o intercâmbio com a América Latina.

Em 10 de junho de 1955, Charles Wagley entregou à Ford Foundation um projeto intitulado "Research and Training Program for the Study of Man in the Tropics".[*/84] O escopo do programa eram os trópicos, do Nordeste do Brasil ao Caribe e à América Central. Vera Rubin viria para dirigi-lo. Seis bolsas por ano foram concedidas a estudantes de pós-graduação. Esperava-se

* "Programa de Pesquisa e Treinamento para o Estudo do Homem nos Trópicos". (N. da T.)

84 "Department of Anthropology Files", RBML, Columbia, Box 1955.

que o programa também estimulasse os estudantes da região a estudar nos EUA e o intercâmbio entre docentes. Esse programa aconteceria entre 1955 e 1958. Em 1959, Sidney Mintz e outros colegas escreveram um longo relatório para a Ford Foundation sobre as possibilidades do programa na América Latina. O relatório acompanhava uma avaliação da situação no Brasil por Bill Hutchinson, na época visitando a Escola Livre de Sociologia. Logo em seguida, Mintz escreveu uma série de relatórios bastante detalhados para a Ford Foundation. Seu plano estava tornando a Ford sensível em relação à América Latina, visto que, naquele período, a região possuía o dobro da população dos EUA e do Canadá, fazia parte de um mundo subdesenvolvido, porém seu antiamericanismo era menos extremo, se comparado ao mesmo sentimento no Egito e na Indonésia; os EUA precisavam conhecer melhor a América Latina. Por último, mas não menos importante, a região era diferente da Índia e da Indonésia, onde a independência significara principalmente o retorno a uma ordem antiga.[85]

Em 30 de agosto de 1959, Columbia enviou para a Carnegie o projeto para o "Columbia Cornell Harvard Illinois Summer Field Training Program", projetado para introduzir estudantes de graduação a uma cultura estrangeira sob a orientação de antropólogos profissionais. Cada equipe seria composta de seis estudantes e um antropólogo coordenador.[86] O programa devia ser integrado à estrutura acadêmica de cada uma das universidades participantes e oferecer créditos – também de maneira a ser distinguido dos programas de verão menos seletivos.[XXIV]

Em dezembro de 1959, o Conselho de Administração da Carnegie votou a favor do apoio à experiência de graduação no exterior – à luz do fato de que, naqueles anos, pouquíssimos jovens americanos tinham passaportes[!].[XXV] Em 1960, o Conselho estava preocupado com o fato de que já existiam muitos programas de verão no exterior nas universidades americanas, mas tais programas tinham baixa reputação acadêmica. Havia necessidade de programas mais qualificados que pudessem emitir bons créditos aos seus participantes. A Carnegie insistiu em considerar os estudantes de graduação como parte de um esforço geral para internacionalizar as universidades americanas e, de modo mais geral, as novas gerações. Essa foi uma parte importante da missão da Carnegie Corporation para, por assim dizer, "desprovincializar" os Estados

85 "Ford Foundation Project File", RAC, C. 336, 1959.

86 CCNY Records, RBML, Columbia, Series III.A "Grants", Box 509.

Unidos e estimular o engajamento internacional, em um movimento para aumentar ainda mais a internacionalização das Ciências Sociais nos EUA.[87]

Para esse projeto, liderado novamente pela Columbia University, foram selecionados 18 estudantes por ano, seis para cada uma das três "estações etnográficas". Marvin Harris foi nomeado secretário do programa, sob a supervisão de Charles Wagley.[88] A Carnegie destinou um subsídio de um ano em 1959, e em 1960, à luz do sucesso da sessão de verão de 1960, o programa solicitou uma prorrogação de três anos, de 1961 a 1963.[XXVI] O projeto impressionou tanto a diretoria da corporação, que uma subvenção de US$ 160 mil foi aprovada sem discussão em sua reunião de 15 de novembro de 1960.[89]

Em 17 e 18 de fevereiro de 1961, com o apoio da Carnegie, realizou-se a Conferência do Oberlin College sobre Estudos de Verão no Exterior. Marvin Harris estava presente com representantes de cerca de 20 outros programas. A prioridade é "vivenciar o país estrangeiro e poder discutir inteligentemente a sociedade americana quando estiver no exterior". No relatório da reunião, não há uma única menção a qualquer conexão com universidades estrangeiras.[90] Esse treinamento de verão é baseado nas mesmas estações etnográficas da América Latina, mas dessa vez os graduados passavam apenas três meses no campo, sendo alojados na mesma comunidade (pobre e rural) que teriam estudado. Harris liderou o programa, naturalmente com o apoio de Wagley. O objetivo era induzir a curiosidade e a compreensão das condições de vida das comunidades rurais da América Latina. Não era exclusivo para estudantes de antropologia, mas os coordenadores de campo eram antropólogos, e o treinamento prévio era basicamente em antropologia, além do estudo de línguas.

O primeiro relatório sobre a visita às estações etnográficas de Joe Casagrande é revelador:

> O programa foi uma espécie de "missão de boa vontade" em pequena escala. Havia um óbvio calor recíproco nas amizades que muitos dos estudantes estabeleceram com pessoas de suas comunidades. Do ponto de vista dos locais, eles também tiveram uma experiência transcultural significativa. Através dos estudantes, além da oportunidade de conhecer norte-americanos interessantes e simpáticos, eles

87 Rosenfield, 2014.

88 Marvin Harris para William Marvel, 25 de setembro de 1959. CCNY Records, RBML, Columbia, Series III "Grants", Box 509.

89 "Columbia-Cornell-Harvard Field Studies Program Report and Proposal", 19 de outubro de 1960. CCNY Records, RBML, Columbia, Serie III.A "Grants", Box 509.

90 "Columbia-Cornell-Harvard Field Studies Program Report and Proposal", 3 de dezembro de 1965. CCNY Records, RBML, Columbia, Series III.A "Grants", Box 509.

> pelo menos vislumbraram outro modo de vida, outras alternativas, e adquiriram novos conhecimentos. Em Huaylas, tenho certeza de que os incidentes do "Ano do Gringo" se tornarão lendários. Nem tudo foi doçura e luz, mas, certamente, muito mais boa vontade do que má foi gerada.[91]

Entre os 58 estudantes de graduação que em 1961-1962 seguiram o programa, vários se tornaram antropólogos famosos. Por exemplo, em 1961, dois dos alunos do intercâmbio de graduação eram Renato Rosaldo e Richard Price, e, em 1962, David Epstein e Conrad Kottak. O programa dizia respeito a um grupo de universidades, e, como parte do acordo interuniversitário, Harvard fez uso de sua "estação etnográfica" em San Cristóbal de las Casas, em Chiapas, México, Cornell enviou seu grupo para Vicos Hacienda, no Peru, e Columbia enviou seus alunos para a Bahia, onde o programa cooperativo de Ciências Sociais acabou sendo estendido.[92] Em 1962, sob a liderança de Marvin Harris e as "sugestões e orientações" de Thales de Azevedo,[93] um grupo de seis estudantes norte-americanos veio estudar a parte norte da região costeira da Bahia.[XXVII] Em 1966, o mesmo programa enviou um novo grupo de estudantes, provavelmente graduandos em vias de conclusão, para a Bahia durante três meses, de junho a agosto, sob a liderança de Daniel Gross. Seu objetivo era a pesquisa preliminar sobre movimentos religiosos no santuário de Bom Jesus da Lapa, a 800 km da capital, Salvador. Os treinamentos de verão continuariam depois de 1964 – apesar do golpe militar no Brasil – pelo menos até 1969.

Entre 1964 e 1967, outro programa da Columbia University (incluindo diversas universidades da Costa Leste como Fordham, New York University, Princeton, Rutgers, Cuny e a University of the State of New York, Stony Brook), dessa vez para o treinamento de estudantes de pós-graduação em várias disciplinas, focou mais uma vez a Bahia, o "Metropolitan Graduate Summer Field Training Program", com uma subvenção financeira da Ford Foundation. O programa recebeu uma bolsa de US$ 125 mil dólares, utilizada para o treinamento de um total de 64 estudantes de pós-graduação. Entre eles, vemos vários dos brasilianistas mais qualificados da atualidade, como Maxine Margolis, Kenneth Maxwell e Diana Brown. A partir de então, o programa decidiu se concentrar na Bahia e abandonar Cali. Harris se tornou

[91] "Progress report", 8 de maio de 1967, p. 17. CCNY Records, RBML, Columbia, Series III.A "Grants", Box 509.

[92] Wagley & Wagley, 1970, p. 33.

[93] *Idem*, p. 34.

o diretor.[94] Mais uma vez, Thales serviu como conselheiro e coordenador da pesquisa de campo, orientando os estudantes durante sua estada no Brasil. Os estudantes foram Anne Morton, Daniel Gross, Maxine Margolis (que fez um estudo de acompanhamento na região produtora de açúcar onde Hutchinson havia feito seu trabalho de campo), Leonore Veit, Nan Pendrell e Barbara Trosko. Como relatam os Wagley, "o Programa não se limitou ao Brasil, mas funcionou para enviar doutorandos a várias partes da América Latina a fim de iniciar suas pesquisas para sua tese de doutorado".[95] O relatório do casal Wagley continuou enfatizando a importância desse programa de longa duração, também para a Bahia. Thales de Azevedo também a enfatizou,[96] fornecendo uma bibliografia de artigos e livros produzidos na Bahia e em outros lugares do Brasil resultantes dessa pesquisa, bem como afirmando que quase dez alunos da Bahia e do Rio haviam tido a oportunidade de realizar um treinamento avançado, posteriormente concluído no Rio, em São Paulo, nos EUA e na França. No entanto, isso foi ainda mais verdadeiro para os participantes norte-americanos, muitos dos quais se tornaram importantes profissionais e especialistas do Brasil ou da América Latina: Marvin Harris, como o primeiro de todos, William Hutchinson, Rollie Poppino, Conrad Kottak, Daniel Gross, Maxine Margolis, David Epstein, Nan Pendrell, Renato Rosaldo, Janice Perlman e Richard Price.[XXVIII]

Em suma, houve uma clara continuidade entre o "Columbia Cornell Harvard Illinois Summer Field Training Program" (Carnegie, para alunos de graduação) e o "Metropolitan Graduate Summer Field Training Program" (Ford, para pós-graduandos de primeiro e segundo anos). Em 1968, porém, a Ford recusou o pedido de apoio para a renovação do programa, não por mérito, mas por ter mudado suas prioridades de financiamento em relação à América Latina. A maioria desses fundos para estudos de campo parece secar a partir do final de 1966 de qualquer forma. Uma indicação dessa mudança é que, nos anos 1965-1968, não há mais menção a tal programa de estudos no exterior em nenhuma das reuniões do Conselho de Administração das fundações Ford e Carnegie. Entretanto, se a Carnegie reduziu seu financiamento para a América Latina, a muito maior Ford se perfila cada vez mais como doadora para a região.[XXIX]

94 The Trustee of Columbia University, 19 de novembro de 1965, pp. 64-147, RBML, Columbia, Reel 0385.

95 Wagley & Wagley, 1970, p. 35

96 Azevedo, 1968.

A criação desse conjunto de programas de intercâmbio produziu documentos importantes e, de certa forma, um campo de estudos próprio. Ele começa com um longo relatório para a Ford Foundation de Wagley e Harris e é seguido por dois guias de trabalho de campo de Hutchinson e Levine, que vale a pena examinar.[97] Navegando no Guia de Pesquisa de Campo no Brasil de Levine, percebe-se que tanto os funcionários da Fundação quanto os pesquisadores no campo precisam de relatórios condensados e guias de campo.

Parece que, quanto maior o número de estudantes – e quanto mais o programa era condensado em períodos mais curtos, como três a seis meses –, menos precauções eram tomadas com o fim de estabelecer contatos com acadêmicos ou universidades locais. Não era a capacitação das Ciências Sociais na América Latina que importava, mas a da antropologia nos EUA. A América Latina servia como "estação etnográfica" para o trabalho de campo, enquanto a reflexão antropológica e os arquivos pertenciam aos EUA. Se o Brasil e especialmente a Bahia foram importantes para a realização da antropologia contemporânea, especialmente da antropologia afro-americana, naquele momento eles se tornavam plano piloto de uma internacionalização mais ampla dos EUA, servindo como "estação etnográfica".

Em paralelo ao envio de estudantes de Ciências Sociais de universidades norte-americanas para a América Latina, abrir-se-ia outra frente para o intercâmbio de docentes. A Columbia University se candidatou para financiamentos das fundações Rockefeller, Ford e Social Science Research Council almejando a criação de um Instituto de Estudos Latino-Americanos em 1962-1963, sob a liderança de Frank Tannenbaum e Richard Morse, e, a partir de 1963, de Charles Wagley. A SSRC tinha recebido, em 1962, US$ 1 milhão da Ford para o desenvolvimento de Estudos Latino-americanos e, especialmente, para a criação de um "Faculty Interchange Program US-LA" em seis universidades americanas: Columbia, Texas (Austin), UC Berkeley, UC Los Angeles, Harvard e Minnesota. O Comitê de Gestão do programa "Faculty Interchange Program US-LA", realizado de 3 a 5 de outubro de 1963, estabeleceu um "Interdisciplinary Summer Course in Latin American Studies" e um "Experimental Summer Training in Latin American Area Studies". O "Faculty Interchange Program US-LA" seria a próxima fronteira na institucionalização dos Estudos Latino-americanos nos EUA, bem como na formação de latino-americanistas.

[97] Wagley & Harris, 1959; Hutchinson, 1960; Levine (ed.), 1966.

Uma doação tão grande como essa foi seguida por um conjunto de reuniões entre os diretores dos centros de idiomas e de estudos de área da América Latina.[XXX] Em uma carta de 21 de agosto de 1962, de Schuyler Wallace a Wagley, a questão central foi levantada: os convites aos pesquisadores da América Latina deveriam ser individuais ou o comitê deveria planejar colaborar continuamente com instituições locais, tais como o Instituto Interamericano de Educação Política localizado em San José, Costa Rica? Aparentemente, a maioria dos convites acabaria sendo em formato individual. Em um relatório de 27 de maio de 1963, Wagley afirmou que "o programa nos permitirá manter contato contínuo com as tendências intelectuais e as contracorrentes da América Latina, tendo latino-americanos conosco e nossos professores visitando frequentemente suas universidades".[98]

Para o período de 1961 a 1966, a Columbia University recebeu também da Rockefeller Foundation uma bolsa de cinco anos para o "Visiting Scholar Program" voltado à área de Estudos Latino-americanos.* Em grande parte, o motivo para esse pedido de financiamento foi a necessidade de desenvolver Estudos Latino-americanos, como os já consolidados Estudos Africanos e do Oriente Médio, e de colocar em contato as melhores mentes norte--americanas e latino-americanas através do Seminário Latino-Americano.[99] Além disso, em 1965-1966, a Columbia recebeu um grande financiamento da SSRC para a criação de um outro "Faculty Interchange Program". Florestan Fernandes, do Brasil, e Gino Germani, da Argentina, viriam a ser os primeiros bolsistas convidados. Eles seriam anfitriões do seminário organizado por Harris e Magnus Morner.[100]

Em linha com esse desenvolvimento, há evidências de que, após o golpe de 1964 no Brasil, em vez de enviar grupos relativamente grandes de estudantes para o Brasil, a prioridade mudou, certamente para a Columbia University, no sentido de receber acadêmicos brasileiros de primeira classe, especialmente aqueles cuja pesquisa fora dificultada pelo governo militar brasileiro.[XXXI] São convidados importantes brasileiros, como Anísio Teixeira, que já havia estudado em Columbia nos anos 1920. Seu relatório sobre sua última estada no que ele chama de sua *alma mater* é uma prova de como ele foi bem recebido e de como foi agradável esse período de sua vida. De fato, especialmente no

98 RF Records, RAC, SSRC, US-LA Faculty Interchange Program, Box 323.

* "Programa de Pesquisadores Visitantes". (N. da T.)

99 RF Records, RAC, Projects, SG.1, Latin American Studies, Box 494.

100 RF Records, RAC, SSRC, Faculty Interchange Program, Box 327.

período da ditadura, alguns meses de estada em Nova York e em Columbia poderiam significar um aprazível descanso da tensão doméstica.

Esta é uma pequena lista de acadêmicos brasileiros convidados, a maioria por um semestre, para Columbia ou Harvard: Levi Cruz em 1962; Eduardo Galvão, Gláucio Soares, Carolina Bori, Anísio Teixeira em 1964; Hélio Jaguaribe (para ensinar no Departamento de Governo de Harvard); Florestan Fernandes, Gilberto Freyre, Celso Furtado, Mário Simonsen, Anísio Teixeira e Hélio Jaguaribe em 1965; Octavio Ianni, Cândido Mendes e Afrânio Coutinho em 1966 e, em 1967, José Antônio Gonçalves de Melo – no fim ele acabaria não podendo ir –, e, em troca, Ronald Schneider foi enviado para a UFMG. De fevereiro a junho de 1965, vários professores americanos visitaram a UnB com o apoio do programa apoiado pela Rockefeller. Em 1965, Thomas Skidmore foi enviado à América Latina, pela terceira vez, com o apoio do mesmo programa, e, em 1966, Samuel Huntington também foi enviado.

A partir da década de 1970, a etapa seguinte seria a promoção da Bahia como um lugar ideal para escolas de verão (de graduação) e trabalho de campo de pós-graduação para estudantes em universidades americanas – o que permitiu que muitos de nós na UFBA, especialmente aqueles que também podem ensinar em inglês, pudessem ganhar algum sempre bem-vindo dólar ianque.[XXXII] O envolvimento com os intelectuais locais ou com grupos de estudantes era feito de forma fragmentada, se não totalmente evitada. O trabalho de campo, se feito de fato, visava se comunicar diretamente com o "povo". O argumento frequentemente utilizado é de que o "povo" é negro e os pesquisadores locais são, em sua maioria, brancos, o que, infelizmente, é verdade geralmente. A maioria dessas escolas de verão envolve os departamentos ou programas americanos de estudos negros e/ou africanos. O ponto positivo é que hoje muito mais estudantes negros dos EUA podem visitar a Bahia do que no passado. A questão que isso traz é dupla. Primeiramente, como está representada a Bahia (negra) e sua "magia" nesses curtos cursos de verão e, posteriormente, até que ponto tal aumento nos fluxos de intercâmbio contribui, como poderia, para melhorar as condições de produção de conhecimento na Bahia – onde também há um aumento constante do número de estudantes negros, especialmente a partir de meados de 2000, por causa das várias formas de ação afirmativa de parte do Estado brasileiro.

O retorno de Frances

Alguns anos após a morte de Melville Herskovits, em 1967, sua esposa e companheira de viagem, Frances Shapiro Herskovits (1897-1972), voltou à Bahia com a intenção de realizar um trabalho de campo adicional para, enfim, finalizar o manuscrito do livro sobre suas pesquisas no Brasil. Ela vinha alimentando essa ideia havia bastante tempo.[XXXIII] Depois de ter completado a organização do volume *The new world negro*[101] sobre a obra de Herskovits, ela tinha planos concretos de voltar ao material do Brasil, que estava, como escreveu, "nas mãos dos deuses".[102] Apesar do extenso trabalho de campo que ela realizou durante sete semanas, nas quais demonstrou mais uma vez que era também uma antropóloga de primeira linha, e das extensas entrevistas de algumas pessoas do mesmo grupo de informantes de suas pesquisas nos anos 1940, essa segunda tentativa de publicar um livro sobre as pesquisas do casal no Brasil também fracassou. Evidências desse esforço podem ser encontradas nos arquivos do Schomburg Center, nos quais são guardadas as anotações de campo em um caderno com 135 páginas. Também foi documentado pela imprensa brasileira, que relatou as atividades de Frances e a assistência que ela recebeu de vários colegas do Centro de Estudos Afro-Orientais (Ceao) da Universidade Federal da Bahia – que de fato a ajudaram como assistentes de campo, bem como informantes-chave.[XXXIV]

Frances chegou a Salvador em um voo da companhia Cruzeiro, em 25 de janeiro de 1967,[103] e permaneceu até 6 de março.[104] Ela estava então lecionando na Northwestern e, como foi dito, seu plano era eventualmente publicar as notas de campo de Melville e dela em formato de livro.[XXXV] Como Frances e seu marido tinham feito em 1941, ela informou ao Consulado dos EUA que usaria esse endereço para receber correspondência. Frances reservou o Plaza Hotel:

> Este é um retorno à Bahia após um intervalo de vinte e cinco anos para fazer uma verificação comparativa das notas de campo coletadas pelo meu falecido marido e por mim mesma em 1941-42. Estou muito ansiosa para encontrar velhos e fazer novos amigos e apenas lamento que não possa ficar mais tempo.[105]

[101] F. Herskovits, 1966.

[102] FSH para R. Ribeiro, 8 de novembro de 1965. *MJH & FSH Papers*, SC, Box 55, Folder 585.

[103] FSH para Waldir Oliveira, sem data. *MJH & FSH Papers*, SC, Box 55, Folder 585.

[104] Despesas de Frances, *MJH & FSH Papers*, SC, Box 55, Folder 585.

[105] FSH para Consulado dos EUA, sem data. *MJH & FSH Papers*, SC, Box 55, Folder 585.

Ela recebeu apoio da Northwestern, mas, como Gwendolen Carter, diretora do Programa de Estudos Africanos, a informou, infelizmente, Vernon McKay, do Departamento de Estado, apesar de seus esforços,[106] dessa vez não poderia oferecer subsídio, deixando-o para, possivelmente, outra oportunidade. Frances ficou muito grata pelo suporte – US$ 2.500 [XXXVI] – que conseguiu do Programa de Estudos Africanos da Northwestern. Foi certamente um reconhecimento por sua contribuição central na obra de Melville.[107]

Antes da partida, ela começou a se corresponder com Waldir Oliveira, diretor do Ceao:[XXXVII]

> Há algum tempo venho percorrendo as notas inéditas do Brasil [Em inglês, ela escreve Brasil com s] de meu marido, e descubro que alguns materiais comparativos sobre o que aconteceu no intervalo de vinte e cinco anos são essenciais para a análise e a documentação dos pontos teóricos que desejamos ver elaborados. Estou muito ansiosa para discutir isso com vocês. Nossa estada no Congo e em Angola [em 1952-1953] também levantou questões que se referem a materiais baianos. Há sempre, além disso, as saudades evocadas pelas lembranças da Bahia, e estou ansiosa para visitar os lugares e, espero, algumas pessoas, pelo menos os homens e mulheres que nos deram sua amizade e confiança. Será um grande prazer visitar seu Centro. Meu marido ficou profundamente emocionado e orgulhoso de sua nomeação como Professor Honorário de sua Universidade. Minha filha e eu estamos planejando fazer com que sua biblioteca tenha uma coleção tão completa quanto possível para reunir suas publicações.[108]

Durante sete semanas, Frances faria um intenso trabalho de campo e visitaria as casas de candomblé e muitos dos informantes que conhecera em 1941-1942. O estilo de suas notas faz lembrar os registros coletados 25 anos antes: relatórios de linhas genealógicas de casas específicas; a morte e a sucessão de mãe Aninha e de mãe Senhora; muitas descrições detalhadas de cerimônias e de (certos) rituais com suas "obrigações"; transcrições do que poderia ser chamado de "fuxico", parte integrante das fofocas sobre o candomblé e um pouco de observação analítica.[XXXVIII] De fato, Frances visitou a maioria dos terreiros na companhia de Vivaldo da Costa Lima, Julio Braga e, às vezes, Waldir Oliveira. Era um frenesi de festas, visitas e eventos. Quase todos os

[106] McKay para Departamento de Estado, 1º de novembro de 1966. *MJH & FSH Papers*, SC, Box 55, Folder 585.

[107] FSH para G. Carter, 16 de janeiro de 1967. *MJH & FSH Papers*, SC, Box 55, Folder 585.

[108] FSH para Waldir, 8 de janeiro de 1966. *MJH & FSH Papers*, SC, Box 55, Folder 585.

dias havia uma atividade, muitas vezes duas ou mesmo três em um único dia e até altas horas da noite ou da madrugada. Frances também visitou a família Valladares, o professor Thales de Azevedo na UFBA e o professor Waldir Oliveira no Ceao,[XXXIX] além de comparecer a lançamentos de livros de Jorge Amado.

A etnóloga Frances Hersckovtts quando de sua visita ao Centro de Estudos Afro Orientais, vendo-se, ainda os Professôres Vivaldo Costa Lima, Tales de Azevedo e Valdir Freitas Oliveira.

Bahia bem informada sôbre problema africano

"Minha vinda a Salvador é principalmente para restabelecer os contactos feitos pelo meu marido, o etnólogo Melville Herskovtts, Professor Honorário da Faculdade de Filosofia da Universidade Federal da Bahia da cadeira de Antropologia — declarou à reportagem a Sra. Frances Herscкovtts, que se encontra presentemente em Salvador.

O Professor Melville Herskovtts, já falecido, era etnólogo bastante interessado nos cultos religiosos afro-brasileiros, tendo inclusive alguns trabalhos publicados juntamente com sua espôsa.

— "Folheando anotações de meu marido a respeito do Brasil, mais especicamente sôbre a Bahia — continuou a Senhora Frances — descobri notas, ainda inéditas, e bastante interessantes. Por êste motivo vim a Salvador para realizar um estudo mais detalhado das anotações e discutir com as autoridades sôbre assuntos africanos em Salvador o valor teórico do seu conteúdo. Uma vez em Salvador, entrei em contacto com os Professôres Valdir Freitas de Oliveira, Vivaldo Costa Lima e Tales de Azevedo e devo confessar que fiquei gratamente surpresa ao constatar o alto grau de informação a respeito da matéria, que o Centro de Estudos Afro-Orientais da U.F.Ba. possui. Também devo dizer que muito me impressionou o profundo conhecimento demonstrado pelos professôres com quem tive oportunidade de manter palestra.

O Centro de Estudos Afro-Orientais da Universidade Federal da Bahia pode ser apresentado como um dos mais bem informados do mundo.

Finalizando, a etnóloga Frances Tersckovtts declarou que, após um estágio de dois meses em Salvador, quando estudará mais profundamente a matéria das anotações, a completará e publicará em livro.

RDE"

Senhor do Bomfim já tem campo de aviação

O Diretor do Departamento de Obras e Edificações Públicas, Sr. Carlos Guimarães, anunciou, ontem, que já está pronto o campo de pouso de Senhor do Bonfim, faltando apenas a conclusão das obras de pavimentação asfáltica.

O campo foi preparado, em tempo recorde, pelo Serviço de Engenharia do Exército e nêle deverá desembarcar, vindo de Petrolina, no dia 4 de março, o Presidente Castelo Branco.

Da esquerda para direita: Vivaldo da Costa Lima, Thales de Azevedo, Frances Herskovits e Waldir Freitas de Oliveira no Centro de Estudos Afro-Orientais da Universidade Federal da Bahia. Fonte: *A Tarde*, Salvador, Bahia, 28 jan. 1967.

Ela também se inteirou de uma série de fofocas importantes que unem e dividem as diversas casas de candomblé, especialmente as ortodoxas. Para os de "dentro", ter conhecimento desses casos de "fuxico", que revelam códigos morais e o constante processo de fissão e fusão entre os terreiros, é parte integrante da vida social na comunidade do candomblé.[109] Frances também se deu conta do forte sexismo que existia no campo dos Estudos Afro-brasileiros desde sua criação e que havia feito com que as mulheres passassem por dificuldades ao se aventurarem como pesquisadoras da religião afro-brasileira. O caso de amor entre Mestre Didi e a jovem psicóloga social argentina Juana Elbein foi um grande caso de "fuxico". Ele era casado com uma mulher próxima à comunidade do terreiro, com a qual tinha dois filhos, e era bem mais velho que a esposa. Ela era uma estrangeira, branca, estudante de psicologia, e, até aquele momento, sem relação com o candomblé. No entanto, "Juanita" eventualmente se estabeleceria como especialista, enfatizando a necessidade de estudar o candomblé "por dentro" e não por fora,[110] e ser reconhecida e aceita como tal no que é normalmente chamado de comunidade do candomblé. Essa ocorrência fez lembrar o tumulto bastante sexista gerado pelo relacionamento de Ruth Landes com Edison Carneiro quase três décadas antes.

Frances descreveu uma festa de Oxóssi na casa de São Gonçalo (Opô Afonjá), com a presença de Jorge Amado e do pintor Carybé, bem como a festa das Águas de Oxalá e a festa da segunda-feira de Apaoka e Roko (dois dos 22 orixás adorados naquele terreiro em particular).[XL] Ela também visitou, junto com Julio Braga e Vivaldo, um "acheche" (assim ela escreve) para Mãe Senhora (um ritual para a alma de uma pessoa morta), que morrera em 22 de fevereiro de 1967 – um evento muito importante no mundo do candomblé. A sacerdotisa encarregada fora Mãe Menininha:

> Saudações em iorubá por toda parte – mais iorubá falado do que tinha ouvido anteriormente. Explicável pelos cursos de iorubá na Universidade, iorubás estudando e visitando [a Bahia] e os baianos estudando e visitando a África – também influência de Pierre Verger (?).[111]

A seguir, Frances registrou que duas das suas filhas de santo tinham maridos (amasiados) de pele clara ou "totalmente brancos". Aqui está um exemplo de uma descrição do rito:

[109] Braga, 1998.

[110] Elbein, 1986.

[111] "Brazil Diary", p. 35. *MJH & FSH Papers*, SC, Box 55, Folder 588.

> Primeiro entra o "pade", executado por uma velha filha de santo do Gantois e de São Gonçalo. Depois, duas a duas, uma filha de cada lado dançava antes da vela acesa e do jarro de água no chão. Antes de cada troca de dançarino, elas se prostraram de frente para a porta de entrada e para o altar improvisado dos mortos, depois foram prostrar-se diante de Menininha e Ogum Joba. Cada uma recebeu uma nota ou moedas de ambos, e esta foi uma oferenda para a "assistência". Uma pilha de notas de um pé ou mais alto, as pessoas se aproximando, enquanto os dois dançavam (sexta-feira, 29 de fevereiro de 1967).[112]

Aqui está, novamente, uma tentativa de descrever o mundo do candomblé por dentro através de seus próprios mitos, lógicas e regras. Em suas observações dessa segunda viagem à Bahia, Frances também estabeleceu constantemente conexões entre seu trabalho no Daomé ou no Haiti. Quando sua nota não se relacionava a um mito específico (como "Olga é definitiva sobre Oxum ser a filha de Iemanjá"), a detalhes de um ritual ou à genealogia de santos/orixás ou "famílias de santo", a maioria de suas perguntas no campo era do tipo: "Que espécie de santo é Onilê? Qual é seu orixá correspondente no Daomé? Qual corresponde a Met Bisabion no Haiti?".[113]

Frances ficou impressionada ao reencontrar-se com Mãe Menininha: "Ela sabia tudo sobre o Professor (Mel), Ramos tinha falado sobre ele, e ela tinha visto os volumes de *Dahomey*. Talvez o *Haitian Valley* também. Ela fala sobre 'livros com fotos'. Ela se lembrou de mim desde o momento em que me viu".[114] Frances, é claro, se sentiu muito contente quando as pessoas, como as presentes à casa do Bogum, lembraram-se dela e de Melville, da gravação, dos livros e de sua jovem filha Jean, na sua primeira visita.[XLI] Entretanto, na mesma casa, como Vivaldo a informou, o terreno havia sido cortado pela metade por uma nova avenida, e, durante a visita, ela encontrou a equipe de uma TV alemã se preparando para filmar e ouviu comentários de que Jorge Amado e Carybé também visitavam a casa porque gostavam de suas festas.[115] Assim, por um lado, ela se lembrava do passado, enquanto, por outro, percebia mudanças dramáticas no terreiro.

Durante aqueles 25 anos, importantes informantes – os mais proeminentes da comunidade do candomblé – haviam morrido: Joãozinho, Vidal, Tia Maci, Manoel de Ogum, Procópio, Bernardino, Emiliana, e, durante seu trabalho de campo, Senhora.

[112] *Idem*, p. 38.

[113] *Idem, ibidem.*

[114] *Idem*, p. 56.

[115] *Idem*, p. 120.

> Com a morte de Senhora, Vivaldo considera Olga como a nova estrela do mundo do candomblé [...]. Vivaldo e seu irmão Sinval são próximos a ela, e Julio pertence a casa, certamente influência de Vivaldo [...]. Engenho Velho (Casa Branca) é uma casa descartada como não ocupante dos holofotes públicos – nenhuma iniciação lá é propagandeada. Com sua atitude contra o envolvimento de qualquer "trabalho" para forasteiros ou adivinhação, dificilmente atrairia forasteiros importantes. Eu ainda estou muito impressionada com sua [de Vivaldo] probidade e conhecimento de como Mel e eu estávamos em 1942.[116]

Ou seja, Frances se dava bem com Vivaldo e Julio, mas tinha suas próprias opiniões. Na verdade, as últimas oito páginas de suas anotações de campo são perguntas que ela queria verificar novamente com sua melhor informante e amiga, Zezé, que se mudara para o Rio, onde ela esperava encontrá-la em seu caminho de volta aos Estados Unidos.

No dia em que partiu, por volta de 15 de março, graças a um atraso em seu avião, Frances ainda pôde desfrutar de um "Omala" [assim ela escreve, na verdade é "Amalá"] de Xangô. Ela saiu de Salvador com a sensação de que todos os compromissos haviam sido cumpridos, e, além disso, Vivaldo a informara a respeito do resultado da sessão de adivinhação que ela experienciara: "A dependência dos jogos (adivinhação), e da fé no que é revelado, é impressionante. Aqui é onde está o núcleo de todo o complexo de continuidades [a respeito das tradições africanas]".[117]

A Bahia mudara muito desde 1942: a população da cidade dobrara, a indústria do petróleo e os dois enormes polos industriais de Aratu e Camaçari significavam, finalmente, uma mobilidade social ascendente para uma parte substancial da população negra, a fundação e o crescimento da Universidade Federal da Bahia (UFBA) e o papel ativo de seu primeiro reitor, Edgar Santos, na atração de pesquisadores e intelectuais haviam feito de Salvador um local importante para a vanguarda. Na mídia, a aceitação do candomblé e das raízes africanas da cultura popular baiana tornara-se muito mais evidente e, por último, mas não menos importante, naquele momento, personalidades, pesquisadores e artistas, muitos deles estrangeiros, tinham se tornado visitantes regulares das maiores e mais renomadas casas de candomblé – a exemplo de Alfred Métraux, Roger Bastide, Odorico Tavares, Jorge Amado, Carybé e, especialmente, Pierre Verger.[XLII] De fato, Frances registrou em suas notas de campo uma série de mudanças em comparação a 1941-1942: mais iorubá era

[116] *Idem*, p. 6.

[117] *Idem*, p. 123. Grifo da autora.

falado nos rituais, mas menos iorubá era falado na vida diária. Ou seja, o conhecimento da língua iorubá se tornara menos habitual e mais suntuoso – e, em geral, tal conhecimento era mais superficial.

Uma segunda mudança dizia respeito ao lugar de observadores forasteiros, intercambistas estrangeiros e pesquisadores brasileiros, que se tornara mais visível; havia mais pessoas brancas nas festas do que antes. Algumas dessas pessoas brancas haviam se tornado influentes, atuando para que se falasse mais iorubá do que antes em certos terreiros ortodoxos.[XLIII] Um desses observadores era Verger, com seu etnocentrismo iorubá-nagô,[XLIV] ou, como afirmou literalmente Frances, "obsessão iorubá-nagô".[118] Também Juanita Elbein, que viera estudar o culto de Egungun para sua tese em doenças mentais, fora completamente aceita por Mãe Senhora, que lhe permitira gravar música e a introduzira a muitos dos segredos da casa. Ela se tornara influente, embora seu caso de amor com Didi dos Santos tenha sido um escândalo para a velha geração.[119] Nos últimos 25 anos, algumas casas tinham florescido e até mostravam "opulência",[120] tais como móveis caros e enormes aparelhos de TV. Outras, como Bogum, permaneciam pobres – "obviamente, nenhuma afluência aqui".[121]

Além disso, Frances observava que, exceto o Bogum, não havia mais casas da nação jeje em Salvador.[XLV] Uma terceira mudança, associada à segunda, relacionava-se ao lugar dos acadêmicos e centros acadêmicos, como o Ceao, que haviam passado a canalizar e reverberar a discussão e o estudo do candomblé.[XLVI] Uma quarta mudança referia-se ao grau de reconhecimento não apenas acadêmico, mas também político de certas casas de candomblé, especialmente aquelas mantidas como mais tradicionais e mais próximas das tradições africanas. Estes foram os terreiros que Frances visitou: Opô Afonjá, Casa Branca, Gantois, Alaketu, Bate Folha, Oxumarê, Bogum. Mais intelectuais e políticos visitavam os cultos, especialmente durante as festas.[XLVII]

Uma quinta mudança fora a chegada do "Deus do Turismo",[122] nas palavras de Frances: "com ônibus carregados de turistas eram levados principalmente para festas nas casas menos ortodoxas, mas também para o Engenho Velho, e mais e mais propostas para permitir a gravação e filmagem de ritos em troca de dinheiro".[123] Até Olga de Alaketu fora tentada, pois precisava

[118] *Idem*, p. 45.

[119] *Idem*, pp. 46-47.

[120] *Idem*, p. 76.

[121] *Idem*, p. 49.

[122] *Idem*, p. 63.

[123] *Idem*, p. 62.

muito de dinheiro, mas acabara recusando a oferta. Frances comentou que Julio Braga estava feliz por Olga ter recusado a oferta. Em muitos aspectos, Frances era nostálgica da atmosfera mais simples e pobre do culto de 25 anos antes. Em certos lugares, como na casa que Zezé construíra em sua grande roça em Amaralina, havia até opulência, com vidros de cristal e pratas caras.

> A atitude em relação ao candomblé mudou muito. Pertencer é a moda. Você fala abertamente sobre isso. Dê um nome ao seu Orixá. Gisella [Valladares] (judia americana) é de Oxum, Licia [Valladares] de Xangô, e a [filha] mais nova, de Ogum. Todas têm "contas lavadas". [...]. Portanto, todas vão para um jogo de búzio (adivinhação) e fornecem o que é exigido pela mãe de santo. Não parece que se acredite realmente, mas também não se desacredita.[124]

Frances comparava o candomblé atual tanto com a Bahia de 25 anos antes quanto com a África Ocidental o tempo todo, como na casa de Alaketu: "A própria Olga foi possuída. Uma posse tão afiada como a que vi em Daomé, e como é daomeana a sua dança".[125] Ela tocou os discos que produzira com Melville para a Library of Congress e mostrou alguns livros, como *Dahomean Narrative*.[126] Os primeiros se reconectavam com a atmosfera de 25 anos antes, enquanto os livros tornavam a ligação com a África mais eficaz e, por causa das ilustrações, mais poderosa visualmente.

Aparentemente, as coisas haviam mudado de modo radical também no Consulado dos EUA em Salvador. Na década de 1940, ele tivera de encontrar uma maneira de lidar com a chegada de pesquisadores negros como Frazier e Turner – o cônsul era conhecido por ser racista. Em 1967, o mesmo consulado emitia uma lista devidamente editada e atualizada em inglês de festas e festividades (afro)baianas para ser distribuída aos visitantes americanos na cidade. A "magia" de Salvador já havia se tornado um de seus pontos de venda distintivos para os visitantes e turistas americanos.

Ao retornar aos EUA, Frances escreveu para Vernon McKay, diretor do Programa de Estudos Africanos da Universidade John Hopkins:

> Estou de volta de uma interessante estada de seis semanas na Bahia, e estou encantada por ter aproveitado essa oportunidade, graças a seu encorajamento, para revisitar os terreiros onde fizemos a maior parte de nosso trabalho em 1941-1942. Os orixás

[124] *Idem*, p. 90.

[125] *Idem, ibidem*.

[126] Herskovits, 1958a.

> africanos merecem sua parte de crédito, pois me concederam privilégios que me trouxeram convites para os santuários – os mais sagrados entre os sagrados, que não são para visitantes casuais, nem mesmo para iniciados, exceto quando fazem oferendas à sua divindade especial. Fiquei profundamente emocionada. Ainda havia alguns entre os chefes de terreiro que lembrassem Mel e os volumes de *Dahomey* que ele lhes mostrou; nossas sessões de gravação; e até mesmo Jean dançando com os iniciados durante os ritos menos formais... O que me impressionou enfaticamente foi a excelente base que o Centro de Estudos Afro Orientais possui para os Estudos Afro-americanos – e também para os Estudos Africanos comparativos. Estou me perguntando se você ficou tão impressionado com Vivaldo quanto eu. Não há ninguém mais respeitado, mais estimado, ou mais bem informado no mundo do candomblé do que ele. [...]. Também fiquei impressionada com a escassez de recursos à disposição do Centro.[127]

A partir dessa correspondência, podemos deduzir três fatos centrais: Mel impressionou as pessoas com seus livros sobre o Daomé e as sessões de gravação; Frances estava emocionalmente ligada à Bahia e ao mundo do candomblé; e ela também apoiou muito o esforço do Ceao e de Vivaldo para visitar os Programas de Estudos Africanos nos EUA durante três meses para os quais ele havia se candidatado ao financiamento pela Ford Foundation, pelo Consulado dos Estados Unidos, pelo Conselho Nacional de Pesquisa e pelo Ministério das Relações Exteriores brasileiro.[128] Frances também sugeriu que Waldir se candidatasse à bolsa da Ford no Rio para apoio à sua biblioteca e aquisição de equipamento de gravação. Escreveu cartas de recomendação de Vivaldo e do Ceao para William Bascom (diretor do Museu Lowie de Antropologia da Universidade da Califórnia, Berkeley), George Eaton Simpson (Departamento de Sociologia e Antropologia, Oberlin) e M. G. Smith (Departamento de Antropologia, UCLA).[XLVIII] Todos esses pesquisadores reagiram positivamente ao seu apelo de apoio ao Ceao e enviaram cópias de seus livros para sua biblioteca. Frances também manteve uma longa lista de todos os livros e reimpressões que enviou ao Ceao e a Vivaldo, Waldir, Julio, Neide White Martins e Lícia Valladares (filha de Gizella e José).[XLIX] O esforço de Frances para levantar fundos para o Ceao deu esperanças a Waldir, seu diretor:

[127] FSH para McKay, 15 de março de 1967. *MJH & FSH Papers*, SC, Box 55, Folder 585.

[128] Vivaldo para FSH, 5 de março de 1967. *MJH & FSH Papers*, SC, Box 55, Folder 585.

> Espero que haja muito em breve um programa de ajuda sólida por parte de alguma universidade ou fundação norte-americana para este Centro de Estudos, uma vez que nossas condições financeiras não nos permitem desenvolver nosso trabalho adequadamente apenas com os recursos de que dispomos.[129]

Na verdade, parecia haver uma grande expectativa em relação à publicação de um livro sobre o Brasil baseado em suas notas de campo não publicadas, como George Simpson diz:

> Estou muito feliz em saber que está escrevendo as notas de campo não publicadas que você e Mel coletaram em 1941-42 e que conseguiu obter tanto material novo e valioso em sua recente estada na Bahia. Os afro-americanos terão a sorte de poder ler o trabalho que vocês estão fazendo sobre o candomblé. O reestudo e o material adicional vinte e cinco anos após o primeiro trabalho serão de grande valor.[130]

Simpson era um dos professores com quem Vivaldo queria estudar se recebesse apoio para seu plano de ir aos EUA.[L] Assim que voltou ao seu país, Frances tentou arranjar uma bolsa com a Ford Foundation e o United States Information Service (Usis) para que ele fosse estudar lá. G. Carter o convidou para uma série de palestras na Northwestern e arredores.[131] Nessa carta, ela cumprimentava Julio Braga, Maninho, irmão de Vivaldo, e Olga (de Alaketu?), que Frances comenta ser muito parecida consigo mesma. Vivaldo escreveu de volta em uma mistura muito engraçada e inteligente de inglês e português.[132] Ele mostrou seu compromisso com o Ceao e sua biblioteca e pesquisa, bem como seu interesse pessoal em visitar os melhores centros de Estudos Africanos nos EUA. Em carta endereçada a Vernon McKay,[133] Frances demonstrava entusiasmo com o Ceao e especialmente com Vivaldo, pedindo o apoio de Vernon à candidatura dele e do Ceao. A biblioteca e o equipamento de gravação eram demandas urgentes: muitos falantes de iorubá eram idosos e doentes; a gravação de suas vozes era "agora ou nunca". Finalmente, nem o Ceao nem Vivaldo receberiam esse tipo de apoio que Frances esperava.

[129] Oliveira para FSH, 8 de junho de 1967. *MJH & FSH Papers*, SC, Box 55, Folder 585.

[130] Simpson para FSH, 4 de julho de 1967. *MJH & FSH Papers*, SC, Box 55, Folder 585.

[131] FSH para Vivaldo, 20 de janeiro de 1967. *MJH & FSH Papers*, SC, Box 55, Folder 585.

[132] Vivaldo para FSH, 5 de março de 1967. *MJH & FSH Papers*, SC, Box 55, Folder 585.

[133] FSH para McKay, 15 de maio de 1967. *MJH & FSH Papers*, SC, Box 55, Folder 585.

Por que o livro, que provavelmente seria intitulado "A Comparison of Bahia-Yoruba Cults", nunca foi publicado? Seria um contexto semelhante ao da falha de Turner em publicar seu livro? O nacionalismo iorubá moderno do século XX não estava interessado ou tinha outras prioridades? Ao contrário de Turner, Frances possuía apoio institucional e financeiro para o projeto. Em setembro de 1969, Gwendolen Carter, chefe do Programa de Estudos Africanos na Northwestern, na mesma carta em que comunicava que a Biblioteca de Estudos Africanos da universidade tinha sido batizada com o nome de Melville Herskovits, dizia que o programa poderia fornecer uma verba de US$ 2.500 para pesquisa e redação "para trabalhar nos materiais brasileiros, dos quais pelo menos parte saiu da verba de viagem do programa há alguns anos. Isso seria perfeitamente apropriado, particularmente com referência ao trabalho anterior que você e Mel realizaram".[134]

Em 12 de setembro, Frances respondeu a Carter:

> Receberei um esboço de pedido para bolsa antes do início do ano letivo. O problema de escrever os materiais brasileiros, grande parte deles, que chamamos de "sensíveis" em termos da situação política lá, é que as coisas parecem estar indo de mal a pior. Decidi finalmente seguir os bons conselhos de amigos aqui e no Brasil, escrever o material não publicado e deixar a publicação esperar, ou talvez deixar algumas coisas de fora. Um dia falaremos sobre tudo isso.[135]

Quais poderiam ser as partes políticas "sensíveis" das suas notas de campo?[LI] Três semanas depois, Frances enviou seu projeto de pesquisa, que se concentrava na família baiana. A monografia – ou uma série de artigos – utilizaria materiais comparativos extensivos da África, do Caribe e dos Estados Unidos.[136] Minha impressão é de que a não publicação do livro deveu-se ao agravamento do estado de saúde de Frances, que veio a falecer em 1972.[LII]

Este capítulo tratou da repercussão da viagem de campo prolongada de Turner, Frazier e os Herskovits para a construção da "estação etnográfica" Bahia, ideal para jovens e futuros cientistas sociais principalmente dos EUA no período de 1942 a 1967. Quando comparamos o final dos anos 1930 com o final dos anos 1960, vemos mudanças qualitativas e quantitativas significativas no intercâmbio acadêmico entre os EUA, a princípio especialmente pelas universidades Northwestern e Columbia, e o Brasil, mais especificamente a

[134] Carter para FSH, 8 de setembro de 1969. *MJH & FSH Papers*, SC, Box 55, Folder 585.

[135] FSH para Carter, 12 de setembro de 1969. *MJH & FSH Papers*, SC, Box 55, Folder 585.

[136] FSH para Carter, 7 de outubro de 1969. *MJH & FSH Papers*, SC, Box 55, Folder 585.

Bahia. O formato mudou de missões individuais experimentais de trabalho de campo (Pierson, Landes, Frazier, Turner e os Herskovits), apoiadas por bolsas individuais, para um acordo coletivo tripartite entre o estado da Bahia, a Columbia University e a Unesco, e para o intercâmbio bipartite (de um lado, Columbia, Harvard, Cornell e Illinois e, de outro, Thales de Azevedo como representante da FFCH/UFBA). Este último funcionou tanto para o programa de pós-graduação quanto para o posterior programa de trabalho de campo de graduandos, que correspondeu à democratização do acesso ao estudo da antropologia nos EUA e à consequente demanda crescente por locais de trabalho de campo, as chamadas "estações etnográficas", de preferência, e sempre que possível, em contextos exóticos.

De forma contraditória e irônica, a primeira etapa terminou oferecendo muito mais oportunidades de bolsas para os pesquisadores brasileiros estudarem nos EUA, principalmente através dos esforços motivados e paternalistas de Herskovits (Ruy Coelho, Eduardo, René Ribeiro, José Valladares, Gizella Valladares). Com exceção de Josildeth Gomes – uma brilhante estudante negra de Thales, que havia sido a primeira assistente de Marvin Harris em 1952 e depois de Anthony Leeds, e que, com uma bolsa brasileira da Capes de 24 meses, conseguira fazer parte de seu doutorado na Columbia[137] –, nenhum estudante assistente brasileiro envolvido no projeto da Unesco foi convidado a completar seus estudos de pós-graduação nos EUA.[138] Isso também se aplica aos programas de graduação e pós-graduação, que estavam muito menos focados no intercâmbio com faculdades e estudantes locais do que o Projeto Columbia/estado da Bahia/Unesco.[LIII]

Acredito que o fato de o próprio estado da Bahia ter financiado em grande parte o último projeto explique muito bem por que ele incluiu um certo grau de reciprocidade e o treinamento formal dos assistentes estudantis brasileiros. O antropólogo Vivaldo da Costa Lima, então possivelmente o mais conhecido pesquisador no campo dos Estudos Afro-brasileiros na Bahia e um dos mais conhecidos no Brasil em geral, tentou obter tal bolsa para completar seus estudos nos EUA através de sua conexão com Frances Herskovits em 1967, mas não conseguiu. O fato é que, apesar das inegáveis qualidades dos vários estudos de comunidades realizados naqueles projetos de campo, que reverberaram positivamente nas Ciências Sociais brasileiras de uma forma ou de outra, esses projetos de intercâmbio foram concebidos numa base

[137] Gomes, 2009; 2014.

[138] Azevedo, 1968.

extremamente desigual e não contribuíram para consolidar e tornar a antropologia baiana menos provinciana do que deveria.

Notas - Capítulo III

I Coelho se qualificou para o doutorado na Northwestern em junho de 1949 e, em julho, assumiu um cargo na Universidade de Porto Rico, Rio Piedras. De lá, em junho de 1950, ele assumiria um cargo na Unesco onde Métraux o contrataria para trabalhar no Projeto Unesco, de 1951 a 1952, no Brasil. Em 1952, ele retornou ao Brasil, finalmente e excepcionalmente, para defender seu doutorado sobre os Caraíbas Negros de Honduras, em agosto de 1954, na USP, em São Paulo – aproveitando a presença de Herskovits e Wagley no XXXI Congresso de Americanistas.

II "É visível, na versão final do estudo e nas cartas, a obstinação em encontrar evidências empíricas que corroborassem a origem africana dos domínios investigados – os africanismos retidos e reinterpretados no Novo Mundo" (Ramassote, 2017, p. 240).

III Em carta para Carlton Smith, Herskovits se apresentou como "um baiano professional" (MJH para Smith, 12 de outubro de 1945. *MJH Papers*, NU, Box 32, Folder 24).

IV No decorrer de sua carreira, Herskovits também recomendou, para diferentes bolsas, Turner (1936), Frazier (1940), Romulo Lachatañaré (1941), Vianna Moog (1942) e outros.

V De fato, Ramos escreveu a Herskovits explicando que esse livro em processo de tradução era apenas um breve resumo da história do negro no Brasil e de sua contribuição para a civilização material brasileira. A editora queria um livreto escrito em estilo simples para um amplo público americano (Ramos para MJH, 1º de junho de 1939. *MJH Papers*, NU, Box 19, Folder 14).

VI "A filha de Herskovits, Jean, acreditava que seu pai escrevera menos sobre o Brasil do que sobre suas outras viagens de campo por causa da assustadora associação do Brasil com seu ataque cardíaco. Devido ao trabalho de Herskovits para o Bureau of Economic Warfare durante a Segunda Guerra Mundial, ao seu foco no Programa de Estudos Africanos após a guerra e à sua relutância em interromper os estudos de sua filha, ele nunca mais realizou outra viagem etnográfica após o Brasil" (Gershenhorn, 2004, pp. 259-260). Bastide tinha outra explicação: "Quando perguntado por que ele [Herskovits] não publicou um livro sobre o Brasil, Herskovits respondeu que primeiro teria que fazer alguma pesquisa em Portugal, para que não confundisse as origens dos traços culturais que ele inventariou pacientemente entre os negros" (Bastide, 1974b, pp. 111-112).

VII Em nosso contexto, a linguagem e o estilo na correspondência são reveladores e fazem parte de uma luta de poder. Assim, Gilberto Freyre sempre escrevia de volta em inglês, na maioria das vezes cartas manuscritas – uma mistura de estilo local e global, eu sugeriria. O mesmo faz Verger, cujas cartas são sempre manuscritas, o que fazia parte de seu estilo "natural". Thales, que obviamente sabia ler inglês e francês, sempre escrevia em português, na maioria das vezes datilografando suas cartas em seu papel pessoal e se dizendo médico. Anísio Teixeira escrevia principalmente em inglês, afinal havia se formado em educação em Columbia. Ruy Coelho e Eduardo sempre escreviam a Herskovits em inglês, geralmente datilografando. René Ribeiro escrevia à mão a maioria de suas cartas, mas todas elas eram em português. Verger e Bastide às vezes escreviam em francês, também para não falantes franceses. Métraux escrevia principalmente em inglês – ele tinha se tornado cidadão americano, mas crescera como suíço francês. Todos os não brasileiros usavam uma pincelada de português em seu inglês ou francês, especialmente quando se tratava de demonstrar o *chaleur* local ou de mostrar familiaridade com o mundo e as divindades do candomblé. Esse uso de idiomas, como vemos, traça um interessante mapa hierárquico de comunicação nas correspondências.

VIII Segundo Jeferson Bacelar (em comunicação pessoal de 29 de setembro de 2020), foi Valladares quem introduziu Vivaldo da Costa Lima no mundo do candomblé.

IX Minha impressão é a de que o projeto não foi adiante porque as universidades americanas não estavam interessadas em estabelecer uma cooperação, pela qual a Fundação Joaquim Nabuco pagaria as despesas de moradia localmente e as instituições americanas deveriam cobrir as despesas de viagem.

X Aproximo-me disso em meu conceito de "*habitus* racial" (cf. Sansone, 2004).

XI A partir do final dos anos 1940, as bibliotecas de Fundaj (Recife), FFCH e Ceao (Salvador), ELSP e FFLCH/USP (São Paulo) e Museu Nacional (Rio) começaram a receber exemplares dos livros dos Herskovits, especialmente *Dahomey: an ancient west African Kingdom* (1938, em inglês, 2 vols.); *The Myth of the Negro Past* (1941, em inglês); *Man and His Works* (1948, em inglês); *El Hombre y sus Obras* (1952, em espanhol); *Antropologia Cultural* (1963, em português); *Antropologia Económica* (1954, em espanhol); *Aspectos Sociais do Crescimento Econômico* (1958, em português), publicado pela Universidade da Bahia; *Dahomean Narrative* (1958, em inglês); *Continuity and Change in African Culture* (1959, em inglês); *Economic Transition in Africa* (1964, em inglês); *The New World Negro* (1966, em inglês); *The Influence of Culture on Visual Perception* (1966a, em inglês). Os artigos "Pesquisas etnológicas na Bahia" (1943, em português, publicado pelo Museu da Bahia); "Wari in the New World" (1932) e "The development of Africanist studies in Europe and America" (1964, ambos em inglês). Em 15 de junho de 2020, na biblioteca da UFBA, temos de Herskovits os seguintes livros: *Antropologia Cultural*; *Antropologia Económica*; *Aspectos sociais do crescimento econômico* (três exemplares); *Man and His Works* e *El Hombre y sus Obras* (dois exemplares); *Continuity and Change in African Culture*; *The Myth of the Negro Past* (três cópias); *Dahomey*, vols. I e II; *Dahomean Narrative*; *Economic Transition in Africa*; *The New World Negro*, organizado por Frances Herskovits; e os artigos "Pesquisas etnológicas na Bahia"; "Wari in the New World" e "The development of Africanist studies in Europe and America". Todas essas publicações estão inclusas na bibliografia.

XII As cartas de Freyre a Herskovits, sempre em inglês impecável, cessaram em 1940, mas ele manteve contato por meio de seus assistentes, principalmente René Ribeiro. É interessante notar como o uso de um determinado idioma acrescenta *status* ou, ao contrário, informalidade à correspondência. Ribeiro e Valladares escrevem em português, enquanto Ruy e Octavio escrevem principalmente em inglês. Os dois primeiros estão mais estabelecidos na academia brasileira e o doutorado nos EUA é o coroamento de uma carreira, enquanto para os dois últimos o doutorado é feito em uma idade mais jovem, no início de sua carreira.

XIII Devo esses *insights* a Julio Campos Simões, que dedicou a sua monografia de graduação à promoção de um diálogo entre Furtado e Ribeiro através do uso conjunto da antropologia que os dois fizeram (cf. Simões, 2019).

XIV A criação do Instituto de Estudos Afro-americanos no México, um projeto promovido por Ortiz e Beltrán, que teve o apoio inicial de Herskovits e deveria ganhar apoio da Unesco, era muito menos caro. A revista *Afro-América* acabaria sendo um fracasso e Herskovits foi bastante negativo em suas declarações tanto em relação ao instituto – que disse existir apenas no papel – quanto em relação à revista, administrada por alguém sem conhecimento do contexto afro-americano. Herskovits sugeriu a Ramos que o Comitê de Estudos Negros do ACLS poderia muito bem ajudar a propor um programa de pesquisa afro-americana. O ACLS trabalhava em estreita colaboração com a delegação americana na Unesco (MJH para Ramos, 13 de outubro de 1949. *MJH Papers*, NU, Box 50, Folder 18). Sobre o fracasso de Herskovits em continuar seu apoio a esse instituto sediado no México, cf. Guimarães, 2019.

XV Anísio passaria novamente um ano na Columbia após o golpe de 1964, com uma bolsa da Ford Foundation.

XVI De 2005 a 2010, estive envolvido com um projeto de pesquisa que tratou dos projetos da Unesco na Bahia e no Brasil de maneira geral. Foi uma reavaliação crítica desse esforço intelectual e um retorno ao campo. Para esse projeto, realizei pesquisas em numerosos arquivos e voltei de fato ao campo na região do mesmo engenho de açúcar onde William Hutchinson fez pesquisa em 1950-1953 para seu doutorado sob a supervisão de Charles Wagley (cf. Hutchinson, 1957). O título desse projeto de pesquisa é "Contraponto baiano do açúcar e do petróleo: desigualdades duráveis, modernidades e globalização em S. Francisco do Conde" (cf. Sansone, 2007).

XVII A Declaração da Unesco sobre Raça está disponível em <www.unesco.org> e foi originalmente publicada na revista *Man* (cf. Unesco, 1950). Para uma visão geral da mensagem da Unesco para o público geral sobre raça e racismo, veja a edição de agosto e setembro de 1953 da revista *Unesco Courier* intitulada "The Intellectual Fraud of Racial Doctrines" [A Fraude Intelectual das Doutrinas Raciais]. Ela contém, entre outros, um artigo de Métraux, significativamente intitulado "A man with racial prejudice is as pathetic as his victim" (Metraux, 1953, pp. 3-4), e um de E. Franklin Frazier, que esteve na Unesco em 1952-1953, sobre os "Sociological aspects of race relations" (Frazier, 1953a, p. 10), cujo ponto principal é que as atitudes dos membros de outro grupo não são individuais – como tende a sugerir a então muito popular explicação psicológica e interpessoal do racismo –, mas são, de fato, atitudes sociais.

XVIII Ver, em primeiro lugar, a obra de Marcos Chor Maio e a de Antônio Sérgio Alfredo Guimarães e, para uma coleção de artigos que também inclui Chor Maio e Guimarães, cf. Pereira & Sansone (ed.), 2007.

XIX Como diz Marcos Chor Maio: "Prestígio intelectual, relações pessoais, experiências de trabalho anteriores e experiência internacional foram fundamentais na escolha dos estudos de caso" (Maio, 1999, p. 150).

XX Apesar da inspiração trazida pela residência de Pierre Verger na Bahia nos anos 1950, foi somente durante os anos 1960 que os primeiros antropólogos, historiadores e linguistas baianos foram para a África: Vivaldo da Costa Lima, Julio Braga e Yeda Pessoa de Castro (cf. Reis, 2015). O projeto de intercâmbio Ceao-África seria, de fato, um dos primeiros projetos internacionais de grande escala no campo das Ciências Humanas e Sociais para professores da Universidade Federal da Bahia.

XXI Na entrevista que Thales concedeu a Marcos Chor Maio, ele afirma que era "apenas o administrador", transparecendo uma certa frustração por seu papel subordinado em todo o projeto (Maio, 1996, p. 166). Em outro trabalho, Thales de Azevedo escreveu que a pesquisa estava "sob a direção de Charles Wagley e Thales de Azevedo e a supervisão da Fundação para o Desenvolvimento da Ciência na Bahia (FDCB)" (Azevedo, 1984, p. 75).

Em outras palavras, em publicações em inglês, Wagley é apresentado como o coordenador principal, enquanto naquelas em português, Wagley e Thales compartilharam a coordenação.

XXII Logo após o início do trabalho de campo, Rollie Poppino, candidato ao doutorado em História em Stanford, chegou com planos para empreender um estudo histórico de Feira de Santana. Foi incentivado a participar do programa. Finalmente, publicou sua tese em 1953 (cf. Poppino, 1953). Harris publicou sua tese em 1956 (cf. Harris, 1956) e Hutchinson em 1957 (cf. Hutchinson, 1957). Para o único relatório da pesquisa de Zimmerman, cf. Wagley (ed.), 1952. Haveria ainda mais dois doutorandos de Columbia a se juntar ao programa em 1951, Anthony Leeds, fazendo pesquisas na área de produção de cacau (cf. Leeds, 1957), com o apoio da Fundação para o Desenvolvimento da Ciência na Bahia, e Carlo Castaldi, pesquisando sobre problemas urbanos e cultos afro-brasileiros em Itaparica. Castaldi deixaria a academia publicando apenas um artigo sobre catolicismo popular (cf. Castaldi, 1954), e sua tese de doutorado nunca publicada seria redescoberta por Carlos Caroso (cf. Caroso, 2007). Isaura Pereira de Queiroz (1918-2018), por sugestão de Roger Bastide, realizou pesquisas patrocinadas pelo programa sobre o messianismo na cidade de S. Brígida (cf. Queiroz, 1955), e Maria de Azevedo, filha de Thales, na pequena cidade de Abrantes (cf. Azevedo Brandão, 1957, 1959). Esses foram os únicos dois pesquisadores juniores brasileiros envolvidos e não está claro o tipo de apoio que receberam do programa, que tinha, obviamente, a capacidade de atrair pesquisadores.

XXIII Não fica explícito na documentação quais foram os contatos locais em cada "estação etnográfica" – se é que houve algum.

XXIV Há um anúncio do programa publicado no *Columbia Daily Spectator*, vol. VI, n. 2, 24 nov. 1964, p. 3. Disponível em <http://spectatorarchive.library.columbia.edu/?a=d&d=-cs19641124-02.2.7.1>. Acesso em 4/2/2020.

XXV Nesses anos, a Carnegie deu muitas bolsas para estudos de graduação no exterior e para estudos de área em geral. Um exemplo era o Maxwell Center da Syracuse University, que recebe uma bolsa para seu programa internacional, no qual os estudantes passavam quatro meses em uma universidade estrangeira ("Board 15.03.62", CCNY Records, Series I.A.3 "Board Meetings", Box 45, RBML, Columbia). Um sinal da relativa inclinação progressista de tal centro é que em 1961-1963, Eduardo Mondlane tinha ali uma posição para ensinar antropologia.

XXVI Em 1964, o projeto teria continuidade com uma subvenção menor da CCNY e uma subvenção correspondente da National Science Foundation.

XXVII David Epstein, Virginia Greene, David Berke, Gordon Harper, Shepard Forman e Conrad Kottak, que fariam estudos longitudinais sobre o que seria hoje a então pequena vila de pescadores de Arembepe (cf. Kottak, 1966, 1967a, 1967b).

XXVIII Em comunicação pessoal de 2020, tanto Maxine Margolis como Conrad Kottak confirmaram que nunca tiveram estudantes brasileiros trabalhando com eles. Eles realizaram suas pesquisas sozinhos com a ajuda de informantes-chave locais – muitas vezes seus anfitriões.

XXIX Desde o fim da Guerra do Vietnã, a Fundação Ford mudou radicalmente seu estilo de intervenção na América Latina e, de forma mais geral, no Sul Global. A Fundação se tornou muito mais independente do governo dos Estados Unidos e especialmente do Departamento de Estado. Desde a redemocratização da sociedade brasileira, em meados da década de 1980, a Fundação Ford vem desempenhando um papel fundamental no fomento às Ciências Sociais, com especial ênfase nos estudos de gênero, no estudo da violência e no estudo das desigualdades raciais. A Fundação também tem sido importante na promoção do debate sobre ações afirmativas no Brasil – política que acabou sendo adotada, ainda que parcialmente, pelo governo federal brasileiro. Na verdade, o autor deste livro foi bolsista da Fundação Ford de 1994 a 2018.

XXX Uma grande parte dessas reuniões era dedicada a questões relativamente triviais, como o problema dos honorários, uma vez que a Carnegie não estava disposta a remunerar os professores escolhidos no comitê de seleção das candidaturas ao programa de campo ("Board Meetings, 1963-1966", SSRC Records, RAC).

XXXI Essa mudança de política estava ligada a uma relação diferente com o governo dos EUA. Em 1967, a Ford Foundation publicou um relatório defendendo um alinhamento menos automático com o Departamento de Estado do que até então. A consequência de tal mudança é que a FF começou a financiar, por exemplo, a Cepal e pesquisadores exilados em países como Argentina, Chile e Brasil – em sua maioria apoiando-os com subsídios que lhes permitiam viver por um tempo nos EUA e às vezes na França (cf. Rosenfield, 2014).

XXXII Lecionei em tais escolas de verão por muitos anos, especialmente em um programa escolar de verão do Departamento de Estudos Negros da University of California, em Berkeley.

XXXIII Em carta a Thales, Melville havia mencionado que o casal teria gostado de voltar à Bahia logo após sua viagem à África em 1953 (MJH para Azevedo, 17 de dezembro de 1952. *MJH Papers*, NU, Box 59, Folder 7).

XXXIV Os principais foram os então jovens Vivaldo da Costa Lima e Julio Braga. Permitam-me mencionar que o Ceao é o instituto no qual tenho trabalhado nos últimos 20 anos.

XXXV Ela havia datilografado todas as notas de campo já em 1942 e, em muitos aspectos, as notas eram tão dela quanto de Melville. Elas estão cheias dos seus comentários.

XXXVI Devido à desvalorização do cruzeiro, Frances conseguiu poupar US$ 500 dos US$ 2.500 que obteve do Programa de Estudos Africanos da Northwestern. Em seu relatório final de trabalho de campo, ela escreveu que gostaria de manter esses US$ 500 para poder enviar mais livros para o Ceao e para a organização do manuscrito sobre a Bahia.

XXXVII Waldir Oliveira, que é citado várias vezes em suas notas de campo, não se lembrava da visita de Frances: "Infelizmente tenho pouca lembrança da passagem de Madame Frances por Salvador. Efetivamente, estava no Ceao como auxiliar de pesquisa de Vivaldo da Costa Lima e somente passava por lá para entregar minhas anotações do trabalho de campo. Até porque era o último ano de faculdade e, se por acaso a ajudei, teria sido algo de pouca importância" (em comunicação pessoal de 1º de agosto de 2020).

XXXVIII Parece que a ajuda de Vivaldo da Costa Lima foi particularmente importante na descrição das genealogias. Em meados da década de 1960, ele havia realizado pesquisas históricas sobre casas de candomblé dos anos 1930 (cf. Costa Lima, 2004). Nas notas de campo de Frances, há também um resumo de duas entrevistas feitas por Vivaldo em abril de 1960 com Mãe Senhora e Mãe Menininha. É bem possível que as duas entrevistas tenham resultado dessa pesquisa de Vivaldo sobre a década de 1930.

XXXIX Thales e Waldir Oliveira foram um pouco frios com ela e mostraram menos interesse em recebê-la do que ela esperava. Vivaldo parece ter notado, mas não se importou muito com isso.

XL O período de janeiro a março é aquele no qual a maioria das festas é organizada nos terreiros tradicionais. As casas do candomblé seguem o calendário católico e, com as festas e festividades da Páscoa, são suspensas. Frances estava na Bahia na época perfeita das festas de candomblé.

XLI Na correspondência de Frances, encontramos referências aos presentes (e quantias em dinheiro) que ela deu, durante sua segunda visita, a alguns dos informantes de sua pesquisa de 1941-1942 que reencontrou: Mãe Menininha, Zezé (que se mudara para o Rio), Mãe Olga, Clexilda, Sociedade São Jorge do Engenho Velho (Casa Branca). Olga e Menininha enviaram suas saudações e agradeceram as lembranças. Os Herskovits, como antes também Landes e Pierson, deixaram saudade na Bahia, como evidenciam várias de suas cartas pessoais. A questão, naturalmente, é até que ponto esses presentes e pagamentos se somaram à força de tal saudade.

XLII Para um relato de tais mudanças socioculturais em Salvador nas décadas de 1940, 1950 e 1960, cf. Sansi (2007), Risério (1995) e Ickes (2013b). Ickes (2013b) explora em grande detalhe o papel ativo de parte da imprensa e das estações de rádio na criação de uma identidade regional positiva, em grande parte baseada na origem africana da maioria da população.

XLIII "Com Vivaldo... falamos um pouco sobre Verger – um sentimento aqui sobre isso é que ele é obcecado pelos iorubá (principalmente Oyo e Oxum, a região de Ogbo). Ele tem seu etnocentrismo especial fixado no povo nagô-iorubá. Vivaldo é cuidadoso, mas cético a respeito de seu viés e influência" ("Brazil Diary, 1967", p. 45. *MJH & FSH Papers*, SC, Box 55, Folder 585).

XLIV A relação entre os Herskovits e Verger parece ter azedado com o tempo. Como vimos, Melville apoiou bastante Verger no início. Em 1º de abril de 1948, Métraux escreveu a Verger dizendo que Herskovits concordara em escrever um livro com ele sobre os cultos afro-brasileiros na Bahia e em Pernambuco e era entusiasta das fotos de Verger (Le Bouler, 1994, p. 95), o que o deixou muito contente. Esse livro nunca chegou a ser produzido, mas, nos anos 1950, Verger ilustrou, com suas excelentes fotos, os livros editados por Wagley e Bastide para a Unesco, e, com os artigos de Métraux, os Boletins da Unesco. Entretanto, algo mudou nos anos 1960. Verger, em sua correspondência com Métraux, reclamou, em 1º de outubro de 1960, que "Herskovits, o grande patrono da Northwestern University em Evanston, não me ama. Tenho sido para ele um causador de problemas [*un affreux trouble-fete*], desde que o Brasil e a África têm sido para ele 'terrenos' para sua observação e para o fenômeno da aculturação... e sim eu cometi o erro imperdoável de dar notícias de um ao outro" (*idem*, p. 294). Aparentemente, tanto os Herskovits como Verger teriam preferido ser o único mensageiro transatlântico entre a África e o Brasil. Em 1967, as notas de campo de Frances revelam um sentimento de competição em relação a Verger. Durante sua visita, ela sentiu que Verger tinha demasiada influência na comunidade do candomblé. Na verdade, Verger não tivera muita influência pessoal na visita de estudantes africanos à UFBA e especialmente ao Ceao. A presença de estudantes africanos resultara de um intercâmbio entre a UFBA e algumas universidades africanas, especialmente a de Ile Ifé na Nigéria (cf. Reis, 2014; 2018 e 2019). Acredito que a tensão entre os Herskovits e Verger revele a maior complexidade da comunidade do candomblé ao longo do tempo. Ela havia se tornado uma comunidade que, de alguma forma, já havia integrado em seu seio vários pesquisadores estrangeiros e nacionais, especialmente antropólogos. Esses pesquisadores também se tornaram parte integrante dos fluxos de "fuxicos" altamente estruturados que integram o processo de fissão/aliança dos terreiros de candomblé, comumente mais tradicionais.

XLV No Anexo II, vemos que, das 280 festas de casas de candomblé registradas na polícia em 1941 (uma importante obrigação burocrática na época), 11 eram da nação jeje. De fato, o que Frances indica nas suas queixas nostálgicas é que existia um processo visível de "iorubanização", "nagoização" de casas de candomblé que mudavam a sua lealdade, por exemplo, para a nação ijexá e se tornaram nagô/iorubá. Sobre o processo de "nagoicização", cf. Parés, 2004.

XLVI Mais evidências da importância do Ceao nesses anos podem ser encontradas na carta enviada por St. Clair Drake, então professor visitante de sociologia da Universidade de Gana em Logon, a George Agostinho da Silva, o primeiro diretor do Centro, em 23 de março de 1960: "O Dr. Turner não teve a oportunidade de analisar os dados [de sua pesquisa no Brasil] [...]. Me pergunto se seu Centro está em condições de lhe dar a oportunidade de fazê-lo no Brasil ou em Chicago [...]. Também pensei que gostaria de passar um ano na Bahia [...] e gostaria de perguntar se existem possibilidades de cooperação para pessoas que falam somente inglês" (Drake para Agostinho Silva, 23 de março de 1960. Arquivo do Ceao/UFBA). Essa carta é reveladora tanto da importância que a fundação do Ceao havia adquirido internacionalmente naqueles anos quanto da contínua falta de recursos nos EUA para renomados estudiosos negros como Lorenzo Dow Turner e St. Clair Drake.

XLVII Um panorama dos jornais *Estado da Bahia*, *Diário de Notícias* e *A Tarde* publicados em 1967 mostra que, pelo menos na imprensa, a situação geral relativa ao candomblé e ao mundo afro mudou consideravelmente quando comparada a 1942: o *Diário de Notícias* traz uma coluna semanal chamada "Africanismos", as baianas na festa do Bonfim são relatadas de forma muito positiva em todos os jornais consultados, o patrimônio material religioso de "pedra e giz" é muito celebrado como um sinal de distinção da Bahia em relação ao resto do Brasil (e já não como uma lembrança do passado). Há vários artigos sobre turistas estrangeiros – vindos, mais uma vez, com o navio *SS Brasil* da empresa McCormack –, cuja presença é vista como prova de que a Bahia é atraente e o turismo (de alta classe) poderia trazer riqueza. Parece que as elites já desenvolveram uma atitude diferente em relação ao passado, mesmo ao seu passado africano. Sobre a lenta, mas constante incorporação da cultura afro-baiana na autoimagem do estado da Bahia na imprensa, cf. Ickes, 2013a; 2013b.

XLVIII Apesar do apoio de William Bascom e outros professores nos EUA, Vivaldo nunca conseguiria essa bolsa para estudar nos EUA.

XLIX Vivaldo recebeu, com Julio, Waldir e o Ceao, muitos livros: essa foi certamente também uma forma de retribuição por sua orientação.

L Há várias ligações entre a pesquisa do presente livro e meu próximo projeto sobre a vida de Eduardo Mondlane, o primeiro presidente do Movimento de Libertação de Moçambique, que havia sido treinado como sociólogo nos EUA na Northwestern e estava intimamente relacionado com Herskovits. George E. Simpson, cujo trabalho de campo sobre Xangô na Jamaica havia sido influenciado pela dissertação de mestrado de Ribeiro sobre Xangô em Recife, foi uma das conexões pessoais entre meus dois projetos, e os Estudos Africanos e Afro-americanos em geral, com Melville e Frances Herskovits. Também entre Frazier e Mondlane – de quem foi um mentor e amigo até seu assassinato, em 1969. Simpson também esteve ligado ao Ceao em 1967 e conheceu Waldir Oliveira, por ocasião da visita e da pesquisa de Frances naquele ano na Bahia (Simpson para FSH, 1º de julho de 1967. *MJH & FSH Papers*, SC, Box 55, Folder 585). Outras conexões com Mondlane são Marvin Harris e, é claro, os Herskovits.

LI Essa é uma afirmação bastante enigmática. Não está claro quem são as pessoas que dão tais conselhos. De fato, em dezembro de 1968, entre a segunda visita de Frances à Bahia e essa carta, o regime militar declara o infame decreto AI-5, que endurece a ditadura, bem como a censura.

LII Este é o seu obituário no *New York Times*, 7 de maio de 1972: "Evanston, IL., 7 de maio de 1972. A Sra. Frances Shapiro Herskovits, antropóloga que trabalhou com seu falecido marido, Dr. Melville J. Herskovits, na Antropologia cultural africana, morreu na quinta-feira aos 74 anos de idade. A Sra. Herskovits e seu marido, que morreu em 1963, lecionavam na Northwestern University. Ela editou livros com base em suas pesquisas. Seu próprio livro, *Cultural Relativism*, está praticamente completo e programado para publicação. Ela foi coautora com seu marido de *Rebel Destiny: Among the Bush Negroes of Dutch Guiana*, publicado em 1934. Deixaram uma filha, Dra. Jean Herskovits, membro do corpo docente da Universidade do Estado de Nova York, em Purchase, NY, e uma irmã, a Sra. Harry Dolkart". Na verdade, *Cultural Relativism* (1972) seria outra antologia do trabalho de Melville. Seu próprio livro individual nunca seria publicado.

LIII Para ser justo, Thales de Azevedo recebeu um convite para visitar a Columbia University em 1952, e lá ministrar uma palestra. Ele viajou com sua esposa, passando seis meses nos EUA. Nesse período, ele também foi convidado pelos Herskovits em Chicago, com quem o casal parece ter mantido um relacionamento amigável ao longo dos anos (ver Thales para MJH, 4 de novembro de 1952 e MJH para Thales, 12 de novembro de 1952, *MJH Papers*, NU, Box 59, Folder 7). Segundo minha colega Maria Rosário de Carvalho, Raymundo Duarte, estudante sênior de graduação em Ciências Sociais, recebeu uma bolsa para estudar nos EUA, mas recusou a oferta por ter acabado de se casar. Uma possível razão para tal escassez de bolsas estrangeiras para estudantes baianos foi seu número relativamente pequeno nas décadas de 1950 e 1960 em comparação com São Paulo, Rio e até mesmo Recife.

CONSIDERAÇÕES FINAIS

Facilitadores ou gatekeepers?

Este livro tratou da trajetória de quatro pesquisadores americanos notáveis no Brasil, especialmente em Salvador, na Bahia. Vimos como eles prepararam cuidadosamente sua viagem de campo, que corresponderia ao período mais prolongado de trabalho de campo no exterior na carreira de todos eles. Vimos também como sua curiosidade pelo Brasil foi alimentada pela esperança de encontrar no país, se não o paraíso racial, pelo menos uma sociedade que tivesse uma variante menos aguda e violenta do racismo, como em meados do século XX nos EUA. No entanto, sua sensibilidade etnográfica também foi construída tendo por base o cânone de suas disciplinas: sociologia, linguística e antropologia cultural. Apesar de um enfoque às vezes semelhante e do fato de que eles compartilharam, pelo menos em parte, o mesmo grupo de informantes, seus métodos, seu estilo de trabalho de campo, as questões que levantaram e suas redes eram bastante divergentes. Nos três capítulos deste livro, a descrição cronológica e comparativa da trajetória entrelaçada de nossos quatro pesquisadores enfatizou paralelos, momentos e espaços compartilhados, tensões e visões conjuntas entre eles. Suas experiências no Brasil e na Bahia foram semelhantes, mas também mostraram que o *status* acadêmico, a cor e as agendas políticas pessoais afetaram profundamente a forma como eles perceberam o fato social e como o ambiente social os percebeu. No entanto, se tudo isso afeta a posição do pesquisador individual e o lugar de onde fala, seu campo de estudo – com seu estilo, seu jargão e seu cânone – pode ter tido uma forte influência na maneira como cada um moldou seu trabalho de campo e chegou a suas conclusões. Lorenzo, Franklin, Frances e Melville não eram apenas intérpretes, à mercê de suas áreas de estudo, mas também parte ativa da sua construção.

Suas pesquisas na Bahia foram, sem dúvida, parte de um momento histórico específico, relacionado ao encontro bem-sucedido entre uma agenda modernista local ou regional e o anseio internacional por paraísos seguros em um mundo atormentado primeiro pela segregação racial e depois pelos horrores da Segunda Guerra Mundial. Os quatro pesquisadores se beneficiaram da Política de Boa Vizinhança que forneceu, pela primeira vez, recursos para esse tipo de pesquisa. Ainda assim, eles foram desbravadores e realizaram, cada um, uma pesquisa inovadora à sua maneira. Suas experiências na Bahia teriam impacto duradouro sobre o futuro dos Estudos Afro-brasileiros, Afro-americanos e Africanos nos EUA. Ainda assim, também contribuiriam para o caminho da transformação da Bahia em uma "estação" ideal para o treinamento em etnografia nos trópicos ao longo das duas décadas sucessivas.

A construção da Bahia como uma "estação etnográfica" perfeita tem sido um processo de quase um século que começou em meados dos anos 1930 e continua até hoje. Tem sido um processo que tende tanto para as agendas políticas e intelectuais locais ou regionais quanto para as perspectivas e os projetos transnacionais. Tem sido o encontro de planos e projetos desenvolvidos no Brasil, nos EUA e na França em algumas ocasiões.[1] No entanto, não foi apenas um fenômeno "macro", pois, como vimos ao longo deste livro, também teve uma miríade de dimensões e episódios "micro". É aqui que as trajetórias, emoções e sensibilidades individuais vêm à tona cedendo múltiplos níveis ao emaranhado que tentamos detalhar. Neste ponto, devemos nos justificar. Concentramo-nos em alguns episódios, esperançosamente exemplares, neste livro. A reconstrução completa dos fluxos e da rede envolvidos nessas trocas seria um projeto muito mais amplo e totalmente diferente que exigiria uma outra metodologia baseada na curadoria coletiva, na colaboração interdisciplinar e no *crowdsharing*.[*]

Como se pode ver, as trajetórias de nossos quatro pesquisadores no Brasil não se prestam a conclusões apressadas sobre centros e periferias como eu estava inclinado a fazer no começo desta pesquisa. No entanto, elas lançam nova luz sobre a dinâmica, muitas vezes sutil, através da qual as relações de poder e autoridade funcionam nas Ciências Sociais e como a colonialidade é construída a partir de dentro e de fora do Brasil. A condição de colonialidade levou a severas limitações para o desenvolvimento de pesquisas de ponta

[1] Merkel, 2022.

[*] O *crowdsharing* é um modelo de trabalho facilitado pelo compartilhamento digital de recomendações, opiniões, informações ou apoio financeiro do público em geral. O pesquisador que opta por ele abre sua pesquisa para a participação coletiva e intensifica o seu alcance, bem como as possibilidades de intercâmbio de informações. Ele está frequentemente associado a duas práticas comuns do ambiente digital, o *crowdsourcing*, a busca coletiva por fontes e informações, e o *crowdfunding*, o financiamento coletivo de pesquisas e iniciativas. (N. da T.)

reconhecidas internacionalmente nas Ciências Sociais da Bahia. De fato, as quatro trajetórias individuais em questão destacam uma dupla tensão. Por um lado, a Bahia – sua paisagem exótica e sua cultura popular tropical – impactou os cientistas sociais de fora, principalmente, embora não exclusivamente, os estrangeiros. Além disso, vários temas e categorias elaborados com base no trabalho de campo ou em impressões colhidas na Bahia influenciariam posteriormente os Estudos Afro-brasileiros, Afro-americanos e até mesmo os Estudos Africanos nos EUA. Por outro lado, a presença, os recursos e as redes desses pesquisadores "de fora" impactaram a Bahia, especialmente seu clima intelectual, a comunidade do candomblé e as condições para a produção de conhecimento científico.

Até recentemente, Melville Herskovits era, sem dúvida, entre esses autores o que causou o impacto mais forte e mais duradouro nas Ciências Sociais brasileiras – pelo menos até os anos 1980. Se Turner e Frazier nunca chegaram a orientar um estudante brasileiro, Melville foi um ótimo e profissional mentor, às vezes paternal, de alguns importantes pesquisadores brasileiros. A influência de Herskovits de alguma forma desapareceu no Brasil durante os anos 1970, mas, nos EUA, foi renovada na mesma década. Isso se deve a três fatores. Primeiro, o advento de uma perspectiva feminista da organização familiar alimentou a noção dos Herskovits sobre a família negra matrifocal como um ativo positivo e um elemento de sobrevivência africana.[1] Consideremos a conclusão da famosa e seminal revisão da literatura sobre a família negra nas Américas feita por MacDonald e MacDonald:

> A abordagem cultural materialista [isto é, a dos Herskovits] é a mais esclarecedora das teorias apresentadas pelas obras recentes, pois leva em conta o passado, bem como o presente, o político e o econômico, bem como o cultural. A predominância de arranjos familiares adaptativos entre negros pobres no Novo Mundo combinados em uma síndrome única com uniões frequentemente impermanentes, matrifocalidade frequente, criação infantil socializada, ênfase em laços consanguíneos em vez de afins e grande dependência de parentesco fictício demonstra a sobrevivência – e o valor de sobrevivência – das tradições étnicas da África Ocidental reformuladas.[2]

Em segundo lugar, a perspectiva de Herskovits, mais bem explorada em *The Myth of the Negro Past*,[3] de que "os milhões de africanos que foram arrastados para o Novo Mundo não eram tábulas rasas sobre as quais a civilização

[2] MacDonald & MacDonald, 1978, p. 33.

[3] Herskovits, 1941b.

europeia escreveria à vontade",[4] adequava-se muito bem às premissas teóricas e empíricas da história social da escravidão e sua cultura que começaram a ser desenvolvidas nos EUA e no Brasil na década de 1970. Essas novas perspectivas no estudo da escravidão examinavam também o conflito e a negociação na condição de escravizado, enfatizando a agência por parte do escravizado contra todas as probabilidades, e não davam por certo o aniquilamento moral ou a escravidão como "morte social", como propôs o sociólogo jamaicano Orlando Patterson em seu clássico *Slavery and Social Death*.[5]

Em terceiro lugar, nos anos que se seguiram ao auge do movimento pelos direitos civis, a abordagem das sobrevivências africanas se encaixou relativamente bem no movimento de criação do campo de Estudos Negros [*Black Studies*] e da mudança dos currículos acadêmicos no sentido de uma visão mais tolerante da herança étnica africana. O paradigma centrado na busca e na celebração das sobrevivências africanas amadureceu com a entrada do multiculturalismo na educação dos EUA melhor do que qualquer análise de raça e classe – *à la* Frazier – alguma vez teria sido capaz de fazer. Como Walter Jackson apontou:

> Assim como o universalismo e o particularismo eram tendências na Antropologia boasiana [com Ruth Benedict se opondo a Herskovits], assim também o eram na consciência negra. Com o resgate do nacionalismo negro [nos EUA] no final dos anos 1960, houve um reavivamento do interesse pelas tradições africanas entre os afro-americanos e um reexame de toda a questão das tradições africanas. Antropólogos voltaram-se para a escrita de Herskovits como um ponto de partida para investigações das culturas afro-americanas (Whitten & Szwed (eds.), 1970). Os historiadores encontraram em sua ênfase na resistência dos escravos e sua reinterpretação das tradições africanas uma maneira de descobrir o mundo dos primeiros afro-americanos (Blassingame, 1972; Levine, 1977; Raboteau, 1978). No final dos anos 1970, era raro encontrar um antropólogo ou historiador que argumentasse que a escravidão havia "despojado" os negros da cultura africana. Através de um complexo processo de mudança política e intelectual, o trabalho de Herskovits recebeu seu maior reconhecimento nos anos após sua morte.[6]

Por mais duradouro que seja um impacto, sempre estará sujeito a sortes diversas. Na última década, Turner foi redescoberto pelo Anacostia Museum do Smithsonian Institute e outros; Frazier, com seu tormento intelectual e

4 Mintz, 1990, p. xviii.

5 O. Patterson, 1982.

6 Jackson, 1994, pp. 123-124.

político, o personagem com quem sentimos mais empatia, foi observado através de uma luz diferente, como um cosmopolita com consciência racial e de classe, além de um intelectual engajado. Se Turner era, até recentemente, lembrado, em grande parte, por seu trabalho entre os gullah, ao passo que sua pesquisa sobre o Brasil era basicamente ignorada, um destino diferente e irônico havia sido reservado a Frazier: após sua morte, ele seria citado majoritariamente associado com a chamada "crise da família negra". Após o uso político de tais noções morais no relatório de Daniel Patrick Moynihan intitulado "The Negro Family: The Case for National Action", de 1965, e mais tarde no jargão dos funcionários públicos envolvidos na "Guerra contra a Pobreza", Franklin Frazier, muitas vezes na companhia de Oscar Lewis, o inventor do termo "cultura da pobreza" (cuja trajetória tinha sido gravemente atingida pelo macarthismo, que o classificava como esquerdista), foi declarado *persona non grata* no estudo das relações raciais dos EUA e rotulado de conservador.[II]

No Brasil, o que torna a posição de Frazier mais relevante é que sua disputa com Herskovits sobre a origem ou a essência da família negra antecipa uma tensão no campo dos Estudos Afro-brasileiros, que se tornará explícita apenas alguns anos depois. A partir de meados dos anos 1950, o campo dos Estudos Afro-brasileiros irá se dividir entre o campo dos "Estudos Afro-brasileiros" e o campo dos "Estudos do Negro" (que depois se tornou o campo dos "Estudos de Relações Raciais"). Este último grupo refuta o que foi considerado a "folclorização" do negro e a ausência de foco no "negro real" pela chamada geração culturalista, embora reconhecendo a autoridade dessa geração em termos do estudo das expressões culturais negras. Os seus principais críticos – do que era, entre muitos aspectos, também uma oposição entre sociologia e antropologia cultural, no sentido da maior parte da antropologia feita nos EUA – foram Luiz da Costa Pinto, Florestan Fernandes, Guerreiro Ramos e Edison Carneiro. Mais tarde, o grupo contaria com a participação de Roger Bastide, Octavio Ianni, Fernando Henrique Cardoso e outros. A partir dos anos 1970, a disputa acabou sendo também uma oposição entre as pesquisas quantitativas e qualitativas sobre as relações raciais realizadas no Rio, em São Paulo e no Sul, e as pesquisas etnográficas sobre expressões culturais negras, em sua maioria, religiões afro-brasileiras e, às vezes, gêneros musicais, principalmente na Bahia e, em menor escala, em Recife e São Luís. A partir do final dos anos 1980, com a celebração dos cem anos da Abolição, a redemocratização e o crescimento de novas formas de ativismo negro, as discussões iriam mudar novamente – isso, no entanto, está além do escopo deste livro.

Apesar de minha simpatia e de minha preferência por Frazier serem inegáveis, preciso ser justo com Herskovits. Como dito, ele era certamente um *gatekeeper*, mas com uma missão, da qual, às vezes, também o ativismo negro e novas perspectivas sobre a herança africana foram beneficiados. Desde o livro de Gershenhorn sobre Melville Herskovits e do de Patterson sobre antropologia americana,[7] em associação com a tendência geral de exame da autoridade antropológica, tem havido uma profunda revisão do poder intelectual e político, assim como da autoridade de antropólogos como Melville J. Herskovits. Esse processo chegou ao seu clímax com o lançamento do documentário *Herskovits at the Heart of Blackness*,[8/III] e, de forma ainda mais ácida, com Jean Allman, na palestra presidencial intitulada "#HerskovitsMustFall?" [#Herskovits deve cair?], proferida na Conferência Anual da African Studies Association, em 2018.[9/IV] Allman examina, sobretudo, o papel de Herskovits como patrono dos Estudos Africanos e sua atuação institucional na African Studies Association – da qual ele foi o fundador e primeiro presidente.

De fato, Herskovits representou o epítome do antropólogo norte-americano pré-Segunda Guerra, antes que o acesso à disciplina se tornasse menos elitista, também graças ao "GI Act".[*] Essa lei significou que o número de antropólogos aumentou nos EUA e que oportunidades de trabalho de campo para um número muito maior de candidatos a doutorado tiveram de ser criadas. Aqui, mais uma vez, o Brasil assumiu uma posição-chave na América Latina, precedido possivelmente apenas pelo México. Esse país, especialmente o estado de Yucatán, que era considerado mais "atrasado" e culturalmente mais tradicional (um pouco como o estado da Bahia no Brasil), tem estado histórica e emocionalmente muito ligado aos EUA também em termos de destino de trabalho de campo para muitos antropólogos.

Não se trata, no entanto, apenas de uma questão de acesso, mas também de estilo. Em minhas pesquisas sobre o gabinete Lombroso e a etnografia na América Latina nos anos 1890-1910, falo de um caso de "ciência doméstica" ou "familiar".[10] Embora os EUA nos anos 1930 e 1940 tenham mostrado um

7 Gershenhorn, 2004; T. Patterson, 2001.

8 "Herskovits at the Heart of Blackness", 2010.

9 Allman, 2020.

* Também conhecida como "The Servicemen's Readjustment Act of 1944", a lei funcionou como uma enorme plataforma social no pós-guerra para os veteranos de guerra e suas famílias. Na sua dimensão educacional, significou financiamento estudantil até o nível superior para muitas famílias americanas. (N. da T.)

10 Sansone, 2020; 2022.

grau de institucionalização das Ciências Sociais muito maior do que o do Brasil nas mesmas décadas e do que o da Itália por volta de 1900, em muitos aspectos, é possível usar o mesmo termo "ciência familiar" para classificar a prática antropológica de Melville e Frances Herskovits: uma forma específica e bastante personalizada de administrar o paradigma centrado na noção de "africanismos" ou sobrevivências africanas e sua configuração intelectual.[11] Era um casal cercado por um grupo fiel de acólitos, composto de alunos e ex-alunos de doutorado no início de sua carreira acadêmica.[V] Suas conexões pelo Novo Mundo foram desenvolvidas num contexto de ambientes intelectuais geralmente menos densos, em países com centros (muito) menos desenvolvidos e oportunidades para a prática da antropologia (por exemplo, Suriname, Daomé, Haiti, Trinidad e Bahia). Para Frazier e Turner, o Brasil foi a primeira experiência importante de trabalho de campo no exterior. Os Herskovits, como sabemos, tinham experiências prévias nesse referido conjunto de países relativamente pequenos. Estes, entretanto, eram países pequenos com um grupo muito restrito de intelectuais e cientistas sociais com os quais se relacionaram. No Haiti, eles tiveram o apoio da rede de Jean Price-Mars (1876-1969), e, no Suriname, do sociólogo Rudolf van Lier (1914-1987), que se tornou mais tarde professor de ciências sociais na Universidade de Leiden, Holanda. Tal experiência, como se viu, influenciou muito o estilo do trabalho de campo na Bahia.

No Brasil, embora o ensino de Ciências Sociais nas universidades ainda estivesse em seu alvorecer, o casal conheceu um ambiente intelectual mais denso e, pelo menos pelo imenso tamanho do país, teve de enfrentar uma sociedade mais complexa e segmentada, com muito mais diversidade interna. O Brasil, além disso, era naquela época para Herskovits e seus planos político--acadêmicos uma espécie de *alter ego* cultural e racial dos EUA, e sua visita ao país também foi motivada pela Política de Boa Vizinhança. De qualquer forma, nesses fluxos, quando consideramos sua relação geral, o Sul Global estava, quase sempre, no polo receptor, enquanto o Norte Global era o polo provedor. Após a Segunda Guerra Mundial, como já vimos, a situação mudou. A questão central é até que ponto e em que aspectos concretos essas mudanças fizeram uma diferença real no tocante à Bahia. Será que a nova etapa iniciada em 1950 propiciou melhores condições para a produção de conhecimento e o fortalecimento da então jovem antropologia brasileira? Ou será que, no Brasil, essa disciplina nasceu em um contexto em que a colonialidade e a dependência ainda eram muito fortes e que tal condição persistiria?[VI]

[11] Yelvington, 2011.

Não faz sentido, e é injusto, dissecar a trajetória de Melville Herskovits sem pelo menos olhar também para o que ocorreu depois, nas sucessivas etapas do intercâmbio acadêmico entre os EUA e o Brasil, especialmente na Bahia. Um ponto crucial de distinção em relação a Herskovits, quando comparado às gerações posteriores de antropólogos americanos, era que ele tinha claramente um plano de vida e um projeto sobre o desenvolvimento dos Estudos Afro-americanos e, posteriormente, dos Estudos Africanos. Ele iria muito longe nesse quesito, inclusive em termos de sua própria carreira. Herskovits permaneceu na Northwestern desde o início de sua carreira até sua morte, ou seja, quase 30 anos. Em reconhecimento, a notável Biblioteca Africana daquela universidade foi nomeada em homenagem a Melville J. Herskovits. Charles Wagley e Marvin Harris, em determinado momento, decidiram se mudar de Columbia para a Universidade da Flórida, em Gainesville, que estava desenvolvendo um importante Centro de Estudos Latino-americanos. Desde então, sucessivas gerações de antropólogos norte-americanos, por uma razão própria do funcionamento da academia de seu país e das carreiras profissionais que nela se desenvolvem, têm tido muito mais condições de se mover.

Por um lado, isso tem sido um obstáculo ao desenvolvimento de intercâmbios interinstitucionais estáveis entre o Brasil e os EUA.[VII] Por outro lado, têm surgido cada vez mais oportunidades para projetos individuais Norte-Sul, por exemplo, por causa da popularização das bolsas Fulbright para pesquisadores americanos e brasileiros. Tal situação frequentemente cria oportunidades para relações "ganha-ganha" em uma base individual, mas contribui pouco para o desenvolvimento institucional e para a tão necessária internacionalização dos estudos de pós-graduação e pesquisa em geral no Brasil e especialmente na Bahia.

A questão de decidir se Herskovits era um conservador ou um progressista é, muitas vezes, descabida. Pelo que lemos neste livro, podemos facilmente perceber que, em seus dias, ele facilmente optou pela via progressista. Entretanto, essa postura liberal pode se mesclar com atitudes mais conservadoras quando se trata dos "outros" na própria casa – como fez com os pesquisadores afro-americanos, dos quais muitas vezes desconfiava por causa da suposta falta de objetividade científica –,[12] e dos "outros" no exterior – no *alter ego* tropical dos EUA, o Brasil –, que ele também considerava, por diferentes razões, interesseiros e não totalmente confiáveis.[VIII]

[12] Anderson, 2008; Gershenhorn, 2004.

Minha posição sobre a visão política de Herskovits é ambígua e mutável. Por um lado, em linha com James Fernandez, um de seus últimos alunos, não considero Herskovits um conservador:

> Ele se considerava – e eu acho que era – um humanista e um humanitário.[13] [...]. O relativismo cultural não lhe permitia suspender a exigência de uma humanidade compartilhada.[14] [...]. A fonte de seu relativismo cultural era a observação científica. Herskovits, ao longo de sua carreira, foi extremamente ativo em levar a antropologia à arena pública e em falar às igrejas, aos grupos sociais e às escolas de todos os tipos sobre os frutos da sabedoria antropológica.[15] Contudo, tal distanciamento [o relativismo cultural] era um requisito da cidadania mundial, pois era talvez a única garantia de uma ordem mundial segura.[16/IX] [...]. Com Redfield, Herskovits acreditava que o relativismo cultural não era uma doutrina de indiferença ética [...]. Mas, ao mesmo tempo, ele era muito cauteloso com uma antropologia prática.[17] Assim, enquanto Herskovits enfatizava o aspecto prático do relativismo, ele hesitava em se engajar na defesa ativa das questões sociais [...] por causa dos valores etnocêntricos que muitas vezes estavam implícitos ou explícitos em qualquer ação ou programa de defesa.[18] Foi um dilema duradouro para Herskovits, que era por excelência um homem público, falando frequentemente sobre questões antropológicas que tinham relevância para o racismo, a política americana no mundo e particularmente na África.[19] Em seus anos anteriores, ele havia confrontado as sugestões de Malinowski de que a disciplina poderia ajudar os administradores coloniais a trabalhar melhor.[20] O ataque forte e persistente de várias décadas de Herskovits contra o racismo deve ser relevante ainda hoje, mas talvez ainda mais relevante e reveladora foi sua tendência a ver o racismo no contexto de um conjunto de relações no mundo – o que chamaríamos agora de "sistema mundo" – que era de natureza flagrantemente e essencialmente imperialista.[21]

Por outro lado, infelizmente, como um resultado claro da forte aversão de Herskovits à pesquisa prática e de sua firme convicção de que o distanciamento

[13] Fernandez, 1990.

[14] *Idem*, p. 142.

[15] *Idem*, p. 147.

[16] *Idem*, p. 149.

[17] *Idem*, p. 150.

[18] *Idem*, p. 151.

[19] *Idem*, p. 150.

[20] *Idem*, p. 162.

[21] *Idem*, p. 158.

emocional do objeto de pesquisa era um elemento-chave – embora tenhamos visto ao longo deste livro que ele podia ser bastante emocional em relação ao objeto de seu trabalho de campo no Brasil –, ele tendia a desconfiar do pequeno mas crescente número de pesquisadores negros ativos no campo dos Estudos Afro-americanos e, mais tarde, dos Estudos Africanos. Há provas suficientes disso em relação a Zora Neale Hurston, Du Bois e até Turner e Frazier, o que o torna, de fato, uma força conservadora na academia norte-americana.[22] Além disso, para a Bahia, que obviamente não é unívoca por causa de seus recortes em termos de classe e cor, Herskovits, que certamente era um *gatekeeper* e muitas vezes injusto para com os pesquisadores negros nos EUA, foi considerado um facilitador – em termos de recursos, acesso à literatura, proteção política para casas de candomblé através de seu prestígio, presença e conexões internacionais – e até mesmo um dos patronos da antropologia brasileira. É verdade que todos os estudantes brasileiros que conseguiram uma bolsa de mestrado ou doutorado graças à sua intervenção eram brancos, mas todos eles mantiveram uma memória carinhosa de Melville: um orientador dedicado, atencioso e informal.

Além disso, previsivelmente, nos últimos 20 anos, enquanto fazíamos pesquisas para este livro, chegamos à conclusão de que o campo dos Estudos Afro-brasileiros sempre foi mais complexo do que imaginamos no início e não se presta a fáceis generalizações e frases de efeito, especialmente quando vem acompanhado de uma perspectiva comparativa internacional entre Brasil e EUA – algo que tem sido muito mais implícito do que explícito. No entanto, quaisquer que sejam as conclusões que possam ser tiradas sobre a dimensão transnacional dos Estudos Afro-brasileiros, desde os primórdios de seu estabelecimento acadêmico nos meados dos anos 1930, é necessária uma avaliação crítica sobre o poder e a posição do conhecimento no intercâmbio acadêmico Estados Unidos-Brasil. Isso pode levar a descobertas muitas vezes dolorosas a respeito da complexa e desigual relação entre os contatos locais na Bahia, como Edison Carneiro, José Valladares, e pesquisadores americanos que visitaram o Brasil e a Bahia. Os primeiros tinham o conhecimento local e podiam ajudar os estrangeiros em seu trabalho de campo, enquanto os segundos, especialmente quando eram brancos, tinham bolsas para oferecer ou conexões com universidades americanas das quais, entre outras, Arthur Ramos e Valladares fizeram parte.

Como a coleta de informações e a imagem que esses informantes-chave deram do Brasil foram afetadas pela base desigual desse intercâmbio intelectual?

[22] Gershenhorn, 2004.

Temos a impressão de que a maioria desses intelectuais brasileiros, antes e talvez até mesmo agora, tende a dizer aos visitantes americanos exatamente o que estes últimos estão dispostos a saber e "descobrir". Naqueles dias, para combater a segregação racial nos Estados Unidos, eles procuravam uma democracia racial no Brasil, e lhes foi dada "evidência" disso. Nos anos 1990, os pesquisadores americanos tendiam a retratar o Brasil como um *show* de horrores (a modernidade que deu errado), e lhes foi dada "evidência" de que o Brasil era, de fato, um inferno racial. Com o advento da era Lula, as coisas mudaram novamente, e o Brasil começou, uma vez mais, a ser representado como um exemplo positivo da luta contra as desigualdades raciais. Com o governo Bolsonaro, voltamos a uma nova fase infernal. Ainda falta uma relação de igualdade entre os pesquisadores americanos e os brasileiros nesse campo. A terceira eleição de Lula volta a abrir perspectivas em um cenário ainda mais desafiador.

O campo transnacional dos Estudos Afro-brasileiros já nasceu complexo, com tensões em termos de cor/raça, local/internacional, Norte/Sul do Brasil, e foi se tornando cada vez mais intricado a partir de sua consolidação nos anos 1930. Tem sido um campo, especialmente no que diz respeito à antropologia, enredado em agendas culturais, raciais e políticas frequentemente originadas em outros lugares. Em muitos aspectos, podemos até falar de uma história emaranhada,[23] na qual biografias, emoções, projetos individuais e coletivos de emancipação do racismo e do colonialismo, agendas acadêmicas e políticas são construídos de forma transnacional, com o local podendo ser parte do global. Nesse processo, em termos de representação das falhas dos sistemas de relações e hierarquias raciais, o Brasil e os EUA funcionam como o espelho um do outro: os afro-americanos leem as relações raciais no Brasil como uma vantagem política e, de forma semelhante, os afro-brasileiros leem as relações raciais nos EUA – que conhecem indiretamente, porque raramente podem viajar para aquele país – de uma maneira que faça sentido para sua própria luta contra o racismo no Brasil. Mal-entendidos, interpretações equivocadas e, até mesmo, absurdos ou falhas de tradução engraçadas podem fazer parte de tal leitura espelhada que tende a ser inerentemente comparativa e, portanto, exagerada, como mostra magistralmente Siegel.[24] A esse respeito, parece necessário inserir tal enredo, muito mais do que tenho sido capaz de fazer aqui, no contexto da recepção das "ideias fora de lugar" e que "vêm de

[23] Siegel, 2009, pp. x-xiv.

[24] *Idem*, pp. 208-239.

fora" no Brasil – um fenômeno que tem gerado por si só um campo de estudos.[25]

Em termos de fluxos internacionais Norte/Sul, vemos que tem havido uma mudança de tendência de programas de pesquisas individuais para cursos de verão,[X] com alguns estágios intermediários. Na Bahia, em geral, o número de visitantes de fora (também de outras partes do Brasil e, mais recentemente, do resto da América afro-latina) é muito maior, e a comunidade acadêmica menos elitista e mais diversificada cultural e etnicamente. Não obstante, por um conjunto de razões, a Bahia acaba sendo representada como um lugar mágico para pesquisa e experiência de campo, um coração de mãe para um antropólogo, mas não um lugar para a construção de instituições e o fortalecimento dos antropólogos locais.[XI] O desequilíbrio de poder foi e ainda é parte de tal emaranhamento. Assim, nesse intercâmbio transnacional existem hierarquias, provedores e dependentes, centros e periferias, os que detêm e os que não têm, Norte e Sul Global, projetos e atitudes imperiais, tensões raciais, além da colonialidade de grande parte das elites intelectuais brasileiras. Em menor grau, tal emaranhamento com os Estados Unidos também diz respeito aos Estudos Africanos realizados no Brasil.[XII]

Em tempos mais recentes, tanto nos discursos intelectuais como nos populares sobre as relações raciais no Brasil, pesquisadores e representantes das relações raciais norte-americanas e da política negra têm desempenhado um papel importante, seja negativo ou, mais recentemente, positivo, como um exemplo a ser seguido em termos de ações afirmativas e até mesmo de políticas de identidade. De fato, é possível argumentar que o campo dos estudos étnicos e raciais foi sempre, historicamente, tanto um campo científico transnacional quanto tenso, apesar da alegação de Pierre Bourdieu e Loïc Wacquant de que tenha sido, em sua maioria, o resultado de uma internacionalização mais recente – ou mesmo de uma "americanização" – dos cânones acadêmicos a partir dos anos 1990.[26] O debate desencadeado por esse famoso artigo de Bourdieu e Wacquant precisa, na verdade, ser historicizado, visto que tem mais raízes históricas profundas na construção da nação brasileira do que muitas vezes se supõe.[XIII] A discussão sobre o que fazer para reverter a discriminação racial e o tipo de racismo e antirracismo que o Brasil experienciava era muito vívida e até "acalorada" na época, com um debate intensificado sobre a "importação" das ideias norte-americanas de raça pelo

25 Schwarz, 1992.

26 Bourdieu & Wacquant, 1999.

país – a reação de vários pesquisadores brasileiros à acusação de o país ser "americanizado", o que não é exatamente um elogio em toda a América Latina. O que estava em jogo na discussão era a condição para a produção de conhecimento sobre as relações raciais no Brasil, se isso poderia acontecer corretamente quando a maior parte do financiamento era de fundações americanas, especialmente Ford, Mellon, MacArthur e Rockefeller.

Nosso relacionamento com os EUA continua importante e doloroso (especialmente quando os recursos brasileiros são escassos) e está sujeito à política nacional – depende em grande parte de quem são os presidentes dos EUA e do Brasil. Para vários pesquisadores baseados nos EUA, tanto negros quanto não negros, a estação etnográfica Bahia tem sido um local gratificante e conveniente. Como um colega senegalês uma vez me disse: "O Brasil é a África possível". Os pesquisadores sediados nos Estados Unidos tinham aqui as vantagens do exotismo, a autoridade proveniente do valor de sua moeda forte; aqui, eles podiam desfrutar de um padrão de consumo que não teriam nos EUA e de algum conforto relativo que seria difícil obter na África.

Notas – Considerações finais

I A família negra americana, desde muito tempo, tem sido alvo de uma disputa política, especialmente durante as campanhas eleitorais, devido à controvérsia sobre os benefícios sociais para as famílias negras pobres. A divisão moral e política dos pobres em merecedores e não merecedores tem sido o lado adverso da política de Bem-Estar Social desde sua criação nos Estados Unidos. No Caribe e na América Latina, arranjos familiares similares a esses então definidos como típicos da família negra nos EUA se tornaram historicamente muito menos parte de disputas políticas e campanhas morais.

II Eu "redescobri" um Oscar Lewis muito mais progressista durante minha pesquisa para meu doutorado sobre a nova pobreza e etnicidade entre imigrantes surinameses na Holanda (cf. Sansone, 1994) e estou, por assim dizer, "redescobrindo" Frazier neste livro.

III Dirigido por Llewellyn Smith e produzido por Vincent Brown e Christine Herbes-Sommers, o documentário foi exibido pelo US Public Broadcast System em 2010. Vincent Brown chama Herskovits de "o Elvis dos Estudos Afro-americanos", e Johanetta Cole, uma estudante de pós-graduação da MJH, diz que ele parecia ser "movido pelo poder que a África lhe deu" (Simmons, 2011, pp. 483-485). Disponível em <https://www.pbs.org/independentlens/films/herskovits-heart-blackness>. Acesso em 4/2/2020.

IV A palestra está disponível em <https://www.youtube.com/watch?v=mSb_N2Ly8VY>.

V Isso faz lembrar a descrição de Stocking Jr. da forma de trabalho de Boas algumas décadas antes: "Talvez uma metáfora mais esclarecedora seja sugerida no comentário de Kroeber de que Boas era 'um verdadeiro patriarca' – uma poderosa e bastante proibitiva figura paterna que recompensava sua prole com apoio nutritivo à medida que ele sentia que eles se identificavam genuinamente com ele, mas que era indiferente e até punitivo se a ocasião o exigia. Em resumo, os Boasianos talvez sejam mais bem compreendidos, como seu próprio termo implicaria, em termos de um modelo diferente de identidade coletiva humana: a família [...]. A pesquisa foi realizada em contextos não ou quase acadêmicos e foi apoiada em grande parte por filantropia individual, canalizada através dos museus; as universidades forneceram pouco ou nenhum dinheiro para pesquisa antropológica" (Stocking Jr, 2002, pp. 11-14).

VI A emancipação não trata apenas da libertação política e econômica da opressão colonial ou racial. Também deve existir ou ser criado espaço suficiente para uma pluralidade de vozes legítimas e uma multiplicidade de formas locais de conhecimento. Como a rede global de comunicação científica continua a ser tendenciosa em favor de epistemologias particulares, línguas específicas e focos particulares de pesquisa impostos de fora, é óbvio que tal espaço ainda está por ser definido e os famosos silêncios reinam. Há mais de duas décadas, Paul Tiyambe Zeleza (cf. Zeleza, 1997) identificou uma divisão implícita do trabalho no campo dos Estudos Africanos, na qual os pesquisadores africanos produziram pesquisas empíricas conceituadas (afinal, eles não tinham acesso adequado à literatura), que os "africanistas" coletaram e processaram subsequentemente para seus grandes estudos e teorias transnacionais de grande escala. É possível argumentar que tal divisão de trabalho e tarefas entre os pesquisadores "locais" e "internacionais" também tem sido parte integrante dos estudos transnacionais afro-brasileiros.

VII Embora tenha sido relativamente fácil estabelecer e manter conexões com acadêmicos individuais nos EUA, experimentei pessoalmente grandes obstáculos em minhas tentativas de desenvolver acordos institucionais com universidades americanas, especialmente como assessor para Assuntos Internacionais da UFBA em 2014-2015.

VIII Como Anthony Pereira (cf. A. Pereira, 2021) demonstrou em seu estudo da trajetória brasileira de Samuel Huntington, as posturas liberais domésticas, no seu caso, a militância no Partido Democrata, poderiam ser combinadas com o apoio ao golpe de 1964 no Brasil, com o fundamento de que, de outra forma, o comunismo teria assumido e poderia ter colocado em perigo o tecido democrático da sociedade norte-americana. Em muitos aspectos, para Herskovits era exatamente o contrário: ele era mais progressista na Bahia e mais tarde, por exemplo, em Moçambique, onde esteve em 1952, do que em casa, nos EUA.

IX Aqui acredito que sua experiência como judeu desempenhou um papel fundamental (cf. Yelvington, 2000).

X Muitas vezes, os professores das universidades americanas, especialmente os juniores, complementam seu salário anual associando-se ao programa de cursos de verão de sua universidade. Frequentemente, esses cursos de verão são oferecidos no exterior, às vezes em parceria com um acadêmico local. Durante vários anos, fui o docente local no Programa de Verão no Exterior do Departamento de Estudos Negros da University of California, Berkeley. Durante os últimos 30 anos no Ceao/UFBA, tivemos acordos de cooperação de tal natureza com várias universidades americanas. Na maioria dos casos, tratava-se de departamentos ou programas de estudos étnicos ou negros, que obviamente fizeram da Bahia um de seus destinos preferidos.

XI Em sua descrição da visita de Robert Park a Salvador, Lícia Valladares mostra como, a partir de 1935, "a Bahia se tornou uma importante região etnográfica, se não um 'laboratório social' apropriado" (L. Valladares, 2010, p. 42).

XII Sobre a história dos Estudos Africanos no Brasil, o Centro de Estudos Afro-Orientais (Ceao) na Bahia, o Centro de Estudos Afro-Asiáticos (Ceaa) da Universidade Candido

Mendes no Rio e as revistas *Estudos Afro-Asiáticos* e *Áfro-Asia*, cf. Reis, 2015; Sansone, 2020; Teles dos Santos, 2021. Vale mencionar que, desde 2005, o Ceao/UFBA tem acolhido o Posafro (Programa Multidisciplinar de Pós-Graduação em Estudos Étnicos e Africanos), o único programa do tipo no Brasil que oferece um doutorado, que, como o próprio nome diz, reúne Estudos Étnicos e Estudos Africanos. Disponível em <www.posafro.ufba.br>.

XIII Veja a edição da revista *Estudos Afro-Asiáticos* (2002) (Disponível em <https://www.scielo.br/j/eaa/i/2002.v24n1>. Acesso em 16/9/2019) que foi dedicada ao debate desse artigo polêmico. Deixe-me acrescentar que, na época, eu era o editor da revista *Estudos Afro-Asiáticos*.

POSFÁCIO

O dilema da repatriação (digital)

Os livros, baseados em pesquisas etnográficas ou em arquivos, ou em uma combinação de ambos, são, em sua maioria, concebidos como o resultado solitário do acúmulo individual. O conhecimento, ao contrário, é mais facilmente compreendido como o resultado da circulação, do compartilhamento e até mesmo da imitação ou mimese. Eu sempre fui mais propenso a compartilhar e trocar do que a acumular individualmente. Os livros individuais são relativamente exíguos em minha carreira, mesmo durante meu auge. Pelo contrário, dediquei-me a fazer obras coletivas, compilações e seminários ou cursos intensivos que resultaram em metatextos. Tanta engenharia social tem seu preço: compartilhei arquivos com colegas e, inspirado pela frase de Paul Lovejoy "não se sente no arquivo", disponibilizei imediatamente *on-line* a maioria dos documentos que repatriei dos EUA e da França e insisti na sua curadoria coletiva quando, talvez, eu devesse primeiro ter me concentrado em produzir meu próprio livro sobre esses documentos. Eu poderia ter compartilhado documentos e descobertas depois, como recomenda o cânone. Talvez eu tivesse produzido mais livros individuais, mas contribuído menos para o que presumo ter sido a melhoria das condições para a produção de conhecimento no Brasil, mais especialmente na Bahia. Este livro possui histórias interligadas com as dos meus dois principais projetos, num mesmo tipo de engenharia social: o Fábrica de Ideias e o Museu Afro-Digital. Também faz parte de um projeto de pesquisa maior sobre a circulação internacional de ideias sobre raça e antirracismo.

Por uma série de razões pessoais, aos 60 anos, decidi embarcar em um projeto de longo prazo que levará uma década ou mais para ser concluído. Ele se concentra na construção transnacional das noções de raça e antirracismo vistas a partir da América Latina e especialmente da Bahia, e é concebido em três etapas, cada uma das quais mostra uma forma específica de transnacionalismo. O transnacionalismo, assim como conceitos transnacionais tais como o

Atlântico Negro ou a Diáspora africana, sugere a limitação inerente da nação e de suas fronteiras – que pode ser mais aguda em certos momentos da história – assim como a polaridade dos ícones globais em relação aos significados locais. Esse conceito está relacionado à emancipação em diversas formas, assim como à noção de globalização, ainda que o transnacionalismo tenha uma aura mais inocente que a globalização e careça da conotação revolucionária e pacifista do internacionalismo.

A primeira etapa do projeto diz respeito à construção da curiosidade e da sensibilidade etnográfica na América Latina no período que corresponde ao apogeu do pensamento racial, de 1880 até a Primeira Guerra Mundial. O caso da América Latina torna evidente, talvez até mais do que em qualquer outro lugar, que a curiosidade e a sensibilidade etnográfica também se desenvolvem a partir de dentro, não apenas de fora, do racialismo hegemônico – a "religião das raças", como o antropólogo físico Cavalli-Sforza colocou em seu último livro.[1] No Brasil, em Cuba e na Argentina, tal sensibilidade foi poderosamente informada pelos métodos e pela filosofia da *Scuola Positiva* italiana, cuja figura central foi Cesare Lombroso – médico, psiquiatra, criminólogo, antropólogo, colecionador, higienista, socialista, judeu, positivista, racista, adepto da miscigenação, anticolonialista e espiritualista. Essa etapa se concluiu com a publicação de meu livro sobre a "galáxia" Lombroso.[2]

A segunda etapa do projeto foi o estudo de materiais relacionados à construção transnacional do campo acadêmico dos Estudos Afro-brasileiros nas décadas de 1930 e 1940, assim como da forma através da qual o Brasil, e particularmente o estado da Bahia, desempenhou um papel central no desenvolvimento da noção de "africanismo", como articulado por Melville Herskovits, seus associados e os muitos pesquisadores influenciados por ele. Lorenzo Dow Turner e Edward Franklin Frazier envolveram-se criticamente com a noção de Herskovits, e eles também fazem parte deste livro. Tal noção seria essencial na posterior criação dos Estudos Africanos nos EUA. Ela reverberaria no desenvolvimento de novas variedades de "negritude", como parte do processo que levou à independência da maioria dos países africanos nos anos 1960 (com exceção das colônias portuguesas e da Rodésia, da Namíbia e da África do Sul, dominadas pelos brancos). O "africanismo" também impactou a redefinição da identidade afro-americana nas vésperas do movimento de direitos civis nos EUA. Este livro é o resultado dessa segunda etapa.

[1] Cavalli-Sforza, 2013.

[2] Sansone, 2022.

A terceira e última parte, meu atual projeto de pesquisa, focaliza o impacto da realização de Estudos Afro-americanos e Estudos Africanos propriamente ditos tanto na América do Norte quanto na América do Sul, e na vida e nas trajetórias dos líderes independentistas dos países africanos a partir dos anos 1950, especialmente do moçambicano Eduardo Chivambo Mondlane, que foi treinado como sociólogo nos EUA por Melville Herskovits, entre outros. Como fruto dessa interação, as famílias Mondlane e Herskovits permaneceram em contato por décadas.

A pesquisa e a escrita também devem ser sempre uma questão de aprendizado. Aprendi muito ao escrever este livro, que concluí durante a pandemia da covid-19.[1] Quando comecei a trabalhar nele, há quase 20 anos, o trabalho versava sobre um aspecto importante da construção dos Estudos Afro-brasileiros, e eu estava firmemente convencido de duas coisas: de que precisávamos de uma reescrita pós-colonial – ou seria decolonial? – da história dos Estudos Afro-brasileiros e de que isso precisava ser feito a partir do Sul. Isso significava subverter a geopolítica convencional do conhecimento que tradicionalmente havia atribuído ao Brasil – e à Bahia dentro dele – o lugar da "estação etnográfica" muito mais do que o lugar a partir do qual fazer considerações teóricas gerais. Estou mais convencido do que nunca da necessidade de subverter a ordem das coisas nessa relação desigual e injusta, mas isso se mostrou muito mais difícil do que eu havia imaginado. Neste (demasiado) longo processo de escrita, pouco a pouco, descobri que a relação Sul/Norte em nosso campo de estudo é muito complexa e muitas vezes dolorosa para ser "resolvida" por dois simples truques de engenharia social e intelectual, como eu pensava há 20 anos. Primeiro, como vimos, nessa relação majoritariamente desigual não havia apenas a patronagem do Norte ao Sul, mas também havia entre eles afeto, camaradagem, amizade, genuína solidariedade antirracista e, por último, mas não menos importante, uma grande dose de emoções, firme crença na força dos orixás e *saudade*.

Em segundo lugar, "fazer pesquisa a partir do Sul" tem sido muitas vezes uma expressão retórica e rebelde, sugerindo que existe um Sul geral e que estar lá confere ao pesquisador uma certa autoridade para falar de alguma forma "em nome do Sul". Sem negar de forma alguma as relações de poder que tal uso da expressão Sul contém, estou aqui enfatizando uma série de aspectos práticos na vida diária de um pesquisador baseado no "Sul do Sul". Eu trabalho em Salvador, Bahia – um lugar com interessantes oportunidades de trabalho de campo e documentação para o historiador da escravidão, mas com bibliotecas e arquivos muito pobres, especialmente em relação ao período pós-Abolição (1888). Isso fez com que esta pesquisa se desenvolvesse em um conjunto de períodos curtos, mas muito intensos de tempo, sempre que tive a oportunidade e os fundos para realizar investigações no Norte, o que resultou em pequenas visitas a determinados arquivos e em um longo tempo para elaborar as conclusões. Fez também com que fossem necessários longos intervalos entre pesquisas em um ou outro arquivo, intervalos estes que foram preenchidos por tentativas de sistematizar os documentos reunidos no Norte e a leitura de qualquer texto desses autores publicado no campo. Na maior parte do tempo, tratava-se de publicações nos EUA, o que demandava poder comprá-las ou lê-las *on-line* (pelo menos em partes), porque nossas bibliotecas definitivamente nunca foram capazes de manter todos ou mesmo a maioria dos livros dedicados aos Estudos Afro-brasileiros, especialmente aqueles publicados no exterior, e, embora eu tente adquirir alguns, não tenho recursos para comprar todos tirando do meu próprio bolso.[II]

Essas são apenas algumas das severas limitações às condições concretas para a produção de conhecimento na Bahia. A política global dos arquivos (que inclui a política de armazenamento; do que e de como armazenar; onde; e para quem) tem afetado muito severamente essa produção, especialmente nas últimas duas décadas, período correspondente à abertura de nossas universidades a uma grande e nova geração de estudantes negros e/ou desprivilegiados que, graças a ações afirmativas, tiveram pela primeira vez acesso ao ensino superior em grande número.

Tal situação do arquivo na Bahia tem sido tanto uma fonte de grande frustração quanto a força motriz por trás de alguns dos meus projetos nos últimos 30 anos.[III] Todo esse processo de repatriação (digital) começou em 1992. Ao mudar da Universidade de Amsterdã, onde tinha concluído meu doutorado, para a Universidade Federal da Bahia, logo cheguei à conclusão de que precisávamos de uma política e de uma prática de repatriação (digital), como forma de reparação de uma política tradicional de arquivos, através da qual os materiais apropriados são mantidos no Norte, enquanto o campo e os "maus arquivos" ficam no Sul.[3] Eu havia passado minhas últimas semanas em Amsterdã fazendo fotocópias em nome dos colegas do Departamento de Antropologia da UFBA e para os cursos que havia sido convidado a ministrar na Bahia. No fim, fiquei com uma mala cheia de fotocópias e entre elas estava o debate entre Frazier e Herskovits sobre as origens da família negra. Esses artigos não estavam disponíveis na biblioteca da FFCH/UFBA,

[3] Sansone, 2011.

que fica a apenas um quilômetro do Gantois e bem ao lado da Igreja de São Lázaro, uma das principais protagonistas nas fotos de Landes e Herskovits. Meus colegas e amigos Michel Agier e Jeferson Bacelar me pediram uma cópia, que lhes cedi imediatamente. O fato de que artigos resultantes de pesquisas na Bahia nos anos 1940 – que haviam sido parte fundamental da minha formação de pós-graduação em Estudos Étnicos e Caribenhos em Amsterdã – houvessem sido, de alguma forma, esquecidos na Bahia era prova de que, na circulação de publicações, ideias e informações através do Atlântico Negro, havia uma série de grandes obstáculos.

Certos temas ou documentos de grande importância nos EUA e nos Estudos Caribenhos poderiam ser discretamente ignorados no Brasil. Outras ideias e publicações mais recentes produzidas principalmente nos EUA sobre o antirracismo e a ação afirmativa, bem como estudos comparativos de relações raciais, estavam chegando ao Brasil em número muito maior, começando especialmente a partir da celebração dos cem anos da Abolição, em 1988, que foi também o ano da primeira Constituição verdadeiramente democrática no Brasil.

Minha principal tentativa de tentar reverter a política dos arquivos acima mencionada foi a criação de um Museu Afro-Digital da Memória Africana e Afro-brasileira. Esse projeto começou em 2010 como um mero arquivo e agora conta com sedes locais em cinco universidades brasileiras. Ele se baseia em três noções-chave: doação, repatriação e generosidade digital.[4] A ideia me veio à mente em 2006, quando, pesquisando no Schomburg Center, em Nova York, encontrei as fotos da primeira reunião oficial do Conselho da Faculdade de Filosofia, ocorrida em 1942, que homenageou Melville Herskovits. Acontece que essa é a faculdade onde trabalho na Universidade Federal da Bahia e nosso arquivo não possuía tais fotos.[IV]

Nesse meio-tempo, descobri que o processo de repatriação digital apresenta uma complexidade muito próxima à da repatriação física. Um breve olhar sobre o Gantois, a comunidade do candomblé e seu diálogo com vários setores da sociedade, incluindo os cientistas sociais de hoje, 80 anos depois que nossos quatro pesquisadores vieram para a Bahia e mais de 50 depois do retorno de Frances, aponta para o dilema da repatriação. A casa do Gantois, é claro, mudou muito durante esse longo período. Em uma comunidade que passou por mudanças sociais dramáticas, o terreiro se tornou mais aberto para o exterior e menos interativo com seu próprio bairro, que hoje é maior e mais

4 Sansone, 2019a.

complexo, mesmo em termos de vida religiosa. Se Frances foi surpreendida pelas mudanças na comunidade do candomblé após 25 anos, ela ficaria atônita se pudesse prever a situação atual, que se caracteriza por uma crise no relacionamento com o bairro onde funciona, acompanhada de um crescimento da influência de casas de fora da comunidade imediata graças a projetos dirigidos por pessoas externas a ela, como grupos de músicos conhecidos que dedicam discos em homenagem a uma casa específica. Há, também, conflitos relacionados à continuidade da liderança de algumas das chamadas casas de candomblé "tradicionais", especialmente quando morre uma sacerdotisa importante e não há acordo na casa sobre sua sucessão.

Um detalhe autobiográfico extra, que de certa forma me coloca como parte desse campo, é que sou vizinho da casa do Gantois, mesmo que minha relação com esse terreiro seja majoritariamente profissional. Pelo menos uma vez por ano, no final do semestre, leciono minha última aula de Pensamento Antropológico Clássico no Brasil dentro do Gantois, com a assistência de Mãe Márcia, que não é uma "equede" qualquer, mas trabalha no Ceao há décadas e está familiarizada com as Ciências Sociais e o estilo de trabalho dos antropólogos. Além disso, visito o Gantois para uma festa ocasional em média uma vez a cada seis meses e moro logo na esquina, a menos de cem metros, onde posso ouvir muito bem, de dento do meu quarto, os tambores noturnos e os fogos de artifício. As pessoas mais velhas da minha família, de uma forma ou de outra, estão relacionadas com a casa desde a juventude e eram todas tão familiares com Mãe Menininha como o são agora com Mãe Carmen. Tornei-me relativamente conhecido na casa por tudo isso – e sou um dos muitos que recebem convite para festividades na casa porque entrei para o boletim de *e-mails* do Gantois.[V] Ainda assim, nesse terreiro, sou um forasteiro e um observador, que, como deveria ser, também é observado e cuidadosamente analisado.

Com o passar do tempo, percebi também que a repatriação pode ser um processo muito complexo. Para começar, não está claro o que se entende por isso. Em muitos aspectos, os Herskovits estavam convencidos de que faziam algum tipo de repatriação, trazendo conhecimento, artefatos, sons e imagens da África e do Caribe para a Bahia como parte de seu trabalho de campo. De fato, os antropólogos frequentemente trazem conhecimentos, objetos, artesanatos, imagens e sons de um local de seu trabalho de campo para outro, e eu também fiz isso entre o Suriname e a Bahia e entre a Bahia e a Guiné-Bissau. Alguns anos depois de Herskovits, Pierre Verger desenvolveu ainda mais essa repatriação como um meio de despertar a memória da África ou de descendentes da África no Novo Mundo. Seu olhar fotográfico foi, naturalmente, a lente através da qual tal processo pôde ocorrer. Verger, com seu estilo muito pessoal, era tão central quanto as imagens retratadas em suas (maravilhosas) imagens.

Mais recentemente, dois colegas também tentaram algum tipo de repatriação. Javier Vatin e Olivia Gomes da Cunha exibiram uma amostra selecionada das fotos e até tocaram uma amostra das gravações para os pais e mães de algumas casas onde originalmente essas fotos e gravações foram tiradas, sem deixá-las com o terreiro, pois sentiam que não estavam em condições de fazê-lo.[5] Eles preferiram produzir livros individuais e, adicionalmente, um documentário de 76 minutos, no qual parte dessas fotos e, até certo ponto, sons foi reproduzida.[VI] No meu caso, era uma questão diferente, porque se tratava de um processo institucional, baseado no Ceao/UFBA e apoiado com fundos públicos, que visava criar um arquivo digital – e mais tarde um museu digital – em que imagens, sons e documentos pudessem ser acessados, comentados e até mesmo curados por indivíduos ou grupos. Trata-se de um projeto baseado em doações digitais locais, repatriação digital internacional e generosidade digital entre pesquisadores e outras categorias de pessoas envolvidas (ativistas negros, pessoas da comunidade do candomblé, estudantes do ensino médio, professores, e assim por diante). Inspirado no princípio da museologia criativa e compartilhando informações e documentos, o projeto se baseia no princípio da Creative Commons. Para o Museu Afro-Digital, a repatriação é muito menos uma ação individual e muito mais parte de um processo coletivo de reconhecimento e preservação.[6]

No entanto, como um caso de teste, de fato, repatriei a Gantois e Opô Afonjá alguns documentos e muitas fotos e gravações. Logo após voltar dos EUA, em 2006, disponibilizei cópias das fotos e das gravações, com entusiasmo, a Luis Nicolau, Felix Omidire, Mãe Stella, Mãe Carmen e Fábio Lima. Cópias digitais em CDs e *pen drives* foram deixadas lá – eu tinha uma autorização especial do Smithsonian Institute para fazer isso – e achei que essa era a melhor coisa a fazer – repatriar imagens e sons e deixá-los a casa para que os utilizem como, quando (e se) quiserem. Além disso, tendo recebido autorização da Smithsonian, da Moorland-Spingarn e do Archives of Traditional Music, imagens e gravações foram colocadas *on-line* já na primeira versão do *site* do Museu Afro-Digital para o público em geral.[VII] Eu, pessoalmente, apresentei

[5] Vatin, 2017; Cunha, 2020.

[6] Sansone, 2019a.

as fotos para Mãe Carmen, e meu colega e amigo Fabio Lima apresentou-as para Mãe Stella. Enquanto Mãe Stella reagiu com entusiasmo e agradeceu o gesto em uma carta generosa, a reação de Mãe Carmen não foi a que eu esperava. Quando apresentei meu projeto no salão principal do terreiro, ela disse a duas equedes que estavam lá: "Fechem todas as janelas, quero ser a primeira pessoa da casa a ver as fotos". Algo semelhante havia acontecido três anos antes com Olivia Gomes da Cunha:[7] aparentemente, nem toda a memória do passado é boa ou útil para o presente. Quando apresentei as fotos, o espaço e certos objetos foram imediatamente reconhecidos. Os objetos são quase venerados ou tratados como relíquias, como no Memorial de Mãe Menininha que faz parte do Gantois e que hospeda muito poucas fotos e uma infinidade de objetos.[VIII]

As pessoas retratadas nas fotos eram menos reconhecidas e atraíam menos atenção, e havia muito menos interesse nelas do que eu imaginava. Era muito mais fácil se lembrar de lugares do que de indivíduos. Algumas pessoas não deviam ser lembradas, de qualquer forma, porque tinham saído da casa, muitas vezes após uma briga. A repatriação é interessante para a liderança do candomblé quando se ajusta aos pactos atuais. No processo de recordação, através da observação das fotos, o que era lembrado pelos observadores quase nunca era o que eu esperava que eles lembrassem. Às vezes, a memória falhava. Em outras, havia apenas silêncio – é preciso enfatizar que certo caráter elusivo no processo de responder a perguntas feitas por pessoas de fora também é típico das lideranças do candomblé. Finalmente, a cópia de uma foto tirada por Ruth Landes está agora no Memorial de Mãe Menininha, sem crédito à fonte... No final, eles sentem que a casa é a verdadeira proprietária das fotos. Qual o sentido de mencionar que ela veio da coleção Landes no National Anthropological Archives, Smithsonian Institute em Suitland, Virgínia?

Um dos princípios do Museu Afro-Digital, a doação digital, também tem enfrentado obstáculos. Apenas alguns poucos pesquisadores, em sua maioria mais jovens, estão dispostos a mostrar e compartilhar seus arquivos. Não há tradição de doação de arquivos pessoais para o Arquivo Público Municipal e Estadual de Salvador. Esse é o resultado de uma tensa história na relação dos pesquisadores baianos com seus arquivos, que são carentes, inexistentes ou efetivamente indisponíveis (por falta de manutenção, recursos, pessoal, boa vontade). Num passado não tão distante, um sem-número de arquivos públicos (e, em menor escala, de bibliotecas) foram de fato privatizados,

7 Cf. Cunha, 2000, p. 636.

tornando-se parte de arquivos privados sociais e simbólicos ou de bibliotecas de pesquisadores locais.[IX] A situação atual do arquivo na Bahia ainda lembra a condição de colonialidade, cuja base fundamental são episódios em que o colonizador se distingue pela grandeza e pela generosidade contrastando com a mediocridade e o provincianismo do colonizado. Consideremos a diferente atitude do Smithsonian Institute e do Museu de Arqueologia e Etnologia da UFBA em relação às imagens e aos direitos autorais: o Smithsonian (chamemos aqui de "colonizador") tem sido muito mais ágil e disposto a repatriar um grande número de cópias digitais das fotografias de Melville Herskovits e Ruth Landes do que um dos pequenos museus de minha universidade (chamemos aqui de "colonizado") que se tornou o repositório da biblioteca e de documentos do falecido professor Valentin Calderón, que também tinha duas fotografias de Melville Herskovits participando de uma reunião de professores de nosso instituto, a FFCH/UFBA. Calderón tinha de fato privatizado, entre muitos outros, esses dois documentos públicos e dificultou, através de seu testamento, que o museu atendesse ao meu pedido.

A repatriação é sempre uma solução eficaz? Quão politicamente relevante ela pode ser? Às vezes, a repatriação física pode levar à decepção. Como o ex-curador do Museu do Ifan em Dakar, Ibrahima Thiaw, me disse em uma entrevista em março de 2010: os objetos repatriados de Paris para Dakar na verdade "pertenciam" a outro lugar, por exemplo, a Mali. A repatriação física para o AEL/Unicamp, o melhor arquivo de movimentos sociais do país, de parte dos documentos de Donald Pierson relacionados ao Brasil – que, quando consultei em 2010, ainda estavam em desordem –, significou que eles ainda não estão disponíveis *on-line*, como o restante de seus documentos estão, na Universidade da Flórida, em Gainesville. A repatriação digital, embora não esteja livre de limitações, acabou funcionando muito melhor do que a doação local de cópias de documentos, imagens e gravações, pois subestima a propriedade de um documento enquanto enfatiza sua circulação. Ela é tecnicamente muito menos complexa e oferece um conjunto de vantagens como a circulação e a possibilidade de reinterpretação, que estão mais de acordo com nossos tempos e o crescente interesse em refazer histórias e biografias a partir de condições desfavoráveis (do Sul).[8] De qualquer maneira, apesar dos momentos frustrantes, o processo de reconhecimento através da repatriação (digital) pode ser emocionante e nos dá a sensação de finalmente fazer justiça à memória.

[8] Rassool, 2019.

Notas – Posfácio

I Em muitos aspectos, este livro tem sido uma forma de dar sentido a essa terrível pandemia que levou tantos de nossos entes queridos, incluindo meu pai, Agostino. Durante os longos meses de quarentena no Brasil, minha revisão a partir do Sul contou com muitos colegas generosos do Norte Global que ajudaram minha pesquisa de diversas maneiras. Sem eles, minha incursão nos arquivos do Norte teria sido quase infrutífera. Também a Sci-Hub, LibGen e outras bibliotecas digitais foram essenciais para esse projeto.

II Isso está mudando graças ao desenvolvimento do conhecimento livre na comunidade digital. Alexandra Elbakyan (criadora da biblioteca digital Sci-Hub) é uma das pessoas que mais contribuíram para a pesquisa do livro atual.

III O sentimento de que no campo dos Estudos Afro-brasileiros era necessária uma atitude mais proativa em relação à internacionalização – e a ideias e intelectuais estrangeiros em geral – foi a principal fonte de inspiração para a criação da Fábrica de Ideias, uma escola doutoral intensiva em Estudos Étnicos e Africanos, iniciada em 1998. Desde então, tenho sido o coordenador-geral desse projeto. A partir de 2010, a questão da preservação do patrimônio imaterial e da repatriação (digital) se tornou uma das prioridades do Fábrica de Ideias. Em 2005, no Ceao, foi fundado o primeiro programa de pós-graduação do Brasil com um curso de mestrado e doutorado em Estudos Étnicos e Africanos (Posafro) – também graças a uma subvenção inicial da Ford Foundation. Em 2010, o Posafro criou o Museu Afro-Digital, que sobrevive até hoje e permanece como modelo, apesar da crônica falta de financiamento, bem como de uma relativa falta de experiência no Brasil no campo das humanidades digitais.

IV Em 2019, descobri que algumas dessas fotos estavam no arquivo pessoal de um de nossos professores da UFBA, o falecido Valentin Calderón. Até não muitos anos atrás, a privatização de documentos públicos era uma prática comum entre os acadêmicos brasileiros, como em muitos outros países do Terceiro Mundo com arquivos igualmente pobres.

V Também mostrei a foto a duas senhoras de idade, vizinhas do Gantois, que eram bastante próximas de Menininha e conhecem bem Mãe Carmen, Tia Edinha e Dona Railda, minha sogra. Elas tinham uma lembrança interessante – e nostálgica – do Gantois e da comunidade. As imagens e as gravações também foram apresentadas em uma apresentação de *slides* em várias conferências no Brasil, como a RBA, a Anpocs e o Congresso Luso-Afro-Brasileiro (Conlab).

VI Dirigido por Gabriela Barreto, o documentário *Memórias Afro-atlânticas* (2019) contou com produção de Cassio Nobre e roteiro de Xavier Vatin (Disponível em <https://www.looke.com.br/filmes/memorias-afro-atlanticas> Acesso em 4/4/2021).

VII Apesar de todas as falhas técnicas, a página do Facebook do Museu Afro-Digital contava com mais de 15 mil seguidores em setembro de 2020.

VIII Uma pequena coleção de seus objetos pessoais, aberta ao público.

IX Foi-me dito que, entre os historiadores da Bahia, existe uma "tradição" semelhante no que diz respeito à patrimonialização de documentos públicos.

Bibliografia

ALLMAN, Jean. "'#HerskovitsMustFall?': A meditation on whiteness, African Studies, and the unfinished business of 1968". *African Studies Review*, vol. 62, n. 3, 2020, pp. 6-39.

ALVES, Isaías. "Discurso do Prof. Isaías Alves, por ocasião da entrega do diploma ao Prof. Melville J. Herskovits, em 21 de agosto de 1942". *In*: HERSKOVITS, Melville J. *Pesquisas etnológicas na Bahia*. Salvador, Museu de Arte da Bahia, 2008, pp. 37-39.

AMOS, Alcione. *Os que voltaram: a história dos afro-brasileiros que voltaram para a África no século XIX*. Belo Horizonte, Tradição Planalto, 2007.

____. "Amaros and Agudás: The Afro-Brazilian returnee community in Nigeria in the 19th Century". *In*: AFOLABI, Niyi & FALOLA, Toyin (ed.). *Yoruba in Brazil, Brazilians in Yorubaland: Cultural encounter, resilience, and hybridity in the Atlantic world*. Durham, Carolina Academic Press, 2017.

ANDERSON, Mark. "The complicated career of Hugh Smythe anthropologist and ambassador". *Transforming Anthropology*, vol. 16, n. 2, 2008, pp. 128-146.

ANDRESON, Jamie Lee. *Ruth Landes e a cidade das mulheres: uma releitura da antropologia do candomblé*. Salvador, EDUFBA, 2019.

APTER, Andrew. *Oduduwa's Chain: locations of culture in the Yoruba-Atlantic*. Chicago, Chicago Scholarship Online, 2017.

ASHBAUGH, Leslie Ann. "Frances Shapiro Herskovits". *In*: SCHULTZ, Rima Lunin (ed.). *Women building Chicago 1790-1990. A biographical dictionary*. Bloomington, Indiana University Press, 2001, pp. 385-387.

AZEVEDO, Thales de. *As elites de cor numa cidade brasileira: um estudo de ascensão social, classes sociais e grupos de prestígio*. Salvador, EDUFBA [1953], 1996.

____. *A evasão dos talentos*. Rio de Janeiro, Paz e Terra, 1968.

____. *As Ciências Sociais na Bahia*. Salvador, Fundação Cultural do Estado da Bahia, 1984.

AZEVEDO BRANDÃO, Maria de. "A posição social da mulher e o papel de certas crenças populares numa comunidade rural da Bahia". Comunicação ao II Congresso Brasileiro de Folclore. Salvador, 1957.

____. "Posição socioeconômica de pequenos lavradores de subsistência da Bahia". *Anais* da Reunião Brasileira de Antropologia, III. Recife, 1959.

BASTIDE, Roger. "Cadeira de Ogan e o posto central". *Sociologia*, vol. 1, 1948, pp. 44-45.

____. *As Américas negras*. São Paulo, Difel [1967], 1974a.

____. "The present status of Afro-American research in Latin America". *Daedalus*, vol. 103, n. 2, 1974b, pp. 111-123.

BENAMOU, Catherine. *It's all true: orson well's Pan-American odissey*. Los Angeles, U. California Press, 2007.

BILDEN, Rüdiger. "Brazil, laboratory of civilization". *The nation*, vol. 128, n. 3315, 1929, pp. 71-74.

BORGES, Dain. "The recognition of Afro-Brazilian symbols and ideas: 1890-1940". *Luso-Brazilian Review*, vol. 32, n. 2, 1995, pp. 59-78.

BOURDIEU, Pierre & WACQUANT, Loïc. "On the cunning of imperialist reason". *Theory, Culture and Society*, vol. 16, n. 1, 1999, pp. 41-58.

BRAGA, Julio. *Fuxico de candomblé*. Feira de Santana, Editora da UEFS, 1998.

CAPONE, Stefania. *La quete de l'Afrique dans le candomblé*. Paris, Karthala, 1999.

___. "Bonfim, Martiniano Eliseu do". *In*: KNIGHT, Franklin W. & GATES Jr., Henry Louis (ed.). *Dictionary of Caribbean and Afro-Latin American Biography. Oxford African American Studies Center*, June 1, 2016. Disponível em <http://www.oxfordaasc.com/article/opr/t456/e297>. Acesso em 29/3/2021.

CARNEIRO, Edison. *Candomblés da Bahia*. Salvador, Museu do Estado da Bahia, 1948.

CAROSO, Carlos. "Carlo Castaldi: o reencontro de um naufragado com a antropologia". *In*: PEREIRA, Claudio & SANSONE, Livio (org.). *Projeto Unesco no Brasil: textos críticos*. Salvador, EDUFBA, 2007, pp. 185-202.

CASTALDI, Carlo. "A aparição do demônio em Catulé [Minas Gerais]". *In*: QUEIROZ, Maria Izaura Pereira de *et al.* (org.). *Estudos de sociologia e história*. São Paulo, Inep/Anhembi, 1954, pp. 17-130.

CASTILLO, Lisa Earl. *Entre a oralidade e a escrita: a etnografia nos candomblés da Bahia*. Salvador, EDUFBA, 2008.

CAVALLI-SFORZA, Luigi Luca. *Razzismo e noismo: le declinazioni del noi e l'esclusione dell'altro*. Torino, Einaudi, 2013.

CERAVOLO Suely & SANTOS, Daisy. "Apontamentos sobre José Prado Valladares, um homem de museu". *Cadernos Ceom*, vol. 20, n. 26, 2007, pp. 195-221.

CHEVITARESE, André & PEREIRA, Rodrigo. "O desvelar do candomblé: a trajetória de Joãozinho da Gomeia como meio de afirmação dos cultos afro-brasileiros no Rio de Janeiro". *Revista Brasileira de História das Religiões*, vol. 9, n. 26, 2016, pp. 43-65.

COELHO, Ruy. *Dias em Trujillo: um antropólogo brasileiro em Honduras*. São Paulo, Perspectiva, 2000.

___. *Os caraíbas negros de Honduras*. São Paulo, Perspectiva, 2002. [Traduzido de *The black carib of Honduras: a study in acculturation*. Ph.D. diss. Northwestern University, 1955.]

COLE, Sally. "Introduction". *In*: LANDES, Ruth. *The city of women*. Albuquerque, The University of New Mexico Press, 1994, pp. vii-xxv.

CORRÊA, Mariza. *História da antropologia no Brasil (1930-1960). Testemunhos: Emílio Willems e Donald Pierson*. Campinas, Editora da Unicamp/Vértice, 1987.

___. *Traficantes do simbólico e outros ensaios sobre a história da antropologia*. Campinas, Editora da Unicamp, 2013.

CORRÊA, Mariza & MELLO, Januária (org.). *Querida Heloísa/Dear Heloísa: cartas de campo para Heloísa Alberto Torres*. Campinas, Núcleo de Estudos de Gênero – Pagu/Unicamp, 2009. Disponível em <https://museunacional.ufrj.br/semear/docs/Livros/livro_CORREA-MARIZA.pdf>. Acesso em 21/9/2020.

COSTA LIMA, Vivaldo da. *A família de santo nos candomblés jeje-nagôs na Bahia*. Salvador, Corrupio [1977], 2003.

___. "O candomblé da Bahia na década de 1930". *Estudos Avançados*, vol. 1, n. 52, 2004, pp. 202-221.

CUNHA, Olivia Gomes da. "Do ponto de vista de quem? Diálogos, olhares e etnografias dos e nos arquivos". *Estudos Históricos*, vol. 36, 2005, pp. 7-32.

___. *The Things of Others*. Leiden, Brill, 2020.

DANTAS, Beatriz Gois. *Vovô nagô e papai branco: usos e abusos da África no Brasil*. Rio de Janeiro, Graal, 1988.

DAVIS, Arthur. "E. Franklin Frazier (1894-1962): A profile". *The Journal of Negro Education*, vol. 31, n. 4, 1962, pp. 429-435.

DAVIS, Darien & MARSHALL, Oliver (ed.). *Stefan and Lotte Zweig's South American Letters: New York, Argentina and Brazil, 1940-42*. New York, Continuum, 2010.

DAVIS, John (ed.). *Africa from the point of view of American negro scholars*. Paris, Présence Africaine, 1958.

DINES, Alberto. *Morte no paraíso: a tragédia de Stefan Zweig*. Rio de Janeiro, Rocco, 2009.

EDUARDO, Octavio da Costa. *The Negro in Northern Brazil: A Study in Acculturation*. New York, Monographs of the American Ethnological Society XV, 1948.

EDWARDS, G. Franklin (ed.). *E. Franklin Frazier on Race Relations*. Chicago, University of Chicago Press, 1968.

ELBEIN, Juana dos Santos. *Nàgô e a morte: Pàde, Àsèsè e o culto Égun na Bahia*. Petrópolis, Vozes, 1986.

FANON, Frantz. *Les damnes de la terre*. Paris, Maspero, 1961.

FERNANDES, Florestan. *A integração do negro na sociedade de classes*. 2 vols. São Paulo, Dominus, 1965.

FERNANDEZ, James. "Tolerance in a repugnant world and other dilemmas in the cultural relativism of Melville J. Herskovits". *Ethos*, vol. 18, n. 2, 1990, pp. 140-164.

FERRETTI, Sergio. "Correspondência de Octávio da Costa Eduardo para Melville Herskovits (1943/1944)". *Revista Pós Ciências Sociai*s, vol. 14, n. 27, 2017, pp. 213-229.

FRAZIER, Edward Franklin. "Durham: capital of the black middle class". *In*: LOCKE, Alain. *The new negro: an interpretation*. New York, Albert & Charles Boni, 1925, pp. 333-340.

___. "Review of 'evolução do povo brasileiro' by Oliveira Vianna". *American Journal of Sociology*, vol. 41, n. 5, 1936, pp. 674-675.

___. "Brazil has no race problems". *Common Sense*, vol. 11, 1942a, pp. 363-365. Reprinted in David Hellwig (ed.), 1992.

___. "Some aspects of race relations in Brazil". *Phylon*, vol. 3, n. 3, 1942b, pp. 284-295.

___. "'The negro's cultural past': review of 'The myth of negro past', by Melville J. Herskovits". *The Nation*, vol. 154, 1942c, pp. 195-196.

___. "The Negro Family in Bahia, Brazil". *American Sociological Review*, vol. 7, n. 4, 1942d.

___. "Review of 'Negroes in Brazil' by Donald Pierson". *Annals of the American Academy of Political and Social Science*, vol. 227 (May), 1943a, pp. 188-189.

___. "Race Tensions: A radio discussion" (with Carey Williams, Robert Redfield and Howard Odum). *The University of Chicago Roundtable*, n. 276, (July 4) 1943b.

___. "Rejoinder to Melville J. Herskovits' The negro in Bahia, Brazil: a problem in method". *American Sociological Review*, vol. 8, n. 4, 1943c, pp. 402-404.

___. "Race relations in the Caribbean". *In*: FRAZIER, Edward Franklin & WILLIAMS, Eric (ed.). *The economic future of the Caribbean*. Washington, Howard University Press, 1944a, pp. 27-31.

___. "Comparison of negro-white relations in Brazil and in the United States". *Transactions of the New York Academy of Sciences*, Series 2, vol. 6, n. 7, 1944b, pp. 251-269.

___. "Human, all too human". *Présence africaine*, n. 6, 1949, pp. 47-60.

___. "Review of: 'Tradição e transição em uma cultura rural do Brasil' by Emilio Willems Cunha". *American Journal of Sociology*, vol. 55, n. 5, 1950a, pp. 507-508.

___. "Review of 'Social theory in swing and rhythm' by Howard Odum". *The Journal of Negro Education*, vol. 19, n. 2, 1950b, pp. 167-169.

FRAZIER, Edward Franklin. "Review of 'Portrait of half a continent – Brazil' edited by T. Lynn Smith and Alexander Marchant". *The Journal of Negro History*, vol. 37, n. 1, 1952, pp. 93-94.

____. "Sociological aspects of race relations". *Unesco Courier*, vol. 6, 1953a, pp. 8-9.

____. "Problèmes de l'étudiant noir aux États-Unis". *Présence africaine*, n. 14, 1953b, pp. 275-283.

____. *Bourgeoisie noire*. Paris, Plon, 1955.

____. "Significance of African background". *The negro in the United States*. New York, Macmillan, 1957a, pp. 3-21.

____. "Introduction". *In*: RUBIN, Vera (ed.). *Caribbean studies: a symposium. Monographs of the American Ethnological Society*, 34. Seattle, The University of Washington Press, 1957b, pp. v-viii.

____. *Race and culture contacts in the modern world*. Boston, Beacon Press, 1957c.

____. *Black Bourgeoisie*. Glencoe, Free Press, 1957d.

____. "What can the american negro contribute to the social development of Africa". *In*: DAVIS, John (ed.). *Africa from the point of view of American scholars*. Paris, Présence africaine, 1958.

____. "Britain's colour problem". *The listener*, 22 December 1960, pp. 1.129-1.130.

____. *The Negro Family in the United States*. Chicago, The University of Chicago Press [1939], 1966.

____. "The failure of the negro intellectual". *In*: EDWARDS, G. Franklin (ed.). *E. Franklin Frazier on race relations*. Chicago, University of Chicago Press, 1968, pp. 267-282.

____. "O Harlem dos negros: estudos ecológicos". *In*: PIERSON, Donald. *Estudos de ecologia humana: leituras de sociologia e antropologia social*, tomo I. 2. ed. São Paulo, Martins Fontes [1945], 1970, pp. 462-479.

____. "Intermarriage: a study in black and white". Unpublished manuscript. Frazier Papers, Moorland-Spingard Research Center, Howard University, Box 131 [s.d.].

____. "The negro intellectual". Unpublished manuscript. Frazier Papers, Moorland-Spingard Research Center, Howard University, Box 131 [s.d.].

FREYRE, Gilberto (ed.). *Estudos Afro-Brasileiros: trabalhos apresentados ao 1º Congresso Afro-Brasileiro reunido no Recife em 1934*. Rio de Janeiro, Ariel, 1935.

____. *Novos Estudos Afro-Brasileiros*. Rio de Janeiro, Civilização Brasileira, 1937.

____. "Um estudo do professor Pierson". *Correio da Manhã*. Rio de Janeiro, 31 jan. 1940, p. 2.

____. "Um escritor se defende de um crítico talvez injusto". *Diário de Pernambuco*, ano 130, n. 133. Recife, 12 jun. 1955, pp. 4-5.

FRIGERIO, Alejandro. *Cultura negra en el Cono Sur: representaciones en conflito*. Buenos Aires, Flacso, 2000.

FRY, Peter. "Apresentação". *In*: LANDES, Ruth. *A cidade das mulheres*. Rio de Janeiro, Editora da UFRJ, 2002.

____. "Presentation". *Vibrant – Virtual Brazilian Anthropology*, vol. 7, n. 2, 2010, pp. 7-10.

FURTADO, Celso. *Dialética do desenvolvimento*. Rio de Janeiro, Fundo de Cultura, 1964.

____. *A fantasia organizada*. Rio de Janeiro, Paz e Terra, 1985.

GERSHENHORN, Jerry. *Melville J. Herskovits and the racial politics of knowledge*. Lincoln, University of Nebraska Press, 2004.

____. "'Not an academic affair': African American scholars and the development of African studies programs in the United States, 1942-1960". *Journal of African American History*, vol. 94, n. 1, 2009, pp. 44-68.

GOMES, Josildeth. "Entrevista com Josildeth Gomes Consorte: os 60 anos do programa de pesquisas sociais do estado da Bahia e Universidade de Columbia". *Cadernos de Campo*, vol. 18, n. 18, 2009, pp. 203-207.

____. "O 'Projeto Columbia' – um resgate necessário". *Revista HISTEDBR On-line*, vol. 14, n. 56. Campinas, 2014, p. 17.

GUIMARÃES, Antonio Sergio Alfredo. "Africanism and racial democracy: The correspondence between Herskovits and Arthur Ramos (1935-1949)". *EIAL – Estudios interdisciplinarios de América Latina y el Caribe*, vol. 19, n. 1, 2008a, pp. 53-79.

____. "A recepção de Fanon no Brasil e a identidade negra". *Novos Estudos Cebrap*, vol. 81, 2008b, pp. 99-114.

____. "A democracia racial revisitada". *Afro-Ásia*, vol. 60, 2019, pp. 9-44.

____. "Democracia racial e religiosidade popular em Thales de Azevedo: retrato de um antropólogo católico". *Berose – Encyclopédie internationale des histoires de l'anthropologie*, vol. 1, 2021, pp. 1-20.

GRIAULE, Marcel. *Dieu d'eau: entretiens avec Ogotemmeli*. Paris, Du Chene, 1948.

GRUNSPAN-JASMIN, Elise. *Lampião: senhor do sertão*. São Paulo, Edusp, 2006.

HARRIS, Marvin. "Race relations in Minas Velhas". *In*: WAGLEY, Charles (ed.). *Race and class in rural Brazil*. Paris, Unesco, 1952.

____. *Town and country in Brazil*. New York, Columbia University Press, 1956.

HELLWIG, David J. "Franklin Frazier's Brazil". *Western Journal of Black Studies*, vol. 15, n. 2, 1991, pp. 87-94.

HELLWIG, David J. (ed.). *African-American reflections on Brazil's racial paradise*. Philadelphia, Temple University Press, 1992.

HERSKOVITS at the heart of blackness. Directed by: Llewellyn Smith. Produced by: Christine Herbes-Sommers and Vincent Brown. San Francisco, C.A., ITVS/Vital Pictures, 2010.

HERSKOVITS, Frances Shapiro (ed.). *The new world negro: selected papers in Afro-American studies*. Bloomington, University of Indiana Press, 1966.

HERSKOVITS, Melville Jean. "The negro's americanism". *In*: LOCKE, Alain. *The new negro: an interpretation*. New York, Albert & Charles Boni, 1925, pp. 353-360.

____. "Wari in the new world". *The Journal of the Royal Anthropological Institute of Great Britain and Ireland*, vol. 62, 1932, pp. 23-39.

____. "A arte do bronze e do pano em Dahome". *Estudos Afro-Brasileiros: trabalhos apresentados ao 1º Congresso Afro-Brasileiro reunido no Recife em 1934*, tomo II, 1935a, pp. 227-235.

____. "Procedências dos negros do Novo Mundo". *Estudos Afro-Brasileiros: trabalhos apresentados ao 1º Congresso Afro-Brasileiro reunido no Recife em 1934*, tomo I. Rio de Janeiro, Ariel, 1935b, pp. 195-197.

____. "The significance of west Africa for negro research". *The Journal of Negro History*, vol. 21, n. 1, 1936a, pp. 15-30.

____. *Suriname Folk-lore* (with Frances Shapiro Herskovits). New York, University of Columbia Press, 1936b.

____. *Life in a Haitian valley*. New York, A. A. Knopf, 1937.

____. *Dahomey: an ancient west African kingdom* (2 vols.). New York/Hamburg, Augustin, 1938a.

____. *Acculturation: the study of culture contact*. New York, J. J. Augustin, 1938b.

____. *The economic life of primitive people*. New York, A. A. Knopf, 1940a.

____. "Deuses africanos e santos católicos nas crenças do negro do Novo Mundo". *O negro no Brasil: trabalhos apresentados ao 2º Congresso Afro-Brasileiro*. Rio de Janeiro, Civilização Brasileira, 1940b.

____. "O negro no Novo Mundo como um tema para pesquisa cientifica". *Revista do Brasil*, vol. 4, 1941a, pp. 43-58.

____. *The Myth of the Negro Past*. New York, Harper & Brothers, 1941b.

____. "Que foi que a África deu à América?". *Pensamento da América* – suplemento do jornal *A Manhã*, vol. 9, 27 set. 1942a, p. 163.

HERSKOVITS, Melville Jean. "O negro do Novo Mundo". *In*: UNIÃO Cultural Brasil-Estados Unidos. *A vida intelectual nos Estados Unidos: palestras promovidas no ano de 1941*. São Paulo, Editora Universitária, 1942b, pp. 205-226.

____. "'The Bahian negro': Review of 'Negroes in Brazil' by Donald Pierson". *The Inter-American monthly*, vol. 1, n. 8, 1942c, pp. 34-35.

____. "Problema e método em anthropologia cultural". *Sociologia*, vol. 5, n. 2, 1943a.

____. "The southernmost outpost of New World africanisms". *American Anthropologist*, vol. 45, n. 4, 1943b, pp. 495-510. [Republicado na tradução "Os pontos mais meridionais dos africanismos do Novo Mundo". *Revista do Arquivo Municipal*, vol. 95, XCV. São Paulo, abril, 1944b, pp. 81-99.]

____. "Tradições e modos de vida dos africanos na Bahia (relatório da pesquisa de campo no Brasil submetido ao Conselho de Fiscalização das Expedições Artísticas e Científicas)". *Pensamento da América*, suplemento do jornal *A Manhã*, 26. nov. 1943c, pp. 147-148 e 159.

____. "The negro in Bahia, Brazil: a problem in method". *American Sociological Review*, vol. 8, n. 4, 1943d, pp. 394-402.

____. *Pesquisas etnológicas na Bahia*. Trad. José Valladares. Salvador, Publicações do Museu da Bahia, n. 3, 1943e. [Também publicado como artigo em *Afro-Ásia*, vols. 4-5, 1967, pp. 80-106, e reeditado em *Pesquisas etnológicas na Bahia*. 2. ed. Salvador, Museu de Arte da Bahia, 2008.]

____. "The negroes of Brazil" (with Frances S. Herskovits). *Yale Review*, vol. 32, n. 2, 1943f.

____. "Drums and drummers in Afro-Brazilian cult life". *The Musical Quarterly*, vol. 30, n. 4, 1944a, pp. 477-492. [Republicado na tradução em espanhol em "Tambores y tamborileiros no culto afro--brasileiro". *Boletim Latino-Americano de Música*, vol. 6. Rio de Janeiro, abril, 1946.]

____. "Translation of 'On the amasiado relationship and other aspects of the family in Recife (Brazil)' by Rene Ribeiro". *American Sociological Review*, vol. 10, n. 1, 1945a, pp. 44-51.

____. "The processes of cultural change". *In*: LINTON, Ralph (ed.). *The science of man in the world crisis*. New York, Columbia University Press, 1945b.

____. *Afro-Bahian religious songs; folk-music of Brazil* (with Frances S. Herskovits). Pamphlet accompanying album XIII, library of congress, recording laboratory, music division. Washington, 1947, p. 15. Disponível em <https://www.youtube.com/watch?v=tIxidTvZRgY>.

____. "The contribution of afroamerican studies to Africanist research". *American Anthropologist*, vol. 50, n. 1, 1948a, pp. 1-10.

____. "Review of 'The city of women' by Ruth Landes". *American Anthropologist*, vol. 50, n. 1, 1948b, pp. 123-125.

____. *Man and his works: the science of cultural anthropology*. New York, A. A. Knopf, 1948c.

____. "Musica de culto afro-bahiana" (with Richard A. Waterman). *Revista de Estudios Musicales*, vol. 2, 1949, pp. 65-127.

____. "The Panan, an Afrobahian religious rite of transition". *Les Afro-Americain – Memoires de l'Institut Francais d'Afrique Noire*, n. 27, 1953, pp. 133-140.

____. "Estrutura social do candomblé afro-brasileiro". *Boletim do Instituto Joaquim Nabuco de Pesquisas Sociais*, vol. 3, 1954a, pp. 13-32.

____. *Antropologia económica: estudio de economia comparada*. Mexico, Fondo de Cultura Economica, 1954b.

____. "Review of 'Um brasileiro em terras portuguesas' by Gilberto Freyre". *Hispanic American Historical Review*, vol. 35, n. 1, feb., 1954c, pp. 98-99.

____. "The social organization of the Afrobrazilian Candomble". *Phylon*, vol. 17, n. 2, 1956, pp. 147--166.

____. *Dahomean narrative: a cross-cultural analysis* (with Frances S. Herskovits). Evanston, Northwestern University Press, 1958a.

HERSKOVITS, Melville Jean. *Aspectos sociais do crescimento econômico.* Salvador, Universidade da Bahia, 1958b.

____. "Some economic aspects of the Afrobahian Candomble". *In*: MISCELLANEA. *Paul Rivet: Octogenario dicata*, vol. II. Mexico, Universidad Autonoma de Mexico, 1958c, pp. 227-247.

____. *Continuity and change in African cultures* (edited with William R. Bascom). Chicago, Univ. of Chicago Press, 1959a.

____. "The ahistorical approach to Afro-American studies: a critique". *American Anthropologist*, vol. 62, n. 4, 1960, pp. 559-568.

____. "The development of Africanist studies in Europe and America". *Paper prepared for the First International Congress of Africanists*. University of Ghana, Accra, 11-18 Dec. 1962.

____. *Antropologia cultural: man and his works*. São Paulo, Mestre Jou, 1963.

____. *Economic transition in Africa*. London, Routledge, 1964.

____. "Problem, method and theory in African American studies". *In*: HERSKOVITS, Frances Shapiro (ed.). *The new world negro: selected papers in Afro-American studies.* Bloomington, Indiana, University of Indiana Press, 1966.

____. *Cultural relativism: perspectives in cultural pluralism*. Edited by Frances S. Herskovits. New York, Random House, 1972.

HERSKOVITS, Melville Jean; SEGALL, Marshall & CAMPBELL, Donald. *The influence of culture on visual perception*. Indianapolis, Bobbs-Merrill Co, 1966.

HUTCHINSON, Harry W. *Village and plantation life in Northeastern Brazil.* Seattle, University of Washington Press, 1957.

____. *Field Guide to Brazil.* Washington, National Academy of Science, 1960.

HUTZLER, Celina (org.). *René Ribeiro e a antropologia dos cultos afro-brasileiros.* Recife, Editora UFPE, 2014.

ICKES, Scott. *African-Brazilian culture and regional identity in Bahia*. Gainesville, University Press of Florida, 2013a.

____. "Salvador's modernizador cultural: Odorico Tavares and the aesthetic of 'baianidade', 1945-55". *The Americas*, vol. 69, n. 4, 2013b, pp. 437-466.

JACKSON, Walter. "Melville J. Herskovits and the Search for Afro-american culture". *In*: STOCKING Jr., George Ward (ed.). *Malinowski, Rivers, Benedict and others: essays on culture and personality.* Madison, University of Wisconsin Press, 1986, pp. 95-126.

____. *Gunnar myrdal and America's conscience: social engineering and racial liberalism, 1938-1987.* Chapel Hill, University of North Carolina Press, 1994.

KOTTAK, Conrad. *The structure of equality in a Brazilian fishing community*. Ph.D. Dissertation. New York, Columbia University, 1966.

____. "Kinship and class in Brazil". *Ethnology*, vol. 6, n. 4, 1967a, pp. 427-443.

____. "Race relations in a Brazilian fishing village". *Luso-Brazilian review*, vol. 4, n. 2, 1967b.

LANDES, Ruth. *The city of women*. New York, Macmillan, 1947. [Traduzido como *A cidade das mulheres*. Rio de Janeiro, Civilização Brasileira, 1967.]

LE BOULER, Jean Pierre. *Alfred Metraux & Pierre Verger: le pied à l'étrier – Correspondance 1946--1963.* Paris, Jean Michel Place, 1994.

LEEDS, Anthony. *Economic cycles in Brazil: the persistence of a total culture-pattern – Cacao and other cases*. Ph.D. Dissertation. New York, Columbia University, 1957.

LEVINE, Robert (ed.). *Brazil: Field research guide in the social sciences.* New York, Institute of Latin American Studies-ColumbiaUniversity, 1966.

LIMA, Zeuler. *Lina Bo Bardi*. New Haven/London, Yale University Press, 2013.

LOCKE, Alain (ed.). *The new negro: an interpretation*. New York, Albert & Charles Boni, 1925.

LUHNING, Angela. "'Acabe com este santo, Pedrito vem aí': mito e realidade da perseguição ao candomblé baiano entre 1920 e 1942". *Revista USP*, vol. 28, 1995, pp. 194-220.

MACDONALD, John Stuart & MACDONALD, Leatrice. "The black family in the Americas: a review of the literature". *Race relations abstracts*, vol. 3, n. 1, 1978, pp. 1-42.

MAGGIE, Yvonne. "No underskirts in Africa: Edison Carneiro and the 'lineages' of Afro-Brazilian religious anthropology". *Sociologia & Antropologia*, vol. 5, n. 1, 2015, pp. 101-127.

MAIO, Marcos Chor. "Thales de Azevedo: desaparece o último dos pioneiros antropólogos brasileiros de formação médica". *Revista História, Ciência, Saúde – Manguinhos*, vol. 3, n. 1, 1996, pp. 131-171.

____. *A história do projeto Unesco: estudos raciais e Ciências Sociais no Brasil*. Tese de doutorado em Ciência Política. Rio de Janeiro, Iuperj, 1997.

____. "O Projeto Unesco e a agenda das Ciências Sociais no Brasil dos anos 1940 e 1950". *Revista Brasileira de Ciências Sociais*, vol. 14, n. 41, 1999, pp. 141-158.

____. "A questão racial no pensamento de Guerreiro Ramos". *In*: MAIO, Marcos Chor & SANTOS, Ricardo Ventura (org.). *Raça, ciência e sociedade*. Rio de Janeiro, Fiocruz, 2009, pp. 179-193.

____. "René Ribeiro, Gilberto Freyre e o Projeto Unesco de relações raciais em Pernambuco". *In*: CAMPOS, Roberta Bivar *et al.* (ed.). *A nova escola de antropologia do Recife: ideias, personagens e instituições*. Recife, Editora UFPE, 2017, pp. 120-143.

MARCELLIN, Louis. *A invenção da família Afro-americana: família, parentesco e domesticidade entre os negros do Recôncavo da Bahia*. Tese de doutorado em Antropologia Social. Rio de Janeiro, Museu Nacional/UFRJ, 1999.

MATORY, J. Lorand. *Black Atlantic religion: tradition, transnationalism, and matriarchy in the Afro-Brazilian candomblé*. Princeton, Princeton University Press, 2005.

MEMÓRIAS Afro-atlânticas. Direção: Gabriela Barreto. Produção e roteiro: Cassio Nobre e Xavier Vatin. Salvador, Couraça Produções, 2019. 1 vídeo (76 min.). Disponível em <https://www.looke.com.br/filmes/memorias-afro-atlanticas>. Acesso em 12/5/2020.

MENDONÇA, Renato. *A influência africana no português do Brasil*. Rio de Janeiro, Sauer, 1938.

MERKEL, Ian. *Terms of exchange: Brazilian intellectuals and the french social sciences*. Chicago, The University of Chicago Press, 2022.

MERRIAM, Allan. "Melville Jean Herskovits: 1895-1963". *American Anthropologist*, vol. 66, n. 1, 1964, pp. 83-109.

MÉTRAUX, Alfred. "A man with racial prejudice is as pathetic as his victim". *Unesco Courier*, vol. 6, 1953, pp. 8-9.

____. *Itinéraires I: Carnets de notes et journaux de voyage*. Paris, Payot, 1978.

MINTZ, Sidney. "Introduction". *In*: HERSKOVITS, Melville J. *The myth of the negro past*. 3. ed. Boston, Beacon Press, 1990, pp. ix-xxi.

MINTZ, Sidney & PRICE, Richard. *The birth of African-american culture: an anthropological perspective*. New York, Beacon Press, 1992. [Republicação de *An anthropological approach to the Afro-american past: A caribbean perspective*. Philadelphia, Institute for the Study of Human Issues, 1976.]

MORINAKA, Eliza. "Books, cultural exchange and international relations between Brazil and the United States in a context of war, 1941-1946". *Varia Historia*, vol. 35, n. 69, 2019, pp. 691-722.

____. *Tradução como política: escritores e tradutores em tempos de guerra (1943-47)*. Salvador, EDUFBA, 2021.

MOTTA, Roberto. "Prefácio". *In*: RIBEIRO, René. *Cultos Afro-brasileiros do Recife: um estudo de ajustamento social*. Recife, Instituto Joaquim Nabuco de Pesquisas Sociais, 1978, pp. vii-xxi.

MOTTA, Roberto. "Gilberto Freyre, René Ribeiro e o Projeto Unesco". *In*: PEREIRA, Claudio & SANSONE, Livio (ed.). *Projeto Unesco no Brasil: Textos críticos*. Salvador, EDUFBA, 2007, pp. 38-60.

____. "René Ribeiro ou a paixão do concreto". *In*: HUTZLER, Celina Ribeiro (ed.). *René Ribeiro e a antropologia dos cultos afro-brasileiros*. Recife, Editora UFPE, 2014, pp. 163-178.

MUDIMBE-BOYI, Elisabeth. "Harlem renaissance and Africa: An Ambigous Adventure". *In*: MUDIMBE, Valentin Yves (ed.). *The surreptitious speech: presence africaine and the politics of otherness, 1947-1987*. Chicago, The University of Chicago Press, 1992, pp. 174-184.

MYRDAL, Gunnar (ed.). *An American dilemma: the negro problem and modern democracy*. New York, Harper and Brothers, 1944.

OLIVEIRA, Amurabi. "Afro-Brazilian studies in the 1930s: intellectual networks between Brazil and the USA". *Brasiliana: Journal for Brazilian Studies*, vol. 8, n. 1-2, 2019, pp. 32-49.

OLIVEIRA, Waldir & COSTA LIMA, Vivaldo da (ed.). *Cartas de Edison Carneiro a Artur Ramos*. Salvador, Corrupio, 1972.

OMIDIRÉ, Felix & AMOS, Alcione. "O babalaô fala: a autobiografia de Martiniano do Bonfim". *Afro-Asia*, vol. 46, 2012, pp. 229-261.

O NEGRO no Brasil: *Trabalhos apresentados ao 2º Congresso Afro-Brasileiro (Bahia)*. Rio de Janeiro, Civilização Brasileira, 1940. [Veja também <http://www.bvconsueloponde.ba.gov.br/modules/conteudo/conteudo.php?conteudo=24>.]

ORO, Ari Pedro. *Axé Mercosul: religiões afro-brasileiras nos países do prata*. Petrópolis, Vozes, 1999.

PADMORE, George. "Hitler makes British drop color bar". *The Crisis*, vol. 48, n. 3, 1941, pp. 72-82.

PALLARES-BURKE, Maria Lucia Garcia. *Gilberto Freyre: um vitoriano nos trópicos*. São Paulo, Editora da Unesp, 2005.

____. *O triunfo do fracasso: Rüdiger Bilden, o amigo esquecido de Gilberto Freyre*. São Paulo, Editora da Unesp, 2012.

PALMIÉ, Stefan. *Wizards and scientists. Explorations in Afro-Cuban modernity and traditions*. Durham, Duke University Press, 2002.

____. *The cooking of history: how not to study Afro-Cuban religion*. Chicago, University of Chicago Press, 2013.

PARÉS, Luis Nicolau. "The 'nagôization' process in Bahian candomble". *In*: FALOLA, Toyin & CHILDS, Matt (ed.). *The Yoruba diaspora in the Atlantic world*. Bloomington, Indiana University Press, 2004, pp. 185-208.

____. *A formação do candomblé: história e ritual da nação jeje na Bahia*. Campinas, Editora da Unicamp, 2006.

____. "O candomblé da Bahia e o terreiro do Bogum nos *Herskovits papers*". *In*: COSTA, Valéria & GOMES, Flávio (org.). *Religiões negras no Brasil: da escravidão à pós-emancipação*. São Paulo, Selo Negro Edições, 2016, pp. 129-149.

PATTERSON, Orlando. *Slavery and social death*. Ann Arbor, University of Michigan Press, 1982.

PATTERSON, Thomas C. *A social history of Anthropology in the United States*. Oxford, Berg, 2001.

PEREIRA, Anthony. "Samuel P. Huntington, Brazilian 'Decompression' and democracy". *Journal of Latin American Studies*, vol. 53, n. 2, 2021, pp. 349-371.

PEREIRA, Lucia Miguel. *Machado de Assis: estudo crítico e biográfico*. São Paulo, Companhia Editora Nacional, 1936.

PEREIRA, Manuel Nunes. *A casa das Minas*. Publicação da Sociedade Brasileira de Antropologia e Etnologia, 1. Rio de Janeiro, 1947.

PEREIRA, Claudio & SANSONE, Livio (org.). *Projeto Unesco no Brasil: textos críticos*. Salvador, EDUFBA, 2007.

PEREIRA DA SILVA, Isabela Oliveira. *De Chicago a São Paulo: Donald Pierson no mapa das Ciências Sociais (1930-1950)*. Tese de doutorado em Antropologia Social. São Paulo, PPGAS-USP, 2012.

PIERSON, Donald. "The negro in Bahia, Brazil". *American Sociological Review*, vol. 4, n. 4, 1939, pp. 524-533.

____. *Negroes in Brazil: A study of race contact in Bahia*. Chicago, University of Chicago Press, 1942.

____. *Brancos e pretos na Bahia (estudo de contacto racial)*. 2. ed. São Paulo, Companhia Editora Nacional [1945], 1971.

PIERSON, Donald (org.). *Estudos de ecologia humana: leituras de sociologia e antropologia social*, tomo I. 2. ed. São Paulo, Martins Fontes [1945], 1970a.

____. *Estudos de organização social: leituras de sociologia e antropologia social*, tomo II. 2. ed. São Paulo, Martins Fontes [1946], 1970b.

PINHO, Patricia. *Mapping diaspora: African American roots tourism in Brazil*. Durham, University of North Carolina Press, 2018.

PIRES, Rogério Brittes & CASTRO, Carlos Gomes de. "Texto de apresentação – Frazier e Herskovits na Bahia, tantas décadas depois". *Ayé: Revista de Antropologia*, edição especial "Traduções", 2020, pp. 1-20.

PLATT, Anthony M. "Racism in Academia: lessons from the life of E. Franklin Frazier". *Monthly Review*, vol. 42, n. 4, 1990, pp. 29-46.

____. *E. Franklin Frazier Reconsidered*. London, Rutgers University Press, 1991.

____. "The rebellious teaching career of E. Franklin Frazier". *Journal of Blacks in Higher Education* vol. 13, 1996, pp. 86-90.

____. "Between scorn and longing: Frazier's Black Bourgeoisie". *In*: TEELE, James Edward (ed.), *E. Franklin Frazier and Black Bourgeoisie*. Columbia, University of Missouri Press, 2002, pp. 71-84.

POPPINO, Rollie. *Feira de Santana: princess of the sertão*. Ph.D. Dissertation. California, Stanford University, 1953.

PRICE, Richard & PRICE Sally. *The root of roots, or how Afro-american Anthropology for its start*. Chicago, Prickly Paradigm Press, 2003.

QUEIROZ, Maria Isaura Pereira de. *Sociologia e folclore: a dança de São Gonçalo num povoado baiano*. São Paulo, Progresso, 1955.

QUERINO, Manuel. *Costumes africanos no Brasil*. Rio de Janeiro, Civilização Brasileira, 1938.

QUIJANO, Anibal. *Colonialidad del poder, eurocentrismo y América Latina*. Buenos Aires, Clacso, 2000.

RAMASSOTE, Rodrigo. "Work Letters: the correspondence of Octavio Costa Eduardo to Melville J. Herskovits". *Revista Pós Ciências Sociais*, vol. 14, n. 27, 2017, pp. 231-248.

RAMOS, Arthur. *O negro brasileiro: etnografia religiosa e psicanálise*. Rio de Janeiro, Civilização Brasileira, 1934. [Publicado em inglês em *The negro in Brazil*, translated with an introduction by Richard Pattee. Washington, Associated Publishers, 1939.]

____. *As culturas negras no Novo Mundo*. Rio de Janeiro, Companhia Editora Nacional, 1937.

RASSOOL, Ciraj. "Patrimônio e nação no pós-*apartheid*, 1994-2004: a ordem biográfica, o complexo memorial e o espectáculo da história". *In*: FURTADO, Claudio Alves & SANSONE, Livio (org.). *Lutas pela memória em África*. Salvador, EDUFBA, 2019.

REIS, Luiza. "Um romance baiano e o ensino de história da África contemporânea". *Revista Kàwé*, vol. 1, 2014, pp. 74-78.

____. *De improvisados a eméritos: trajetórias de intelectuais no Centro de Estudos Afro-orientais (1959--1994)*. Tese de doutorado em Estudos Étnicos e Africanos. Salvador, Posafro-UFBA, 2015.

REIS, Luiza. "África in loco: itinerários de pesquisadores do Ceao nos anos 1960". *Cadernos de Campo: Revista de Ciências Sociais*, n. 23, 2018, pp. 45-73.

___. "O exílio africano de Paulo Farias, 1964-1969". *Tempo: Revista do Departamento de História da UFF*, vol. 25, 2019, pp. 430-452.

REDFIELD, Robert. "The Folk Society and Culture". *In*: WIRTH, Louis (ed.). *Eleven twenty-six: a decade of social science research*. Chicago, University of Chicago Press, 1940.

RIBEIRO, Darcy. *Teoria do Brasil*. Rio de Janeiro, Paz e Terra, 1972.

RIBEIRO, René. "Notas sobre a relação 'amasiado' e outros aspectos da família no Recife". Manuscrito não publicado, s.d. [Publicado em inglês como: "On the amasiado relationship, and other aspects of the family in Recife (Brazil)." *American Sociological Review*, vol. 10, n. 1, 1945, pp. 44-51.]

___. *The Afro-Brazilian cult groups of Recife*. M.A. Thesis. Evanston, Northwestern University, 1949.

___. *Cultos afro-brasileiros do Recife: um estudo de adjustamento social*. 2. ed. Recife, Instituto Joaquim Nabuco de Pesquisas Sociais [1952], 1978.

___. "Problemática pessoal e interpretação divinatória nos cultos afro-brasileiros de Recife". *Revista do Museu Paulista*, Nova Série, vol. 10, 1956a, pp. 225-242.

___. *Religião e relações raciais*. Rio de Janeiro, Ministério de Educação e Cultura, 1956b.

RISÉRIO, Antonio. *Avant-garde na Bahia*. São Paulo, Instituto Lina Bo Bardi, 1995.

RODRIGUES, José Honório. *Brasil e África: outro horizonte*. Rio de Janeiro, Civilização Brasileira, 1961.

RODRIGUES, Raymundo Nina. *Os africanos no Brasil*. Rio de Janeiro, Companhia Editora Nacional, 1932.

ROMO, Anadelia. *Brazil's living museum: race, reform, and tradition in Bahia*. Chapel Hill, University of North Carolina Press, 2010.

ROOSEVELT, Theodore. *Through the Brazilian wilderness*. New York, Scribner's Son, 1914.

ROSENFIELD, Patricia. *A world of giving – Carnegie corporation of New York: a century of international philanthropy*. New York, Public Affairs, 2014.

ROSSI, Gustavo. *O intelectual feiticeiro: Edison Carneiro e o campo de estudos das relações raciais no Brasil*. Campinas, Editora da Unicamp, 2015.

SANGIOVANNI, Ricardo. *A cor das elites: questão racial e pensamento social através da trajetória intelectual de Thales de Azevedo*. Tese de doutorado em Estudos Étnicos e Africanos. Salvador, Posafro-UFBA, 2018.

SAINT-ARNAUD, Pierre. *African American pioneers in Sociology. A critical History*. Toronto, University of Toronto Press, 2009.

SANSI, Roger. *Fetishes and monument: Afro-Brazilian art and culture in the twentieth century*. New York, Bergham Books, 2007.

SANSONE, Livio. "The making of black culture: the new subculture of lower-class young black males of Surinamese origin in Amsterdam". *Critique of Anthropology*, vol. 14, n. 2, 1994, pp. 173-198.

___. *Negritude sem etnicidade: o local e o global nas relações raciais e na produção cultural negra do Brasil*. Salvador/Rio de Janeiro, EDUFBA/Pallas, 2004.

___. "Contraponto baiano do açúcar e do petróleo: São Francisco do Conde, Bahia, 50 anos depois". *In*: PEREIRA, Claudio & SANSONE, Livio (org.). *Projeto Unesco no Brasil: textos críticos*. Salvador, EDUFBA, 2007, pp. 194-218.

___. "USA & Brazil in Gantois: Power and the transnational origin of Afro-Brazilian Studies". *Vibrant – Virtual Brazilian Anthropology*, vol. 8, n. 1, Jan.-Jun., 2011.

___. "From Afro-Brazilian into african studies". *Rockefeller Archive Center Research Reports*. October 30, 2019a. Disponível em <https://rockarch.issuelab.org/resource/from-afro-Brazilian-into-african-studies.html>. Acesso em 22/9/2020.

SANSONE, Livio. "From planned oblivion to digital exposition: the digital museum of Afro-Brazilian heritage". *In*: LEWI, Hannah *et al.* (ed.). *The routledge international handbook of new digital practices in galleries, libraries, archives, museums and heritage sites.* London, Routledge, 2019a, pp. 74-94.

___. "Hiperbólicos italianos: as viagens dos integrantes da Escola Positiva de Antropologia da Itália pela América meridional, 1907-1910". *História, Ciências, Saúde-Manguinhos*, vol. 27, n. 1, 2019c, pp. 265-274.

___. *La galassia Lombroso, l'Africa e l'America Latina.* Roma, Laterza, 2022.

___. "Entangled fields: some sources and hypotheses for the study of the history of Afro-Brazilian, African-American and African studies in Brazil and the United States". *Cahiers des Ameriques Latines*, n. 99, no prelo.

SCHOMBURG, Arthur. "The negro digs up his past". *In*: LOCKE, Alain (ed.). *The new negro: An Interpretation.* New York, Albert & Charles Boni, 1925, pp. 231-237.

SCHWARZ, Roberto. "As ideias fora de lugar". *Ao vencedor as batatas: forma literária e processo social nos inícios do romance brasileiro.* 4. ed. São Paulo, Livraria Duas Cidades, 1992, pp. 1-16.

SELIGMAN, Charles. *Races of Africa.* London, The Home Library, 1930.

SHEPPERSON, George. "Review of 'Africa from the point of view of American negro scholars' by John A. Davis (ed.)". *Africa*, vol. 31, n. 4, 1961, p. 392.

SIEGEL, Micol. *Uneven encounters: making race and nation in Brazil and the United States.* Durham, Duke University Press, 2009.

SIMÕES, Julio Campos. "Dependência cultural no Brasil: diálogos de Celso Furtado e Darcy Ribeiro". Monografia de bacharelado em Economia. Campinas, IE-Unicamp, 2019.

___. *O eco das "sobrevivências": a construção do olhar antropológico nos Estudos Afro-brasileiros.* Dissertação de mestrado em Estudos Étnicos e Africanos. Salvador, Posafro-UFBA, Salvador, 2022.

SIMMONS, Kimberly Eison. "Review of 'Herskovits at the heart of blackness' by Smith, Herbes--Sommers & Brown". *Current Anthropology*, vol. 52, n. 3, 2011, pp. 483-485.

SIMPSON, George Eaton. *The shango cult of Trinidad.* Rio Piedras, Institute of Caribbean Studies (UPR), 1965.

___. *Melville J. Herskovits.* New York, Columbia University Press, 1973.

SMITH, Michael Garfield. *West indian family structure.* Seattle, University of Washington Press, 1962.

SOUTY, Jerome. *Pierre Fatumbi Verger. Du regard detaché a' la connaisance initiatique.* Paris, Maissoneuve & Larose, 2007.

SPITZER, Leo. *Lives in between: Assimilation and marginality in Austria, Brazil and West Africa, 1780-1945.* Cambridge/New York, Cambridge University Press, 1989.

STOCKING, Jr. George (ed.). *Romantic motives: essays on anthropological sensibility.* Madison, University of Wisconsin Press, 1989.

___. "Introduction". *American Anthropology, 1921-1945: papers from the American anthropologist.* Lincoln, University of Nebraska Press, 2002.

TEELE, James Edward (ed.). *E. Franklin Frazier and Black Bourgeoisie.* Columbia, University of Missouri Press, 2002.

TELES DOS SANTOS, Jocélio. *O dono da terra: o caboclo nos candomblés da Bahia.* São Paulo, Sarah Letras, 1996.

___. *O poder da cultura e a cultura no poder.* Salvador, EDUFBA, 2004.

___. "A antropologia afro-brasileira no diálogo Sul-Sul: história do Centro de Estudos Afro-orientais". *Bérose – Encyclopédie internationale des histoires de l'anthropologie.* Paris, 2021. Disponível em <https://hdl.handle.net/10670/1.tjlkst>. Acesso em 22/4/2022.

"THE living legacy of Lorenzo Dow Turner: the first African-American linguist". *The Black Scholar: Journal of Black Studies and Research*, vol. 41, n. 1, 2011.

TURNER, Lorenzo Dow. "Some contacts of Brazilian ex-slaves with Nigeria, west Africa". *The Journal of Negro History*, vol. 27, n. 1, 1942, pp. 55-67.

___. "Roosevelt College – Democratic heaven". *Opportunity: A Journal of Negro Life*, 25, Anniversary Issue, 1946, pp. 223-225.

___. "Review of Octavio da Costa Eduardo. The Negro in Northern Brazil: A Study in Acculturation". *Journal of American Folklore*, vol. 63, n. 250, 1950, pp. 490-492.

___. "The negro in Brazil". *The Chicago Jewish Forum*, vol. 15, 1957, pp. 232-236.

___. "African survivals in the New World with special emphasis on the arts". *In*: DAVIS, John A. (ed.). *African from the point of view of american negro scholars*. Paris, Présence Africaine, 1958, pp. 101-116.

___. *Africanisms in the gullah dialect*. Columbia, SC, University of South Carolina Press [1949], 2003.

___. "The role of folklore in the life of Yoruba in Southwestern Nigeria". Unpublished manuscript. Turner Papers. Herskovits Library of African Studies, Northwestern University, Box 39, Folder 1, s.d.

___. "The Yoruba of Bahia, Brazil: In story and song". Unpublished manuscript. Turner Papers. Herskovits Library of African Studies, Northwestern University, Box 40, Folder 5, s.d.

UNESCO. "On race". *Man*, vol. 50, Oct. 1950, pp. 138-139.

VALLADARES, José. *Museus para o povo. Um estudo sobre museus americanos*. Salvador, Secretaria de Educação e Saúde, 1946.

___. *Bê a Bá da Bahia: guia turístico*. Salvador, Livraria Turista Editora, 1951.

VALLADARES, Licia do Prado. "A visita de Robert Park ao Brasil, o 'homem marginal' e a Bahia como laboratório". *Cadernos CRH*, vol. 23, n. 58, 2010, pp. 35-49.

VATIN, Xavier. "Memórias Afro-atlânticas: as gravações de Lorenzo Turner na Bahia em 1940 e 41". Encarte do Álbum. Salvador, Couraça Produções, 2017.

VERÍSSIMO, Ignacio José. *André Rebouças através de sua autobiografia*. Rio de Janeiro, José Olympio, 1939.

VIANNA, Francisco José de Oliveira. *Evolução do povo brasileiro*. São Paulo, Monteiro Lobato & Co, 1923.

VON SCHELLING, Vivian & ROWE, William (ed.). *Memory and modernity: popular culture in Latin America*. London, Verso, 1991.

WADE-LEWIS, Margaret. *Lorenzo Dow Turner: father of gullah studies*. Columbia, University of South Carolina Press, 2007

WAGLEY, Charles (ed.). *Race and class in rural Brazil*. Paris, Unesco, 1952.

WAGLEY, Charles; AZEVEDO Thales de & PINTO, Luiz Costa. *Uma pesquisa sobre a vida social no estado da Bahia*. Salvador, Publicações do Museu do Estado, n. 11, 1950.

WAGLEY, Charles & HARRIS, Marvin. *A background report on Brazil*. New York, The Ford Foundation, 1959.

WAGLEY, Charles & WAGLEY, Cecília Roxo. "Serendipity in Bahia, 1950/70". *Universitas,* vols. 6/7, 1970, pp. 29-41.

WHITTEN, Norman & SZWED, John (ed.). *Afro-american Anthropology*, Toronto, The Free Press, 1969.

WILLIAM, Daryle. *Culture wars in Brazil: The first Vargas regime, 1930-1945*. Durham, Duke University Press, 2001.

WINSTON, Michael E. "E. Franklin Frazier's Role in African Studies". *In*: TEELE, James Edward (ed.). *E. Franklin Frazier and black bourgeoisie*. Columbia, University of Missouri Press, 2002, pp. 137-152.

WOORTMANN, Klaas. *A família das mulheres*. São Paulo, Biblioteca Tempo Universitário, 1987.

YELVINGTON, Kevin. "Herskovits Jewishness". *History of Anthropology Newsletter*, vol. 27, n. 2, 2000, pp. 3-9.

___. "The invention of Africa in Latin America and the Caribbean: political discourse and anthropological praxis, 1920-1940". *In*: YELVINGTON, Kevin (ed.). *Afro-atlantic dialogues. Anthropology in the diaspora*. Santa Fe, School for Advanced Research, 2006, pp. 35-82.

___. "Melville J. Herskovits e a institucionalização dos Estudos Afro-americanos". *In*: PEREIRA, Claudio & SANSONE, Livio (org.). *Projeto Unesco no Brasil: textos críticos*. Salvador, EDUFBA, 2007, pp. 149-172.

___. "Constituting paradigms in the study of the African diaspora, 1900-1950". *The black scholar: Journal of Black Studies*, vol. 41, n. 1, 2011, pp. 64-76.

ZELEZA, Paul Tiyambe. *Manufacturing african studies and crisis*. Dakar, Codesria, 1997.

ZWEIG, Stefan. *Brazil: Land of the future*. New York, Viking Press, 1941.

Anexos

Anexo I – Lista de despesas dos Herskovits no Brasil, 1941-1942[1]

Taxa de câmbio 1 US$ = 20 mil réis

7/dez.	Bernardina	5.000
	FSH para João da Gomeia – dança	20.000
9/dez.	Presente para a cerimônia	12.000
16/dez.	Presente para Oxalá (Vidal)	50.000
17/dez.	Presente para o candomblé de Joãozinho	35.000
18/dez.	Monteiro – informante	50.000
22/dez.	Doces e cigarros	70.000
24/dez.	Presentes de Natal	65.000
	Presentes para Raimundo	20.000
25/dez.	Para Boca do Rio	5.000
27/dez.	Manoel	50.000
28/dez.	Leonardo – filho de santo	10.000
31/dez.	Presente de FSH para o candomblé Mahi	10.000
1º/jan.	Presente para N.S. do Bonfim	
3/jan.	Manoel	50.000
4/jan.	Raimundo, presente	20.000

[1] "Brazil Field Trip, 1941-42 – Expenses Account". *MJH & FSH Papers*, SC, Box 24, Folder 168.

6/jan.	Presente para a roça do Bogum	5.000
	Presente para a roça da Gomeia	10.000
9/jan.	Presente para a esposa de Manoel, Zezé e seu filho	35.000
	Manoel	50.000
11/jan.	Oferta para a dança de Vidal	10.000
12/jan.	Para a casa de Caboclo	2.000
13/jan.	Porcos, galos para Joãozinho	10.000
	Compra na quitanda	5.000
15/jan.	Para Guarda Cívica	10.000
17/jan.	Manoel	50.000
18/jan.	Leonardo – filho de santo	10.000
21/jan.	Waldemar	10.000
23/jan.	Presente para Raimundo para festa	50.000
24/jan.	Manoel	50.000
25/jan.	Presente para matança, quitanda	25.000
29/jan.	Mãe de santo Egun	20.000
	Mãe de santo...	25.000
31/jan.	Manoel – lavanderia 17 + brinquedos para Jean 33	50.000
4/fev.	Presente no São Gonçalo	12.000
6/fev.	Manoel, presente "seminal"	50.000
	Presente para Thomas da roça de Manoel	13.000
7/fev.	Cantores Pedro & Valdemar	50.000
9/fev.	Presente da quitanda	25.000
10/fev.	Para Emelina (canções)	75.000
12/fev.	Cantores Pedro, Valdemar etc.	50.000
13/fev.	Manoel e Zezé	50.000
	Presente na cerimônia de Pedro	10.000
15/fev.	Para Amânsio (Bogum)	10.000
21/fev.	Cantores Pedro & Valdemar	50.000
22/fev.	Presente para Vidal	50.000
	Presente para Iaô	25.000
	Presente no Engenho Velho	4.000
24/fev.	Presente para São Gonçalo	20.000

27/fev.	Zezé	50.000
	Vidal (gravação)	100.000
28/fev.	Pedro	15.000
1º/mar.	Presente na roça de Procópio	12.000
3/mar.	Manoel (gravação)	40.000
	Raimundo presente	10.000
5/mar.	Pedro inf.	10.000
6/mar.	Manoel (gravação)	40.000
7/mar.	Presente para a dança no Neve Branco	20.000
8/mar.	Presente na casa de Oxumarê	15.000
9/mar.	Joãozinho (gravação)	50.000
10/mar.	Manoel (gravação)	40.000
11/mar.	Pedro (gravação)	50.000
12/mar.	Manoel e Zezé – informantes	100.000
13/mar.	Manoel (gravação)	80.000
17/mar.	Presentes para Joãozinho	15.000
19/mar.	Presente para Zezé	100.000
20/mar.	Terramento dos santos	200.000
21/mar.	Poseidônio (cantor)	50.000
22/mar.	Manoel (cantando)	50.000
	Presente Oxalá	40.000
24/mar.	Pedro inf.	10.000
	Manoel cantando	50.000
25/mar.	Caboclo (cantando) Manoel	50.000
26/mar.	Contas para a sessão	4.000
	Pedro inf.	10.000
	Presente para Bernardino	25.000
27/mar.	Caboclo (cantando) Manoel	50.000
	Zezé (inf.)	50.000
28/mar.	Presente para Chesina	10.000
	Poseidônio cantando	50.000
30/mar.	Gravata para Procópio	25.000
	Pães para D. Senhora	35.000

31/mar.	Zezé (inf.)	50.000
2/abr.	Joãozinho (inf.)	50.000
	Terramento dos santos	100.000
4/abr.	Presente de FSH para Vivi	10.000
5/abr.	Presente para Vivi	30.000
7/abr.	Caboclo (cantando) Manoel	50.000
8/abr.	D. Sabina presente	22.000
10/abr.	"Empréstimo" para ajudar museu	20.000
	Zezé (inf.)	50.000
	Perfume para mãe d'água	7.000
12/abr.	Presente para Mãe Pulqueria	20.000
13/abr.	Eduardo Jeca (cantor)	50.000
14/abr.	Para o ferreiro para ferramentas	110.000
15/abr.	Gratificação ao pai de santo do candomblé	300.000
	Manuel caboclo (cantor)	50.000
16/abr.	Perfume de flor de Tia Luzia	10.000
17/abr	Grupo de batucada (cantores)	50.000
18/abr.	Zezé (inf.)	50.000
19/abr.	Presente aos tocadores em Procópio	15.000
20/abr.	Eduardo (cantor)	50.000
21/abr.	Pedro (inf.)	10.000
	Didi (inf.)	10.000
22/abr.	Para as vestes de Omolu	150.000
24/abr.	Sessão, presente	15.000
	cantores batucada grupo	50.000
	contas, búzios	25.000
25/abr.	Búzios	5.000
26/abr.	Presente no terreiro de Neve	50.000
27/abr.	Eduardo (cantor)	50.000
	Maria Julia (inf.)	10.000
28/abr.	Pedro	10.000
	Mise	10.000

29/abr.	Procópio presente	50.000
	Caboclo	10.000
30/abr.	Búzios	100.000
	Presente para Menininha	22.000
1º/maio	Caboclo	10.000
	Maria Julia (inf.)	10.000
	Pedro	10.000
4/maio	Presente para equipe do Museu do Estado	200.000
8/maio	Caboclo	10.000
	Pedro	10.000
9/maio	Presente para Tia Maci	30.000
	Balão para o traje de Omolu	100.000
10/maio	Presente ao convento de Carmelita	10.000
	Presente para Mocinha	40.000
11/maio	Presente para Didi	30.000
12/maio	Caboclo	10.000
13/maio	Didi	10.000
	Ao datilógrafo no Museu	100.000
17/maio	Presente para mãe de santo	20.000
22/maio	Presente para Maria Tereza	10.000
7/jun.	Presente para Tia Joaninha	20.000
15/jun.	Presente para Procópio	30.000
16/jun.	Presente para Iaô em Vidal	25.000
17/jun.	Presente para Manoel (laço para Xangô)	25.000
24/jun.	Presente para Pai João de Oxalá	20.000
26/jun.	Flores para D. Júlia	20.000
4/jul.	FSH despesas diversas (Marota)	40.000
24/jul.	Lista de candomblé datilografada	80.000
2/ago.	P. A.: presentes de Oxun, figas, contas	51.000
17/ago.	Roupas para a filha de Marota	32.000
18/ago.	Presente para Marota Julia	30.000

Anexo II – Festas de candomblé registradas na polícia em Salvador, 1939-1941[2]

1939
Caboclo: 29, Ketu: 38, Angola-Congo: 42, Ijexá: 5, Espírita: 7, Gege: 3, Festa de S. Barbara: 3.
Total: 127

1940
Caboclo: 60, Ketu: 68, Angola: 37, Congo: 2, Ijexá: 16, Espírita: 12, Gege: 2, Festa de S. Bárbara: 3.
Total: 200

1941
Caboclo: 89, Ketu: 80, Angola: 61, Congo: 2, Espírita: 14, Ijexá: 25, Gege: 3, Festa de S. Bárbara e Mãe das Águas: 6.
Total: 280.

Todos os anos, Melville observa que algumas casas têm combinações de rituais, como caboclo e espírita ou ketu e caboclo. É interessante que tais dados nunca foram mencionados por ele, apesar de ele ter feito cópias e tê-las enviado a Northwestern, talvez porque as listas tinham predominância de registros de festa Angola e Caboclo.

2 "Lists, 1939-1941". *MJH & FSH Papers*, SC, Box 23, Folder 155.

Anexo III – Entrevista com Jean Herskovits em sua casa em Manhattan, NY, 16/10/2003

Duração: cerca de 90 minutos. Conversa agradável, ela se sentiu à vontade e feliz em falar sobre seu pai.

Jean Herskovits: Perdi minha boneca baiana, ela está perdida entre os objetos de meu pai. Eu tinha um amigo procurando por ela na Northwestern, mas não consegui encontrá-la. De qualquer forma, a única foto em que está [sic] nós três ficou no candomblé.
Livio Sansone: O Gantois.
Jean Herskovits: Sabe que eu não sei? Eu quero voltar lá, sem dúvida. [Ela me mostra fotos da Casa de Itália e diz: "Isto é italiano". Seu marido, John Currey, volta para casa.] A pensão que estávamos hospedados [Edith] era administrada por alemães e estava na parte de trás ou perto da Casa de Itália. Este gato é um gato muito famoso em nossa família. Seu nome é Marotinha por causa de Marota do terreiro. Todas as crianças eram alemãs e continuavam a dizer que teriam bombardeado minha casa e matado meu gato. Você sabe como são as crianças. Então Marota decidiu que eu precisava de proteção e ela me deu o gato. Em algum momento eu tive hepatite e fiquei muito doente. No momento em que minha febre começou a subir dramaticamente, o gato pulou na minha cama. A febre desceu e o gato adoeceu. No momento em que minha febre desapareceu, o gato morreu. Não sabemos por quê, mas todos nós assumimos que teve a ver com o terreiro. É uma história que foi contada e meu pai (ou minha mãe?) a ouviu nos anos 1960.

Há uma história igualmente dramática. [Ela me mostra um machado de Xangô feito de madeira.] Eles consultaram para todos nós. O deus dele [Melville] era Xangô, Iemanjá de minha mãe, o meu até a puberdade era Oxóssi, depois dele Oxum assumiria o controle. Chegou o dia em que tivemos que partir, entre junho e agosto, e tudo o que tínhamos foi carregado em um navio. Havia muitos naufrágios no Atlântico Sul. Meu pai recebeu uma delegação da Bahia, dando-lhe este machado e dizendo-lhe: "Não tome aquele navio". Meus pais, após a experiência com Marotinha e muitas outras coisas, não conseguiram explicar, mas puderam apenas seguir o conselho. Todos os seus pertences foram no navio, voltamos em um DC3 (avião) que levou três dias do Rio a Miami, parando para buscar sobreviventes de navios torpedeados. O navio em que tínhamos nossas coisas está no fundo do Atlântico Sul. Por isso, tenho tomado muito cuidado dele [machado] desde então. Na verdade, acho que a razão pela qual eu sobrevivi às complexidades nigerianas em minha vida é por causa dos iorubás brasileiros... o povo do candomblé cuidou de mim.

Perdemos tudo, muitos objetos, todas os tipos de objetos que mostravam influência africana, além de pequenas coisas como a boneca e o machado e suas notas de campo. Ele [Melville] sempre carregava suas anotações de campo. Um homem incrivelmente cuidadoso... Não sei sobre suas gravações. É provável que ele também tenha gravado vozes, mas música certamente. A música era com o que ele estava todo preocupado. Acho que há gravações no Smithsonian. Sei que é difícil fazer pesquisas porque as coisas estão dispersas em lugares diferentes. Eu teria preferido ter tudo no Schomburg, mas muitas coisas foram decididas antes de eu começar a cuidar disso.

Moorman, antropólogo e historiador de arte da Universidade de Missouri, Kansas City, aquele que rastreou minha boneca e todas as outras bonecas, me ajudou muito. Foi tremendamente difícil. Eu não tinha nenhuma orientação. A Northwestern queria tudo isso, mas não estava claro o que eles fariam com tudo. Além disso, eles cometeram o erro de me ligar três dias depois de eu ter voltado da Nigéria, quando minha mãe tinha morrido uma semana antes. Eu não estava interessada nesse tipo de abordagem. Afinal de contas, estávamos olhando para a arte, seus papéis e sua biblioteca. Eu não queria que nada disso fosse interrompido. Na Northwestern, eles estavam interessados em ter as coisas africanas, mas não as coisas afro-americanas. No Field Museum, eles queriam a arte, mas não a biblioteca e os papéis. Não podíamos deixar isso em casa, tinha que ir a algum lugar onde as pessoas pudessem cuidar disso. Primeiro foram ao Field Museum e depois ao National Museum of African Art, mas eles também não queriam a conexão atlântica. Não, não há nada brasileiro. Está no fundo do Atlântico.

Demorei 14 anos para encontrar o Schomburg como o lugar que levaria tudo e o levaria com respeito e carinho, o que eles fizeram. Mas enquanto isso, minha mãe havia dado algo à Northwestern. Eu não sei como Indiana conseguiu o que conseguiu. A razão pela qual as coisas foram para Indiana é porque Allan Merriam era de lá, o estudante que era um musicólogo tão bom e que morreu muito jovem. Uma grande dificuldade é que alguns de seus alunos, que poderiam ter dito muitas das coisas que eu não sei, não estão mais por perto, não há muitos ainda por aí. Eu me lembro bem de Ruy Coelho. Easterbrook deve ser capaz de dizer. Ele está fazendo um trabalho maravilhoso. [...].

Há muito poucas fotos de toda a família, simplesmente porque meu pai era o fotógrafo [...]. Meu pai não era absolutamente um judeu religioso. Eu não fui educada como judia. Claro que não foi uma educação antijudaica que eu recebi! Meu pai nos contou sobre os feriados judaicos, explicando o que eles eram. Na verdade, estive em uma sinagoga apenas algumas vezes.

Título	Estação etnográfica Bahia: a construção transnacional dos Estudos Afro-brasileiros (1935-1967)
Autor	Livio Sansone
Tradução	Julio Simões
Coordenador editorial	Ricardo Lima
Secretário gráfico	Ednilson Tristão
Preparação dos originais	Adriana Moretto de Oliveira
Revisão	Editora da Unicamp
Editoração eletrônica	Ednilson Tristao
Design de capa	Estúdio Bogari
Formato	16 x 23 cm
Papel	Avena 80 g/m² – miolo
	Cartão supremo 250 g/m² – capa
Tipologia	Garamond Premier Pro
Número de páginas	320

Imagem de capa:
Festa de Nosso Senhor do Bonfim, 15 de janeiro de 1942.
Fonte: Melville J. Herskovits, Photographs and Prints Division, Schomburg Center for Research in Black Culture, The New York Public Library, Harlem, NY, EUA.

ESTA OBRA FOI IMPRESSA NA VISÃO GRÁFICA
PARA A EDITORA DA UNICAMP EM DEZEMBRO DE 2022.